제2판

무기공학

이진호 李振鎬

ROTC 24기 병기 장교로 임관 후 경북대학교에서 기계공학 박사를 취득하였다.
1988년부터 육군3사관학교 기계공학과 교수로 재직 중이며, 충성대 연구소장을
겸직하고 있다. 저서는 《무기체계》, 《미래 전쟁》, 《무기공학》, 《차량 공학》 등
다수가 있으며, 저격용 소총, 차기 대공포, 차륜형 전투차량 OMS/MP,
군 가상교육체계 등 연구과제와 국내 유일의 탄약 기능시험장을 설계하였다.
학술논문은 K7 〈소음기관단총〉, 〈전자장비 냉각〉, 〈광센서 설계〉 등 국내외
학술지에 다수를 게재하였다.

무기공학

2013년 2월 25일 초판 발행
2020년 12월 30일 제2판 발행

지은이 | 이진호
펴낸이 | 이찬규
펴낸곳 | 북코리아
등록번호 | 제03-01240호
주소 | 13209 경기도 성남시 중원구 사기막골로 45번길 14
우림2차 A동 1007호
전화 | 02-704-7840
팩스 | 02-704-7848
이메일 | sunhaksa@korea.com
홈페이지 | www.북코리아.kr
ISBN | 978-89-6324-726-7 (93390)

값 30,000원

제2판

무기공학

이진호 지음

북코리아

머리말

4차 산업혁명 시대에 걸맞게 무기체계와 전쟁 양상은 변화하고 있다. 특히 고도로 발전된 과학기술이 무기체계 개발에 활용되면서 전쟁의 영역이 확장되고 있다. 지상군 기반의 3차원 전장에서 확장되어 미래에는 지상, 해상, 공중, 우주 그리고 사이버 공간의 5차원 전투공간에서 전쟁이 일어날 가능성이 크다. 따라서 우리 군도 다영역 작전Multi-Domain Operations 능력을 갖추어야 할 것이다.

우리 사회도 이미 지능정보화 시대에 진입하여 사물인터넷을 이용한 초연결, 인공지능, 빅 데이터, 무인화 기술 등이 우리의 일상의 변화뿐만 아니라 무기체계의 발전에도 커다란 영향을 미치고 있다. 하지만 첨단무기로만 전쟁을 수행할 것이란 환상을 버려야 할 것이다. 첨단무기를 개발하거나 전력화하기에는 천문학적인 국방비를 지출해야 한다. 예를 들어, 최근 선진국에서는 무인 자동차와 인간처럼 뛰고 장애물을 넘을 수 있는 로봇이 개발되었으나 향후 수십 년 동안은 특수작전을 제외하고는 여전히 재래식 무기에 의존할 것이다. 그 주된 이유는 기술적인 문제보다 경제적인 이유가 더 크다.

따라서 군사전문교육기관에서는 재래식 무기의 원리와 관련 지식에 대한 교육은 여전히 필요할 것이다. 필자는 이러한 시각으로 2013년에 《알기 쉬운 무기공학》을 집필하였다. 그간 사관학교뿐만 아니라 일반 대학교 군사학과와 방위산업체 전문가 교육 시 교재로 활용해주는 등 많은 성원에 힘입어 이번에 개정판을 출간하게 되었다. 개정판에는 관련 이론을 중점적으로 보완하였다. 하지만 개인 병사체계에 적용할 목적으로 개발한 복합소총과 같이 혁신적인 무기는 독자들이 인터넷 등으로 접할 수 있는 수준의 내용이기 때문에 삭제하였다.

대신에 본 서는 대표적인 무기의 작동원리와 특성 등을 쉽게 풀어쓰려고 노력하였다. 그리고 실용성을 고려하여 향후 수십 년간 사용될 지상무기에 대해 중점적으로 설명하였다. 앞으로도 본 서를 국내에서는 거의 없는 전문도서에 걸맞게 꾸준히 보완하고 싶다.

끝으로 항상 최고의 양서를 고집하는 북코리아 출판사 이찬규 대표님과 직원 여러분, 늘 서로 사랑하는 아내와 아들에게 감사드린다. 부족하나마 본 서가 '爲國獻身 軍人本分'을 실천하고 있는 대한민국 국군에게 조금이라도 보탬이 되었으면 하는 마음이다.

2020년 11월

충성대에서 저자 드림

차례

제1장 서론

제1절 무기와 무기체계

제2절 무기의 발전과정

제3절 미래의 무기개발

제4절 탄도학의 분류

제1절 무기와 무기체계

1. 정의

무기weapon란 전투에서 적에게 피해를 주기 위해서 사용되는 기구와 군사작전에 직간접으로 쓰이는 장치 또는 기구를 말한다. 흔히 무기는 병기라는 용어와 동일한 개념으로 쓰이며, 통신장비, 전자장비와 같이 직접적인 피해를 줄 수 없는 전쟁 도구와 무기를 포함한 광범위한 개념으로 쓰이고 있다.

무기체계weapons system란 무기 그리고 이와 관련된 물적 요소와 인적 요소의 종합체계로서 전투수행 과정에서 무기의 사용 목적을 달성하는 데 필요한 시설, 자재, 소프트웨어, 인원, 보급, 그리고 전략, 전술, 훈련 등으로 성립된 체계이다.[1] 예를 들어, 전차 무기체계는 차체, 엔진, 주포, 기관총, 사격통제장치, 승무원, 군수지원체계 등 모든 요소를 사용 목적에 적합하도록 하나의 시스템으로 종합한 것이다.

2. 무기체계의 일반 특성

오늘날 무기체계는 민수용 장비보다 다양성, 복잡성, 고가성, 기술의 진부성, 높은 신뢰성, 개발 기간의 장기화 및 높은 실패율, 비밀성, 수요의 제한성, 파급효과 등의 일반적인 특성이 있다. 이들 특성을 알아보면 다음과 같다.

첫째, 무기체계는 비약적인 과학기술의 발전에 따라서 그 기능과 역할이 매우 다양화되고 있다.

둘째, 현대 과학기술이 비약적으로 발전하면서 무기의 성능사거리, 정확도, 파괴력, 탐지능력 등이 획기적으로 향상되었다. 그 결과 다양한 기능의 무기체계가 탄생하면서 그 구조가 더욱더 복잡해지고 있다. 특히 디지털기술의 발전에 따라서 여러 무기체계를 하나의 무기체계로 통합시킨 복합 체계system of systems가 탄생하는 등

1 "국방획득관리규정", 국방부 훈령 제727호, 2003. 2.; 미 군사용어사전(JP 1-02), 2000.; 정영우 외, 《무기체계》, 학습자료 3-3, 국방대학교, 2005.

무기체계가 점차 복잡화되고 있다.

셋째, 다양한 기능을 가진 고성능 무기체계가 개발됨에 따라 이를 사용하기 위한 획득비용, 운용유지비, 운용요원의 훈련비 등이 급속히 증대되고 있다.[2]

넷째, 과학기술의 발전 속도가 가속화되면서 무기체계의 평균유효수명이 단축되고 있다. 즉 과학기술이 성숙기에 접어들면서 다양한 기술을 하나의 무기체계에 쉽게 적용할 수 있어서 신무기의 출현주기가 점차 짧아지고 있다. 그 결과 어떤 무기는 전력화 직전에 폐기해야 하는 경우도 있다.

다섯째, 무기체계는 민수용 장비와 다르게 일정한 기간 내에 고장이 생기지 않도록 더 높은 신뢰성이 요구된다. 무기의 신뢰성은 평시 또는 전시에 승리하기 위한 필수적인 요소일 뿐만 아니라 정비소요, 수리부속 소요, 무기 수명 등을 판단하는 데 중요한 요소이다.

여섯째, 무기체계는 일반장비에 비해 비용, 시간, 품질 등에 대한 요구수준이 더 높다. 그뿐만 아니라 정치, 군사, 경제적 요인에 따라 영향을 받는다. 따라서 민수용에 비해 개발기간이 더 길고 실패율도 더 높다.

일곱째, 무기체계는 그 효과성을 높이기 위해 모든 개발과정에 관하여 비밀을 유지해야 한다. 예를 들어, 1974년 개발을 시작한 미국의 F-117 스텔스 전폭기는 1981년에 개발을 완료했다. 하지만 1990년 걸프전쟁에 사용되면서 겨우 그 성능의 일부가 공개될 정도였다. 참고로 F-117은 미국의 파나마 침공 당시 처음 실전에 투입된 이래 걸프전쟁, 이라크전쟁, 보스니아전쟁 등에 참전했으며 2008년에 퇴역하였다.

여덟째, 무기체계는 수요자가 국가이기 때문에 수요가 제한된다. 따라서 이를 보상할 방안을 고려하기 위한 효율적인 획득방안을 수립해야 한다.

끝으로 무기체계는 그 특성상 민수용보다 대부분이 첨단기술을 이용하게 된다. 따라서 무기개발 시에 얻는 첨단기술을 민수산업에 이전시킨다면 기술적, 경제적 파급효과가 크다. 그 대표적인 예로써 컴퓨터와 인터넷기술 등이 있다.

---

2 배달형, 《미래전의 요체 정보작전》, 한국국방연구원, 2005.; 서영길, 《네트워크 중심적 작전》(번역판), 21세기 군사연구소, 2000.; David Alexander, *Tomorrows's Solider*, New York: Avon Books, 1999.

3. 무기체계와 무기의 분류[3]

무기체계는 국가별로 약간 다르게 분류하고 있으나 일반적으로 〈표 1.1〉에서 보는 바와 같이 화력, 기동, 공병, 유도무기, 항공기, 함정, 대량살상무기 Weapons of Mass Destruction, WMD 등으로 분류하고 있다. 여기서 육군에서 취급하고 있는 무기체계는 화력, 기동, 공병, 유도무기, 무인항공기 등이다. 이 책에서는 육군이 가장 많이 취급하고 있는 주요무기에 대한 작동원리와 적용기술에 대해 중점적으로 설명하였다.

표 1.1 | 무기체계의 분류

무기체계	주요무기	비 고
화력	권총, 소총, 기관총, 야포, 박격포, 대전차무기, 대공무기, 로켓포, 기타	육군
기동	전차, 보병전투차량, 장갑차, 특수 군용차량, 기타	
공병	전투공병장비(공병전투장갑차, 교량전차 등), 도하장비(부교, 조립교 등), 기타	
유도무기	지대지유도탄, 지대공유도탄, 대전차유도탄 등	
	지대함유도탄, 함대지유도탄, 공대공유도탄 등	해군, 공군
항공기	헬기, 무인항공기(Unmanned Areal Vehicle) 등	공통
	헬기, 무인항공기, 정찰기, 전투기, 폭격기, 지휘통제기 등	공군
함정	구축함, 순양함, 호위함, 초계함, 항공모함, 잠수함, 상륙함, 군수지원함 등	해군
대량살상	핵무기, 생물무기, 화학무기	공통
기타	C^4I-SR체계, 통신전자장비, 전자광학장비, 화생방장비, 기타	

3 김철환, 《무기체계관리: 이론과 실제》, 국방대학원, 1990.; "제9회 지상무기발전 세미나논문집", 국방과학연구소, 2001.; 김철환 · 육춘택, 《전쟁 그리고 무기의 발달》, 양서각, 1997.; 이진호 외, 《군사과학기술》, 양서각, 2003.

제2절 무기의 발전과정

1. 무기와 전술[4]

인류는 끊임없는 전쟁을 치르면서 새로운 무기와 전투 기술[전술]을 개발하였다. 특히 무기는 일반적으로 당시에 갖고 있던 첨단기술을 이용하여 개발하였으며, 이들 신무기의 등장과 더불어 이에 걸맞은 새로운 전술이 개발되었다. 이처럼 무기와 전술 그리고 과학기술은 밀접한 관계가 있으며, 이를 시대별로 살펴보면 〈표 1.2〉에서 보는 바와 같이 크게 다섯 단계로 구분할 수 있다.

고대전쟁에서는 창, 칼, 화살, 투석기 등의 공격용 무기와 방패, 갑옷 등의 방호용 무기를 사용하였다. 이 무기들은 주로 사람의 힘을 이용한 무기로서 근접전투에 적합하다. 이 때문에 당시에는 다수의 병력이 밀집된 상태로 종대 대형을 유지하면서 전투를 하였다.

중세전쟁에서는 고대전쟁에 사용하였던 무기에 비해 사거리와 파괴력 그리고 발사속도가 향상된 화승총과 화포를 사용하였다. 그러나 화승총[Glowing match gun]은 총구로 탄약을 장전하는 전장총[Muzzle loading gun]이었다. 이 때문에 장전시간이 길고, 장전 시에는 적[표적]을 관측할 수 없었다. 이러한 단점을 보완하기 위하여 주로 횡대 대형을 유지하면서 전투를 하였다. 또한, 기마 보병과 화포 그리고 기마병이 협동작전을 수행함으로써 기동력과 화력을 증대시켰다.

근대전쟁은 초기에는 후장식 소총이 개발됨에 따라서 전투대형이 횡대 대형에서 종대 대형으로 바뀌었다. 그러나 전투 시에 지휘 통제를 위한 이동 및 통신수단이 미비하였기 때문에 작전형태는 내선작전[Operation on interior lines]이었다. 여기서 내선작전이란 외부에서 포위, 협공 따위의 형태로 공격하는 둘 이상의 적에 대하여 중앙에 위치하여 상대하는 작전을 뜻한다. 즉, 병력을 집중해서 분산된 적의 일부를 순차적 각개격파를 하여 전면적인 승리를 차지하기 위한 작전이

---

4 David Alexander, *Tomorrows's Solider*, New York: Avon Books, 1999.; Asher H. Sharoni & Lawrence D. Bacon, *The future combat system(FCS)*, ARMOR, 1997.; *Jane's International Defense Review*, 2001. 1, pp. 34-40.; 이진호, 《무인전투장비가 전장환경에 미치는 영향》, 충성대연구소 세미나논문집, 2002. 8.

표 1.2 | 시대별 주요 무기체계와 전술의 관계

구 분	무기체계	전 술	주요 발명품 (개발 연도)
고대전쟁 (BC 2C~5C)	• 창, 칼, 화살, 투석기 • 방패, 갑옷	• 집단전투, 종대 대형	소, 말, 당나귀
중세전쟁 (7C~17C)	• 화승총(전장식), 화포	• 1차원 횡대 대형 • 협동작전(보병, 포병, 기마병)	마차(馬車), 마구(馬具)
근대전쟁 (18C~1913년)	• 수석총(후장식) • 충격식 소총(후장식)	• 종대 대형 • 내선(內線)작전	증기기관(1769)
	• 철도, 전신기	• 외선(外線)작전	야전용 전화기(1876), 내연기관(1887), 대량 제강법(1856)
현대전쟁 (1차 세계대전~현재)	• 기관총, 야포, 전차 • 항공기, 잠수함, 항공모함	• 2차원 평면전투, 전격전 • 3차원 입체전투	항공사진(1914), 라디오(1940), 레이더(1944)
	• 핵무기 • 헬리콥터, 전자전무기, 정밀유도무기, 스텔스무기	• 비정규전	원자폭탄(1945), 컴퓨터(1946), 인공위성(1957), 인터넷(1969)
미래전쟁 (2020년대 이후)	• 전자기펄스탄(EMP), 레일건, 전열화학포, 컴퓨터 바이러스 • 무인기, 로봇, 고에너지무기, 우주무기, C^4체계, 비살상무기	• 비선형전, 비대칭전, • 유 · 무인 혼합전, 무인전 • 사이버전, 우주전, 전자전 등	지능형 로봇, 사이보그 전사, 양자컴퓨터 활용 무기, 무인무기(전투기, 함정, 잠수정 등), 핵융합기술 적용 무기, 스텔스기술 적용 무기, 3D 또는 4D프린팅 무기, 인공지능과 빅데이터, 가상/증강/혼합현실 응용 무기, 합성생물학 무기 등

다. 이 작전은 소규모 병력으로 전투는 가능하였으나 포위될 가능성이 컸다. 그 결과 각개격파에 실패하거나 그 성과가 좋지 않을 때는 오히려 치명타를 당하기 쉬웠다. 그리고 부대의 규모에 따라 적당한 작전지역이 필요하며, 너무 넓거나 좁으면 병력을 지휘하기가 곤란하였다.

19세기 후반에 접어들면서 미국과 유럽에서는 철도, 전신기, 전화기, 내연기관이 실용화되었다. 그리고 영국의 헨리 베서머Henry Bessemer에 의해 강steel을 대량으로 생산할 수 있는 제강법이 개발되었다. 그리하여 지휘 통제와 기동력이 향상됨으로써 외선작전Operations on exterior lines 형태로 바뀌었다. 여기서 외선작전이란 적을 포위 또는 협공하여 적의 근거지를 향해 구심적으로 작전하는 것을 말한다. 즉 적의 외측에서 내측의 한 지점으로 여러 방향에서 동시에 적의 주력을 분산시키고 우군의 주력을 집중시키는 전술이다. 이 전술은 주도적으로 작전할 수 있어 지휘가 쉽고, 부대 상호 간의 지휘통신 및 통제가 잘 이루어지면 적을 포위해서 결정타를 가할 수 있다.[5]

현대전쟁은 1차 세계대전 이후부터 현재까지의 전쟁을 말한다. 현대전 초기에는 기관총, 야포, 전차, 항공기, 잠수함이 사용되었다. 특히 전차가 전장에 투입되면서 전격전電擊戰 전술을 개발하였고, 항공기와 잠수함 등의 등장으로 전투공간이 2차원 평면에서 3차원 공간으로 확장되었다. 그 후 2차 세계대전 말부터 군사기술이 비약적으로 발전하면서 핵무기, 헬리콥터, 전자전 무기, 정밀유도무기 등의 신무기가 개발되었다. 특히 이들 무기는 종래와 비교할 수 없을 정도로 가공할 위력을 갖게 되었다. 이 때문에 1980년대까지 냉전 시대가 이어졌으며, 대규모 정규전 대신에 소규모 비정규전으로 전쟁 양상이 바뀌었다. 21세기에 접어들면서 9 · 11 테러 사건과 융합기술의 발전 등으로 전쟁의 패러다임이 새롭게 변하고 있다.

지능 · 정보화시대에 접어든 2020년대 이후의 전쟁은 현대전에서 볼 수 없었던 새로운 개념의 전쟁이 벌어질 것이다. 우리는 이를 미래전이라 한다. 미래전은 전자폭탄, 레일건, 전열화학포전열포, 컴퓨터바이러스, 무인기, 로봇, 고에너지무기High Power Weapons, 우주무기, C^4I-SR체계Command Control Communication Computer Intelligence system-Surveillance Reconnaissance 등의 신무기가 사용될 것이다. 그리고 이들 무기에 걸맞은 새로운 전술이 개발될 것이다. 예를 들어 미래전은 비선형전투, 비대칭전, 사이버전, 네트워크 중심전, 무인전, 우주전 등으로 전개될 것이다. 그리고 로봇이 사람을 대신하여 점차 전사의 역할을 대신하게 될 것이다. 물론 미래전에는 누구도 예측 불가능한 신무기가 등장할 가능성도 있다.

5 J. A. Edwards, *Military History of Swarming*, National Ground Intelligence Center, 2003.

2. 무기의 발전과정

1964년 미국[6]의 HERO에서 이론적으로 계산한 기원전부터 오늘날까지 사용되었던 무기에 대한 시간당 살상력을 계산하였다. 여기서 시간당 살상력은 무기의 발사속도, 탄약 1발당 살상 인원수, 유효사거리, 정확도, 신뢰도 등을 고려하여 계산한 것으로 〈그림 1.1〉에서 보는 바와 같다.

창과 검sword, 그리고 화살은 기원전 4세기경에 최초로 만들어졌는데 19세기 중반까지 사용되었다. 이들 무기는 이론적으로 시간당 최대 20명 정도의 적을 살상시킬 수 있었다. 그 후 사람의 근력을 이용한 무기 대신 화약에너지를 이용하는 총과 화포가 개발되었다. 총과 화포는 창이나 검보다 살상력이 훨씬 더 컸다. 그 결과 17세기 대포는 검의 살상력에 비해 20배 이상, 그리고 18세기 대포는 200배나 더 컸다. 18세기 중반에 개발된 수석총flint gun은 검의 살상력에 비해 겨우 2.5배 더 컸으나 19세기의 기관총은 250배 이상 더 컸다. 그리고 2차 세계대전에 사용하였던 전차는 검의 살상력에 비해 10만 배 이상 더 컸다.

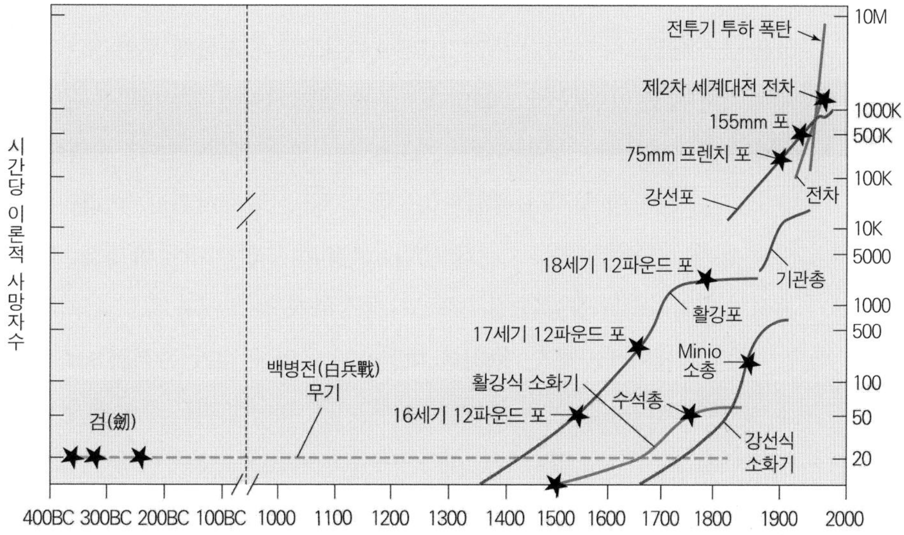

그림 1.1 | 연도별 무기의 살상력 비교

6 "The Report of Theoretical Lethality", Washington. DC: HERO(Historical Evaluation and Research Organization), 1964.

이와 같이 무기의 살상력은 과학기술의 발전과 더불어 지수 함수적으로 증가하고 있다. 그러나 실제 무기의 성능은 단순히 그 무기의 기술적 성능만으로 산출할 수 없다. 따라서 무기를 효과적으로 사용하려면 그 무기의 기술적 특성을 정확히 파악하여 이에 맞게 사용해야 한다. 그리고 이들 무기에 맞는 전술을 적용해야 무기의 효과를 극대화할 수 있다.

이 책은 이들 세 가지 요소 중에서 무기의 기술적 특성을 이해시키기 위하여 주요 지상무기에 관한 작동원리에 대해 중점적으로 다루었다.

제3절 미래의 무기개발

21세기 과학기술의 급속한 발전에 따라서 기동성, 생존성, 치명성이 획기적으로 향상된 신무기가 전장에 등장하고 있다. 예를 들어 1980년대 이전까지 전차의 개발 방향은 기동성과 치명성을 높이는 데 역점을 두었다. 따라서 전차의 엔진과 전차포를 대형화하는 데 역점을 두었다. 그 결과 전차의 기동성과 치명성은 증가하였으나 전차의 무게가 70톤 이상으로 증가하게 되어 오히려 생존성이 감소하였다. 이 때문에 1990년대 이후부터는 전차의 개발방향은 무게를 40톤 이하로 줄이면서도 초정밀사격이 가능한 전차포를 개발하는 데 중점을 두고 있다. 그리고 능동형 장갑과 복합 엔진hybrid engine을 탑재시키는 등 스텔스stealth화 시켜 생존능력을 높이려고 노력하였다. 그 결과 수년 이내에 치명성, 기동성, 생존성이 획기적으로 향상된 전투차량이 등장하게 될 것이다.

한편 21세기에는 유인 무기를 대신하여 무인 무기가 본격적으로 등장하게 될 것이다. 왜냐하면, 무인 무기는 장시간 전투가 이어져도 사람과 달리 전투력을 그대로 유지할 수 있기 때문이다. 이미 1990년대 초반부터 무인정찰기 등이 전력화되어 전투에 투입되고 있다. 예를 들어 미군은 아프가니스탄과 이라크전쟁에서 폭발물 처리 로봇 등을 사용하였다. 우리 군에서도 경계용 로봇과 무인정찰기 등을 활용하고 있는 등 점차 그 활용 분야가 확대되고 있다.

이처럼 미래에는 인간이 직접 전투에 참여하는 경우는 점차 감소하게 될 것이다. 대신에 적군 무기의 특성을 파악하여 적절한 전투력을 투사하는 것이 더욱더 중요하게 될 것이다.

제4절 탄도학의 분류

총 또는 포의 탄자는 강내에서 추진제의 연소가스에 의해 가속되고 포구를 빠져나와 공중을 날아가서 목표에 도달한다. 이때 탄자의 비행경로를 탄도[rajectory]라고 부르고 있다.

탄도학이란 총이나 포에서 발사되는 탄자의 운동에 관한 학문이다. 이 분야는 오늘날 컴퓨터와 정밀 계측기기의 발달로 인하여 항공 · 우주공학이나 유체역학 등과도 종합적으로 관련되어 있다. 따라서 탄도학만의 독립한 학문이 아닌 종합적인 학문영역이라 할 수 있다.

탄도학은 탄자의 위치를 기준으로 강내탄도학, 천이탄도학, 강외탄도학, 최종탄도학으로 분류할 수 있다. 그러나 어떤 경우에는 천이[종말]탄도학을 강외탄도학에 포함하여, 탄도학의 정의와 연구 분야는 〈표 1.3〉과 같다.

표 1.3 | 탄도학의 구분과 정의

구 분	용어 정의 / 연구분야
강내탄도학 (interior ballistics)	• 탄자가 강 내에서 추진제의 연소가스의 압력에 의해 가속되고, 포구를 빠져나올 때까지에 관한 학문 • 탄자의 운동(물리학), 추진제의 연소(화학), 포신 설계(공학) 등 연구
천이탄도학 (trancient ballistics)	• 탄자가 포(총)구를 뛰쳐나온 직후의 운동에 관한 학문 • 강외탄도 또는 최종탄도의 영향을 크게 받기 때문에 주목을 받아왔으나 주로 실험적 방법에 의해 해석하고 있음 • 최근 컴퓨터 기술의 발달로 실제적인 해석이 가능하게 된 분야
강외탄도학 (exterior ballistics)	• 탄자가 포(총)구를 빠져나와서 목표에 도달하기 직전까지 탄자의 운동에 관한 학문 • 탄자의 운동에 미치는 공기의 저항(유체역학), 중력, 지구의 자전(동역학) 등 연구
최종(종말)탄도학 (terminal ballistics)	• 탄자가 목표에 도달 또는 목표 내에서 탄자의 운동이나 목표에 어떤 피해를 가할 것인가에 관한 학문 • 철갑탄과 같이 탄자의 운동에너지에 의한 피해 현상, 유탄과 같은 탄자에 내장된 작약(고성능 화약)의 폭발에 의한 피해까지 다양한 파괴 현상 연구

연 / 습 / 문 / 제 EXERCISE

1 무기와 무기체계를 정의하고 그 차이점을 예를 들어 설명하시오.

2 현대 무기체계의 특성 중에서 진부성, 신뢰성에 관하여 예를 들어 설명하시오.

3 〈표 1.1〉에 소개된 무기체계 중 육군이 취급하고 있는 무기의 제원과 특성을 설명하시오.

4 〈표 1.2〉에 제시된 무기체계의 발전에 따른 전투기술의 변천 과정을 비교하여 설명하시오.

5 전장식 총과 후장식 총의 차이점과 장단점을 설명하시오.

6 고에너지 무기와 정밀유도무기의 종류와 그 특성을 설명하시오.

7 탄도학은 강내탄도학, 천이탄도학, 강외탄도학, 최종탄도학으로 구분할 수 있다. 이들 분야에서 취급하고 있는 연구 분야에 대해 예를 들어 설명하시오.

8 미래전의 양상과 미래무기의 개발 동향을 간단히 설명하시오.

9 4차 산업혁명 시대의 핵심기술과 이 기술을 적용한 미래무기 개발 추세를 논하시오.

제2장 소화기

제1절 총과 포

소화기small arms는 일반적으로 구경이 20mm 미만의 소구경 화기를 뜻한다. 그 대표적인 예가 소총이다. 소총은 적으로부터 자신을 보호함은 물론이고, 부여된 임무를 수행할 때 임무의 종결을 확인할 때까지 최후의 수단이 될 수 있는 무기 중 하나이다. 따라서 소총은 무기체계가 첨단화되어도 중요한 휴대용 무기가 될 것이다.

1. 총과 포의 분류[1]

총과 포는 〈표 2.1〉에서 보는 바와 같이 크게 세 가지 기준으로 분류할 수 있다. 첫째, 구경의 크기에 따라서 구경이 20mm 이하이면 총이고, 그 이상이면 포로 분류한다. 둘째, 탄자가 표적에서 탄자 속에 있는 작약에 의해서 폭발할 수 있도록 만들어진 화기를 포, 탄자가 표적에 충돌할 때 폭발하지 않는 화기를 총으로 분류한다. 그러나 차세대 소총과 같이 탄자가 표적에서 폭발하는 경우와 전차포탄 중 운동에너지탄과 같이 탄자가 폭발하지 않는 경우 등과 같이 예외적인 경우도 있다. 셋째, 표적에 대한 관측자의 인원수에 따라서 관측자와 사수가 한 명이면 총으로, 두 명 이상이면 포로 분류할 수 있다.

이들 세 가지 조건을 모두 충족하는 경우에는 총과 포를 명확하게 분류할 수

표 2.1 | 총과 포의 분류기준

구 분	총	포	예 외
구 경	20mm 미만	20mm 이상	대공포, 무반동총, 기관포
탄자의 폭발 유무	충돌	폭발	복합소총, 전차포(운동에너지탄)
사수 및 관측자 수	직접사격(1명)	간접사격(2명 이상)	
종 류	권총, 소총, 기관총	대구경 화포	

1 권재상, "세계의 첨단무기 시리즈: 총포", 《국방일보》 2002년 6월 25일자.

있으나 예외적인 경우가 몇 가지 있다. 예를 들어 구경이 90mm나 106mm인 무반동총을 들 수 있다. 이들 무기는 구경이나 자탄의 파열 여부를 보면 포와는 달리 사수가 직접 조준 사격하는 무기로서 총으로 분류한다. 또한, 구경 20mm 또는 30mm 대공포나 항공기 탑재용 기관포는 탄자가 표적에서 폭발한다. 그러나 이 무기는 사수가 직접 사격할 수 있을 뿐만 아니라 원격 조작도 가능하며, 기계장치로 연속적으로 발사할 수 있어서 포로 구분한다. 따라서 총과 포의 분류하는 기준은 세 가지 조건 중 가까운 조건의 선택 여부에 따라 다를 수 있다.

2. 총의 발전과정과 분류

(1) 발전과정

총은 과학기술의 발전에 따라서 〈그림 2.1〉과 같이 그 모양과 구조 그리고 성능이 향상되면서 발전되어 왔다. 그 결과 총의 명칭도 각기 다르게 불리고 있으며, 그 특징을 살펴보면 다음과 같다.

1 권총

권총hand gun or pistol은 〈그림 2.1〉의 ❶에서 보는 바와 같이 한 손으로 사용할 수 있는 총이다. 만일 권총이 최초 개발될 당시에 총강에 강선을 만들었다면 강선을 일컫는 라이플rifle로 불렸을 것이다. 그러나 당시에는 강선을 만들 수 없어

그림 2.1 | 총의 발전과정

서 강선이 없는 활강식 총열을 장착하였다.

2 구식 소총

권총은 총열이 짧아 총구속도가 느리다. 이 때문에 유효사거리가 짧은데 이러한 단점을 보완한 것이 〈그림 2.1〉의 ❷와 같은 구식 소총musket이다. 이 총은 권총보다 길이가 긴 활강식 총열을 사용하여 총구속도를 높였다. 그러나 탄약을 총구에서 장전하는 전장식총구장전식 총으로 주로 보병이 사용하였다.

3 카빈총

구식 소총은 총열의 길이가 너무 길고 총구에서 탄약을 장전하기 때문에 사격속도가 느렸으며 기동하면서 사격하기가 매우 어려웠다. 따라서 이들 문제점을 보완한 총이 〈그림 2.1〉의 ❸에서 볼 수 있는 카빈carbine총이다. 이 총은 총열의 길이가 짧고 탄약을 약실에 장전하는 후장식 총이기 때문에 기마병이 사용하기에 적합하였다.

4 산탄총

산탄총shotgun은 활강식 총열을 사용하며 〈그림 2.1〉의 ❹와 같이 장총이다. 이 총은 산탄을 사용하기 때문에 탄자의 총구속도가 느려서 주로 사냥용으로 사용하며 최근에는 저고도로 비행하는 드론dron을 격추하는 데 사용하기도 한다.

5 기관단총

기관단총submachine gun은 〈그림 2.1〉의 ❺에서 보는 바와 같이, 총을 어깨 또는 다른 물체에 지지하지 않고 사격이 가능한 경기관총이다. 즉, 기존의 소총과 기관총의 중간 형태의 총이라 할 수 있다.

6 소총

소총rifle은 〈그림 2.1〉의 ❻과 같으며, 강선식 총열을 사용하는 총으로 강선총이라고도 부른다. 이 총은 강선이 없는 구식 소총에 비해 탄자의 비행안정성이 크게 향상되었으며, 각개 병사가 신속히 움직이면서 사격도 할 수 있어서 돌격소총assault rifle이라 부르기도 한다. 오늘날 대표적인 돌격소총에는 K 계열 소총과 M16 계열 소총, AK 계열 소총 등이 있다.

(2) 분류

일반적으로 총은 권총과 소총 그리고 기관총으로 분류한다. 권총은 총열이 짧아서 한 손으로도 사격할 수 있다. 그러나 소총은 권총보다 총이 길어서 두 손으로 파지해야 사격을 할 수 있다.

기관총은 1883년 영국의 맥심Maxim에 의해 최초로 개발되었는데 당시에는 수동식이었다. 그 후 이러한 단점을 보완하여 1914년에는 완전 자동식 맥심 기관총이 개발되었다. 이 기관총은 1차 세계대전에서 근접방어에 매우 효과적인 무기로 사용되었으며, 오늘날에도 근접전투용으로 사용되고 있다.

기관총은 〈그림 2.2〉와 같이 경輕기관총LMG: Light Machine Gun, 중中기관총MMG: Medium Machine Gun, 중重기관총HMG: Heavy Machine Gun으로 구분할 수 있다.

첫째, 경輕기관총은 기존의 소총보다 약간 무거워 운반이 용이한 1인용 기관총이다. 이 총은 사격 시 총열을 지지할 수 있는 양각대와 예비총열이 있어서 사수가 안정된 자세로 지속 사격이 가능하며, 탄알집이나 탄띠를 사용할 수 있다. 그러나 경기관총의 구경은 5.56mm 또는 7.62mm 정도이고, 주로 소총탄을 사용하기 때문에 그 위력이 소총과 거의 비슷하다. 경기관총은 근접전투 임무를 수행하는 보병에게 적합한 무기이며, 우리나라의 K3 기관단총과 미국의 M249 SAWSquad Automatic Weapon 그리고 러시아의 RPK-74 기관총 등이 있다.

❶ LMG ❷ MMG ❸ HMG

그림 2.2 | 기관총의 분류

그림 2.3 | M12 중中기관총
(구경 7.62mm, 650~950발/분, 11.9kg)

둘째, 중中기관총은 경기관총보다 화력이 더 크고 무거워서 두 명이 운용하며 삼각대가 있다. 이 총은 구경이 7.62mm 정도이고, 2~3명이 운반해야 하며 주로 탄띠 장전방식이다. 이 총은 주로 전투 시에 통상 본대의 전면에 배치하여 적의 공격을 저지하는 데 사용한다. 대표적인 중中기관총에는 우리나라의 K14 기관총과 미국의 M60 기관총, M240B 기관총 등이 있다.

셋째, 중重기관총은 경기관총과 중中기관총에 비해 구경12.7~20mm이 커서 화력이 크다. 이 총은 〈그림 2.3〉에서 보는 바와 같이 지상에 고정하거나 전차와 같은 차량에 탑재하여 사용할 수 있다. 이 총은 저고도 대공방어나 기동무기의 근접방호에 적합하며, 한국의 K6 중기관총과 미국의 MG-50, M2 HB 중기관총 등이 이에 속한다. 참고로 북한과 러시아는 구경이 145mm인 중기관총을 주로 사용하고 있다.

3. 소총의 발달과정

(1) 수포

화약은 3세기경 중국에서 최초로 전쟁에 사용되었다. 우리나라에는 고려 시대 최무선 장군이 중국에서 들여왔으며, 당시에는 주로 폭파 또는 소이용으로 화약을 사용했다.

그 후 1249년에 프랑스의 로저 베이컨Roger Bacon이 흑색화약유황+숯가루+기타 혼합

표 2.2 | 총의 발달 과정

분류 기준	수포 (14세기)	화승총 (15세기)	수석총 (18세기 중엽)	충격식 총 (19세기 초)
구 경	12~20mm	12~19mm	약 18mm	–
유효사거리	–	150m	100~200m	100~200m
발사속도	–	1발/분	2발/분	2발/분 이상
특 징	구형(ball)의 납 탄자, 소형 포와 유사, 불꽃 점화	총구장전식(전장총), 우천 시 사용 불가	최초의 후장총, 우천 시 사용 불가	후장총

물을 발명하였지만, 오늘날과 유사한 대포는 1354년 독일의 베르톨드 슈발츠Bertrold Schwatz가 최초로 발명하였다. 소총의 기원이라 할 수 있는 수포hand cannon는 14세기 말 북유럽에서 발명되었는데, 총통의 뒷부분이 막혀 있고, 탄자와 화약은 총구로 장전하여 약실의 윗부분에 있는 구멍에 불을 붙이는 방식이다. 이후 15세기에는 이보다 소형화된 수포가 등장하였으며, 2인 1조로 편성되어 수포를 사용하였다.

(2) 화승총

화승총matchlock gun은 1500년경 독일에서 개발되어 유럽에 널리 사용되었으며, 현대 소총과 매우 유사한 총이다. 이 총은 노끈에 불을 붙여 추진제인 흑색화약을 점화시켜 탄자를 발사할 수 있다. 이 총은 총구에 흑색화약과 탄자를 넣은 후, 방아쇠를 당기면 불이 붙은 노끈이 약실에 장입된 추진제를 연소시켜 탄자를 발사시키는 총구장전식전장식 소총이다.

(3) 수석총[2]

수석총flintlock gun은 1550년에 영국에서 발명되었으며, 미국의 남북전쟁에서도 사용되는 등 약 300년 동안 사용된 총이다. 이 총은 광석과 강steel을 서로 충돌시킬 때 발생하는 불꽃으로 추진제를 점화시킬 수 있도록 고안되었다. 특히 탄자와 추진제 총열 후방으로 장전할 수 있다. 이 때문에 전장총에 비해 사격속도가 크게 향상된 현대 소총의 시조라 할 수 있다.

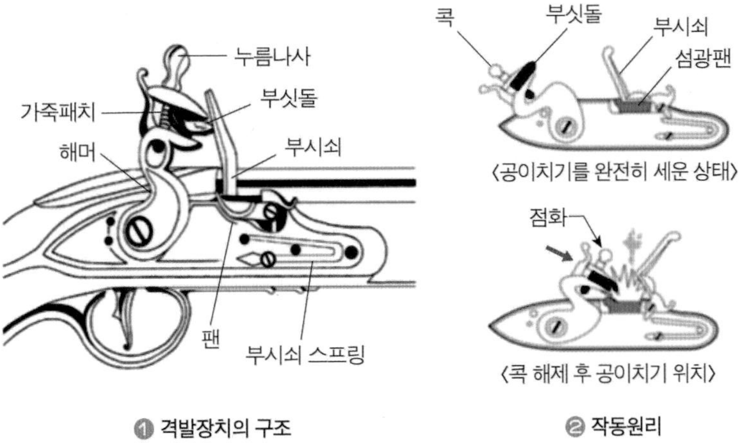

그림 2.4 | 수석총의 구조와 작동원리

(4) 충격식 총[3]

1807년 영국에서 수석총의 단점을 보완한 충격식 총percussion system gun이 발명되었다. 이 총은 〈그림 2.5〉에서 보는 바와 같이 폭분爆粉을 총열과 오늘날의 약실과 유사한 화구火口에 밀어 넣고, 이것을 격침으로 충격을 가해 추진제를 발화시키는 방식이다. 그 후 1818년 역시 영국에서 뇌관이 발명됨으로써 현대 소총과 매우 비슷하게 되었다. 오늘날 소구경 및 대구경 탄약에 적용되고 있는 뇌관은 1821년 영국의 웨스틀리 리처드Westley Richard가 발명한 것을 개선한 것이다.

---

2 www.howstuffworks.com

3 이흥주, 《총과 탄도학》, 청문각, 2001, pp. 4-5.

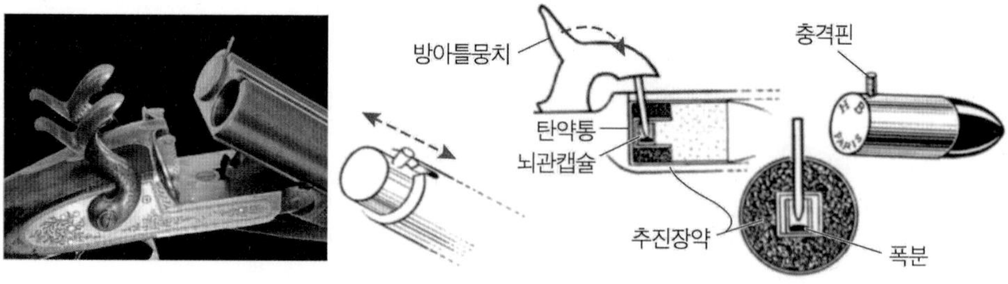

❶ 총의 구조와 탄약 장전방법 ❷ 충격식 탄약의 구조와 격발원리

그림 2.5 | 충격식 총의 구조와 작동원리

제2절 소화기 탄약

1. 탄약의 형태에 따른 분류

총과 포에 사용되는 탄약은 그 형태에 따라서 고정식 탄약, 반고정식 탄약, 분리식 탄약, 분리장전식 탄약으로 구분할 수 있다. 〈표 2.3〉과 같이 추진부와 탄두부의 분리 여부에 따라 장단점이 있으며, 그 세부내용은 표에서 보는 바와 같다.

표 2.3 | 탄약의 형태에 따른 분류

분류 기준	고정식 탄약	반고정식 탄약	분리식 탄약	분리장전식 탄약
탄두와 탄피의 결합상태	완전 결합	필요시 분리 가능	완전 분리	완전 분리
추진제 조절	불가능	가능	불가능	가능
장전단계	1개 동작	1개 동작	1개 동작	다단계
장·단점	신속한 사격, 보관 및 사용 간편	지역사격 시 사거리 조정 편리	좁은 공간 사용 편리	사거리 조정 편리, 장전속도가 느림
적용 예	소구경, 대공화기, 전차, 무반동총 탄약	105mm 곡사포 탄약, 박격포 탄약(60mm, 81mm, 4.2inch)	5inch 함포탄약	곡사포 탄약 (155mm, 8inch, 270mm)

(1) 고정식 탄약

고정식 탄약은 탄피와 탄두가 결합되어 있어서 탄피 속에 있는 추진제의 양을 임의로 조절하지 못한다. 이 때문에 추진제의 양을 조절하여 탄도를 변화시킬 수 없다. 이 방식은 주로 발사속도가 빠른 소구경 탄약, 대공화기 탄약, 전차탄약, 무반동총 탄약 등의 직사화기용에 적용되고 있다.

(2) 반고정식 탄약

반고정식 탄약은 약협이 탄두에 느슨하게 결합되어 있어 약협에 장입된 추진제의 양을 사거리에 맞도록 조절할 수 있다. 이 때문에 추진제의 양을 조절하여 사거리를 신속하게 변화시킬 때 사용하며, 105mm 곡사포 탄약, 박격포 탄약60mm, 81mm, 4.2inch에 적용하고 있다.

(3) 분리식 탄약

분리식 탄약은 약협부와 탄두부가 분리되어 있으며, 약협부의 선단이 코르크 또는 플라스틱 플러그로 밀폐되어 추진제의 양을 조절할 수 없게 되어 있다. 이러한 구조적 특징 때문에 해상에서 습기와 염분으로부터 추진제를 보호하고, 탄약을 저장할 때 안전 및 효율적인 공간 활용에 적합하다. 이 방식은 5inch 함포 탄약에 적용되고 있다.

(4) 분리장전식 탄약

분리장전식 탄약은 탄두, 추진제, 뇌관을 분리하여 장전할 수 있어서 약포의 증감에 따라 사거리 조절이 가능하다. 이 탄약의 사용법은 먼저 탄자를 폐쇄기 속에 장입한 후 필요한 양의 추진제를 장입하고 폐쇄기를 닫은 다음 뇌관을 발사기에 삽입한 후 방아쇠를 당겨서 사격할 수 있게 되어 있다. 이 방식은 대구경 곡사포 탄약155mm, 8inch, 270mm 등에 많이 적용하고 있다.

2. 소총 탄약

(1) 구성요소

소총 탄약은 탄자와 탄피가 완전히 결합되어 있는 고정식 탄약이며, 통상 소총탄이라 한다. 소총탄은 〈그림 2.6〉에서 보는 바와 같이 탄자, 탄피, 추진제, 뇌관으로 구성되어 있다.

그림 2.6 | 소총탄의 구성요소

1 탄피

탄피는 주로 황동구리(70%)+아연(30%)으로 제작하며 탄자, 뇌관, 추진제가 탄피에 결합되어 있다. 그리하여 추진제가 연소할 때 발생하는 압력이 높은 가스를 밀폐시켜 탄자가 총구 쪽으로 움직이도록 하는 밀폐기능이 있다.

2 탄자

19세기 이전에 사용되었던 총은 강선이 없는 활강총smoothbore이었으며, 추진제는 흑색화약을 사용하였다. 그리고 탄자는 성형성이 좋은 납을 사용하였으며, 〈그림 2.7〉 ❶과 같이 구球 형태였다.

그 후 소총탄은 총기의 발달로 인하여 〈그림 2.7〉에서 보는 바와 같이 총구

그림 2.7 | 탄자의 발달과정

속도가 증가함에 따라 그 형태도 구형에서 유선형으로 변하였고 크기도 작아졌다. 이는 탄자의 비행속도가 증가함에 따라 공기저항을 줄이면서 관통 효과를 더 높일 수 있기 때문이다.

오늘날 사용되고 있는 소총탄은 그 용도에 따라서 보통탄[대인살상용], 철갑탄[대경장갑용], 소이탄[점화용], 예광탄[표적지시용], 공포탄[훈련 및 경계용]으로 구분할 수 있다. 이들 소총탄은 탄자의 형태와 재질만 다를 뿐 탄피와 뇌관 그리고 추진제는 거의 같다.

소총에는 대부분 보통탄약을 사용하고 있다. 이 탄약의 탄자는 통상 구리로 된 덮개 속에 납이나 청동[구리+주석] 같은 물질이 채워져 있으며, 약 80J의 충돌 운동에너지가 전달되도록 설계되어 있다.

오늘날 소화기는 대부분이 〈표 2.4〉에서 보는 바와 같이 충돌에너지를 기준으로 하여 제작되고 있다. 예를 들어 소총탄과 기관총탄 그리고 권총탄은 각각 1,800J, 3,200J, 550J 정도의 총구에너지를 갖도록 설계하고 있다. 그러나 이러한 최저 설계기준은 소화기 탄약을 보호할 수 있는 방탄복 등의 방호성능이 향상됨에 따라 더 높게 설정하는 추세이다.

일반적으로 탄자는 밀도를 증가시킴으로써 비행 시에 공기저항은 최소화하는 대신에 파괴력은 증대시키는 추세이다. 왜냐하면, 추진제를 조절하는 방법으로는 총구속도를 획기적으로 증가시킬 수 없기 때문이다. 이 문제를 해결하기 위하여 열화우라늄이나 텅스텐과 같은 고밀도 재료를 사용한 탄자가 개발되었다. 그러나 이들 탄자는 방사능 오염이나 총열의 수명 저하 등 많은 문제점이 있어서 극히 제한적으로 사용되고 있다.

표 2.4 | 소화기의 충돌에너지 비교

구 분	소총탄 (5.56×45mm)	기관총탄 (7.62×51mm)	권총탄 (9×19mm)
방탄복 미착용 인원 관통	80J	80J	80J
양호한 철모 착용 인원 관통	420J	770J	1,000J
두께 12mm 벽돌의 관통	2,500J	3,000J	불가능
총구에너지	1,800J	3,200J	550J

3 뇌관

탄피 속에 있는 뇌관primer은 공이가 뇌관에 기계적 충격을 가하면 뇌관 화약이 폭발할 수 있게 되어 있다. 뇌관 화약이 폭발하면서 생긴 고온의 화염은 더 많은 양의 추진제를 연소할 수 있게 되어 있다. 그리하여 탄피 내에서 발생이 된 고온·고압의 추진제 연소가스의 압력에 의해 탄자가 가속된다. 이와 같은 일련의 과정을 "추진제 폭발물 연쇄과정"이라 부르고 있다.

소총탄은 〈그림 2.8〉에서 보는 바와 같이 ❶ 충격핀형pin fire 뇌관, ❷ 주위격발형rim fire 뇌관, ❸ 중심격발형center fire 뇌관으로 구분할 수 있다. 19세기 초에 사용되었던 충격식 총은 충격핀형 뇌관을 사용하였다. 이 뇌관은 충격핀으로 흑색화약을 분말 상태로 만든 폭분에 충격을 가하여 추진제를 연소시킬 수 있다. 이 때문에 발사속도가 느리고 폭분의 양을 조절하기 어려워서 불발탄이 많이 발생하는 등 문제점이 많았다.

주위격발형 뇌관은 뇌관 화약이 탄피홈 주위에 장입되어 있어서 공이가 탄피 후부의 가장자리에 충격 또는 전기에너지를 가해서 격발할 수 있게 되어 있다. 이러한 구조 때문에 다른 방식에 비해 장입량과 화염전파면적을 크게 할 수 있다. 그러나 공이에 의한 격발 시에 충격이 커야 하며 제작이 어렵다.

오늘날 권총탄, 소총탄, 대구경 포탄 등은 대부분이 중심격발형 뇌관을 사용하고 있다. 이 뇌관은 탄피 후부의 중앙에 뇌관이 설치되어 있어서 공이에 의한 격발이 잘되며 제작하기 쉽기 때문이다.

❶ 충격핀형 ❷ 주위격발형 ❸ 중심격발형

그림 2.8 | 뇌관의 종류

❶ 배르탄식 뇌관 ❷ 복서식 뇌관

그림 2.9 | 뇌관의 구조 및 작동원리

4 추진제

소총탄에 사용되었던 추진제는 13세기부터 19세기 후반까지는 목탄과 유황 그리고 질산칼륨硝石, saltpeter을 적절히 혼합하여 만든 흑색화약이었다. 당시 사용했던 추진제는 화약제조기술 수준이 낮아서 〈그림 2.10〉 ❶, ❷와 같이 입자 크기와 모양이 균일하지 않았다. 이 때문에 추진제 연소 시에 연소율이 일정하지 않았다.

그 후 1880년 비에이유Vieille, 프랑스와 노벨Nobel, 스웨덴 그리고 아벨Abel과 듀어Dewar, 영국에 의해 무연화약이 개발되었다. 이 화약은 나이트로글리세린$C_3H_5(ONO_2)_3$과 나이트로셀룰로스$C_6H_7N_3O_{11}$가 주성분이며 통상 복기추진제라 부른다. 이 화약은 흑색화약보다 악취나 연기가 적게 발생하고 안전하여 취급이 쉽다. 추진제는 그 형태와 크기가 다양하며, 입자의 크기는 연소 표면적을 결정한다.

추진제의 입자 형태는 크게 끈 모양cordite과 봉형棒形, 구형球形으로 구분할 수

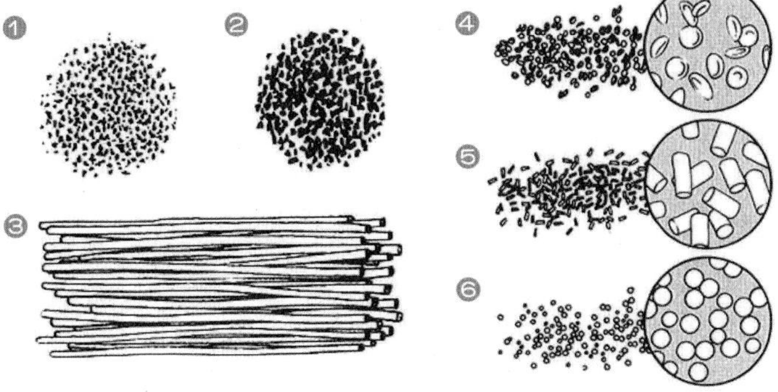

그림 2.10 | 추진제의 입자 형태

있다. 끈 모양 추진제는 〈그림 2.10〉 ❸과 같이, 연한 갈색의 화약으로 가는 밧줄 모양을 하고 있다. 이 무연화약은 현재는 거의 사용하고 있지 않다. 나무껍질 모양 추진제는 〈그림 2.10〉 ❹에서 보는 바와 같이 색깔은 회색이며, 주성분은 나이트로글리세린 물질이다.

끝으로 오늘날 대부분의 소총탄약의 추진제는 〈그림 2.10〉 ❺와 ❻에서 보는 바와 같이 봉형이나 구형이다. 특히 구경이 작을수록 추진제의 형태는 연소 초기에 연소 표면적이 작은 크기가 작은 구형이다. 소총탄은 좁쌀과 비슷한 크기와 모양의 구형 입자를 사용하며, 벌컨포[구경 20mm, 30mm] 탄약은 크기가 작은 원기둥 형태인 봉형이나 원기둥에 작은 구멍이 있는 단공관형 추진제를 사용하고 있다.

(2) 탄약의 종류 및 용도

소총탄은 그 용도에 따라 크게 ❶ 보통탄, ❷ 철갑탄, ❸ 예광탄, ❹ 훈련탄, ❺ 공포탄으로 구분할 수 있다. 이들 탄약은 〈그림 2.11〉과 같이 모양과 크기 그리고 구성요소가 다르다.

보통탄의 외피는 주로 구리와 니켈의 합금으로 비교적 연한 재질로 되어 있다. 반면에 탄심은 운동에너지를 크게 하려고 무게가 많이 나가는 납과 안티몬

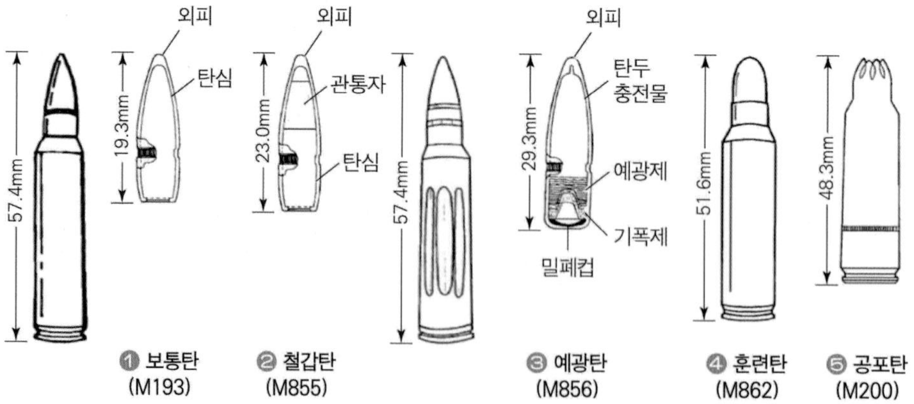

그림 2.11 | 소총탄의 종류(M16A2)

합금으로 되어 있다.

철갑탄은 보통탄의 탄자에 비해 길이가 더 길고 탄자 속에 고강도 강철 또는 텅스텐 합금으로 만든 관통자가 있으며, 경장갑 차량이나 장비를 파괴할 목적으로 사용한다.

예광탄은 다른 탄약에 비해 탄자의 구조가 복잡하다. 이 탄약의 탄자는 외피 속에 탄두충전물과 예광제, 기폭제, 밀폐컵으로 구성되어 있다. 이 탄약은 사격 시에 기폭제가 폭발하여 예광제가 연소하면 불꽃을 내면서 비행하며, 주로 사격을 관측하거나 소이 및 신호용으로 사용하고 있다.

훈련탄은 탄자를 플라스틱 재질로 만들었기 때문에 사거리가 25m 이내로 매우 짧다. 이 때문에 도시와 같이 좁은 지역에서 훈련할 때 적합하다.

끝으로 경계 또는 훈련을 목적으로 개발된 공포탄은 탄자가 없어서 격발 시 추진가스의 팽창소음과 총구에서 약한 압력만 발생한다. 지금까지 소개한 소총탄의 종류 및 용도를 정리해보면 〈표 2.5〉와 같다.

표 2.5 | 소총탄(M16A2)의 종류 및 용도

탄 종	탄자의 구조	용 도
보통탄	• 외피: 길딩금속(Cu+Ni) • 탄심: 납+안티몬(Pb+Sb)	대인살상, 비장갑 표적용
철갑탄	• 외피: 길딩금속 • 탄심: 고강도 강철	경장갑 파괴용
예광탄	• 외피: 길딩금속 • 탄두: 텅스텐합금 • 탄저충전물: 예광재료	사격관측용, 소이 및 신호용
훈련탄	• 탄자: 플라스틱	도시지역 훈련용(최대사거리 25m 이내), 영점사격훈련 불가능
공포탄	• 탄자: 없음	경계용, 훈련용

3. 기관총 탄약

기관총탄약은 소총탄과 마찬가지로 탄자, 탄피, 뇌관, 추진제로 구성되어 있다. 그러나 기관총탄은 소총탄을 사용하는 기관단총을 제외하고는 소총탄보다 탄약의 지름이 크고 길이가 길다. 그리고 소총탄보다 탄자의 종류가 더 다양하다.

(1) 탄약의 종류

기관총탄은 〈그림 2.12〉에서 보는 바와 같이 탄자에 따라서 보통탄, 철갑탄, 예광탄, 소이탄, 탄도관측탄, 철갑소이탄 등으로 구분할 수 있다. 특히 이들 탄약은 탄자의 구조와 구성 물질에 따라서 각각 다른 용도로 사용하며, 그 특징을 살펴보면 〈표 2.6〉과 같다.

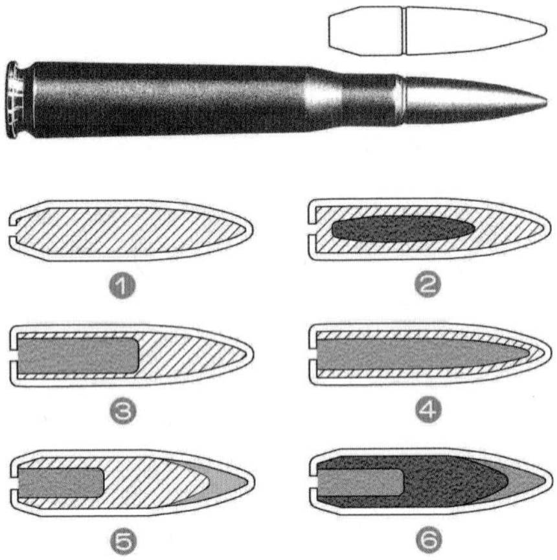

그림 2.12 | 기관총탄의 종류

탄 종	탄자의 구조	용 도	비 고
보통탄	• 외피(재킷): 구리합금(Cu+Ni) • 탄심: 납합금	대인살상	〈그림 2.12〉 ❶
철갑탄	• 외피: 구리합금 • 탄심: 고강도 강철	대항공기 격추용, 경장갑 파괴용	〈그림 2.12〉 ❷
예광탄	• 외피: 구리합금 • 탄저충전물: 예광재료	사격관측용, 소이 및 신호용	〈그림 2.12〉 ❸
소이탄	• 외피: 구리합금 • 내부충전물: 안티몬(Sb)	소이용(표적연소용)	〈그림 2.12〉 ❹
탄도관측탄	• 외피: 구리합금 • 탄두/탄저충전물: 예광 · 연막재료	전차포 사격 전 조준점 관측용 (탄자 비행 시에 불꽃 발생, 표적 충돌 시에 연기 발생)	〈그림 2.12〉 ❺
철갑소이탄	• 외피 및 탄심: 철갑탄과 동일 • 탄저충전물: 예광재료	탄도관측, 표적 관통 후 연소용	〈그림 2.12〉

(2) 송탄기구

기관총은 통상 1개의 총열로 높은 발사속도를 유지해야 한다. 또한, 방아쇠를 당기고 있으면 탄약이 연속적으로 공급되어 연속사격이 가능하도록 설계하여야 한다. 그러나 기관총은 연속사격에 따른 해결해야 할 몇 가지 기술적 문제가 있다.

① 총의 작동방법과 격발방식의 적용문제
② 탄약의 공급방식인 송탄기구의 설계문제
③ 연속사격에 따른 총열의 과열을 해결하기 위한 냉각장치의 설계문제
④ 전술적 문제에 의한 기관총의 설계문제

현재까지 개발된 기관총의 송탄기구는 〈그림 2.13〉에서 보는 바와 같이 크게 호퍼hopper식, 탄알집식, 탄대strip식, 탄띠belt식, 분리형 링크disintegrating link belt식으로 구분할 수 있다. 이를 자세히 알아보면 다음과 같다.

첫째, 호퍼식 송탄장치는 깔때기 모양의 탄알집에 중력에 의해 탄약이 공급되는 방식이다. 이 방식은 구조가 단순하나 작동에 대한 신뢰성이 떨어지는 단점이 있다.

둘째, 소총과 권총에서도 가장 많이 사용하고 있는 탄알집식 송탄장치가 있

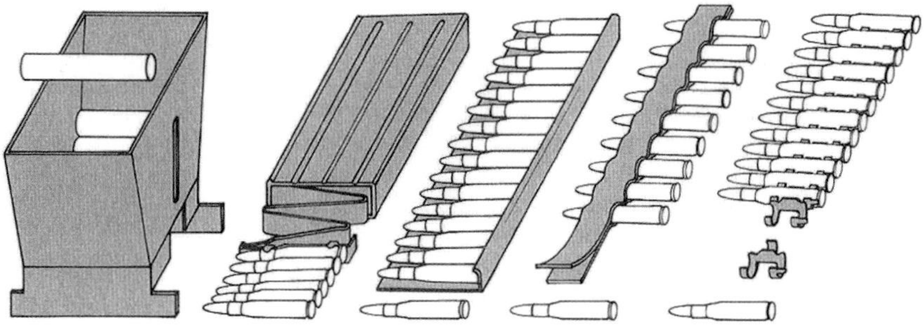

그림 2.13 | 대표적인 기관(단)총의 송탄기구

다. 이 방식은 탄알집 속에 있는 용수철의 팽창력에 의해 탄약이 공급되는 방식이다.

이 방식은 〈그림 2.14〉에서 보는 바와 같이 크게 직선형, 곡선형, 회전형 탄알집 방식이 있다. 직선형은 권총 또는 기관단총과 같이 주로 서서쏴 자세로 사격하는 총기에 적합하다. 이 방식은 스프링의 팽창력을 오랫동안 유지할 수 있어서 작동의 신뢰성이 높다. 곡선형 탄알집은 돌격소총과 같이 엎드려쏴 자세에서도 직선형보다 탄알집의 길이가 짧아서 조준사격이 쉽고 더 많은 탄약을 장전시킬 수 있는 장점이 있다. 하지만 직선형 스프링의 팽창 방향이 곡선이어서 장기간 사용하면 기능이 저하될 가능성이 더 크다. 끝으로 회전형은 다량의 탄약을 장전하여 사용할 수 있는 장점이 있어서 경(輕)기관총에 적합한 방식이다.

셋째, 탄대식은 다수의 탄약을 금속클립으로 결속시켜 탄약에 외력을 가하여 송탄하는 방식이다. 이 방식은 탄약에 중력을 가해야 송탄시킬 수 있다.

넷째, 기관총에 가장 많이 사용되고 있는 탄띠식이 있다. 이 방법은 연속사격 시에 매우 적합하며, 탄알집식보다 더 가볍다. 그러나 사격 시 먼지나 외부의 충격 등에 의해 탄약이 변형되거나 오염되기 쉽다. 이 때문에 탄띠식은 장갑차 또는 전차와 같은 차량에 탑재되는 기관총에 많이 사용하고 있다.

다섯째, 분리형 링크식은 금속링크로 탄약을 연결하여 연속적으로 송탄작용이 이루어지도록 하는 방법이다. 이 방식은 사격 시에 링크를 회수하여 다시 사용하기가 매우 어렵다.

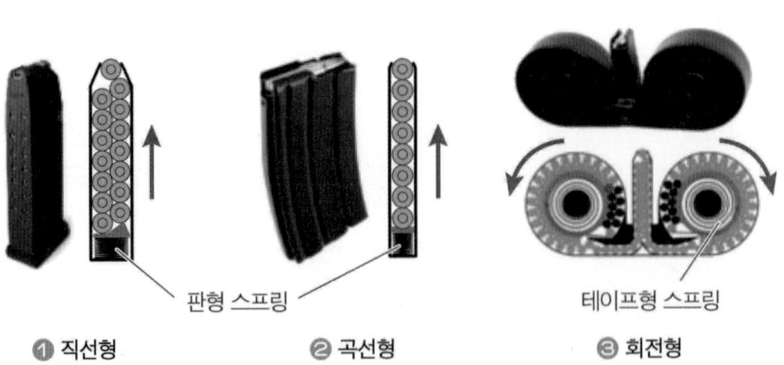

그림 2.14 | 대표적인 탄알집의 종류와 작동원리

제3절 강내탄도학

강내탄도학은 추진제의 연소로 발생한 추진가스의 힘을 받는 동안 강내에서 움직이는 탄자의 운동 특성을 연구하는 응용역학의 한 분야이다. 따라서 강내탄도학에서는 추진제와 추진가스에 의한 탄자의 운동에 미치는 영향 그리고 추진가스의 효율적인 에너지 변환 방법 등을 연구하게 된다.

강내탄도학은 1740년 영국의 수학자 벤자민 로빈스Benjamin Robins, 1707-1751가 탄자의 속도를 측정할 수 있는 탄도진자彈道振子를 발명한 이후로 현재까지 연구가 진행되었다. 그러나 이 분야의 물리적 현상은 짧은 시간에 많은 영향요소에 의해 일어난다. 이 때문에 아직도 이론적 해석보다 실험적 방법에 더 많이 의존하고 있다.

1. 추진제의 폭발 연쇄과정

(1) 소구경 탄약

총 또는 기관포의 약실에 탄약을 장전한 후 방아쇠를 당기면, 〈그림 2.15〉와 같이 공이가 탄피 두부에 있는 뇌관에 충격을 주어 그 속에 있는 뇌관 화약이 폭발한다. 이때 발생한 화염에 의해 추진제가 연소한다. 그 결과 〈그림 2.16〉과 같이 뇌관 화약에서 발생한 화염이 추진제를 폭발시키는 과정이 수m/s 동안에 일어나며, 이 과정을 추진제 폭발 연쇄과정이라 한다.

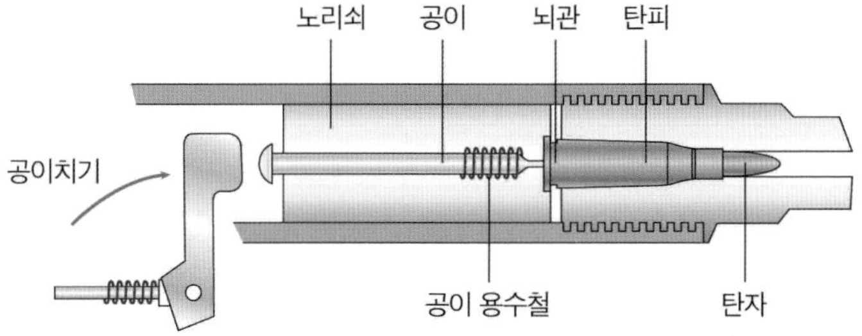

그림 2.15 | 소구경 탄약의 격발시스템 구조

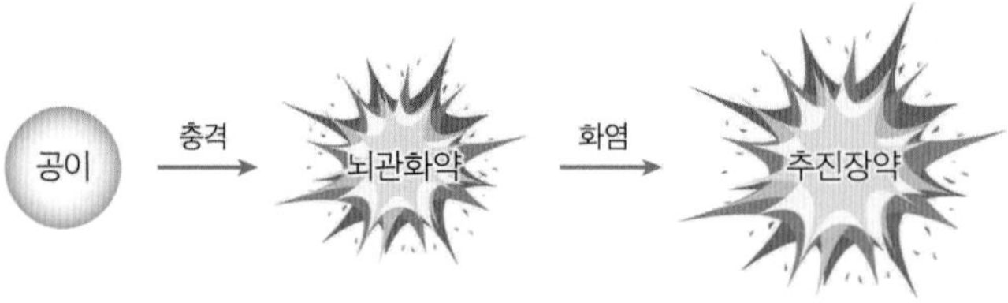

그림 2.16 | 소구경 탄약의 추진제 폭발 연쇄과정

(2) 대구경 탄약

대구경 탄약(구경 약 40mm 초과)은 소구경 탄약보다 추진제의 양이 더 많다. 따라서 소량의 뇌관화약이 폭발할 때 발생하는 화염으로는 짧은 시간 내에 전량을 연소시킬 수 없다. 이 때문에 대구경 탄약에는 〈그림 2.17〉과 같이 소구경 탄약에 없는 약협이 있다. 이 때문에 약협 속에 있는 뇌관화약이 점화장약을 연소시키면서 다량의 화염으로 다량의 추진제를 거의 동시(수m/s 이내)에 연소시킬 수 있다.

그림 2.17 | 대구경 탄약의 추진제 폭발 연쇄과정

2. 추진가스의 작용

(1) 총과 자동차엔진의 유사성

강내탄도학적 측면에서 볼 때, 총과 포는 크기만 다를 뿐 그 구조와 원리가 거의 같다. 〈그림 2.18〉은 일반적인 총에서 소총탄이 추진가스의 압력을 받아 총구 방향으로 움직일 때, 약실 압력과 탄자 속도의 관계를 나타낸 것이다.

〈그림 2.15〉에서와 같이 총은 탄자를 안내하는 원통 모양의 총열과 추진제가 연소하여 고온의 추진가스를 발생하는 약실또는 탄피내부 공간로 구성되어 있다. 총은 열·압력에너지를 운동에너지로 변환시키는 자동차엔진과 유사한 에너지 변환시스템이라 할 수 있다. 참고로 자동차엔진은 연료와 공기를 혼합한 후 이 혼합가스를 폭발시켜서 이때 발생하는 가스압력으로 피스톤을 움직인다. 반면에 총은 자동차엔진에서 사용하는 연료와 공기 대신 추진제를 폭발시켜서 이때 발생하는 고압의 추진가스를 이용할 뿐 그 메커니즘은 유사하다.

결국, 자동차엔진의 실린더는 총열과 같으며, 피스톤은 탄자와 유사한 기능을 한다. 또한, 엔진의 연소열을 방열시키기 위하여 엔진 블록 속에 냉각수를 순환시킨 후 라디에이터로 냉각시키지만, 총에서는 방열핀radiation fin을 이용하여 공기로 냉각시키는 방법을 사용하고 있다.

(2) 추진가스의 압력과 탄자 속도

총은 〈그림 2.15〉에서 보는 바와 같이 방아쇠를 당기면 방아틀 뭉치가 공이에 충격을 가할 수 있게 되어 있다. 그리고 공이는 다시 뇌관에 충격을 가함으로써 뇌관 속에 있는 뇌관화약을 폭발시킨다. 이때 발생한 화염약 2,700°C이 다량의 추진제를 연소시키게 된다. 그 결과 탄피와 탄자로 밀폐된 공간에 순간적약 0.5ms 이내으로 대기압보다 약 3,500배 이상의 높은 압력이 형성되게 된다. 왜냐하면, 추진제가 연소하면서 체적이 약 1만 4,000배 정도 증가하기 때문이다. 또한, 소총탄은 약 3~5g 정도로 매우 가벼워서 추진제의 연소 개시와 거의 동시에 추진가스 압력에 의해 총구 방향으로 밀려 나온다. 이때 약실 압력의 변화를 그림으로 나타내면 〈그림 2.18〉과 같다.

〈그림 2.18〉에서 보는 바와 같이 시간t에 따른 약실의 압력$p(t)$은 초기에는 급격히 상승하다가 최고 압력P_{max} 점을 지나면서 연소율이 급격히 감소하게 된다.

그러나 탄자는 대기압보다 높은 추진가스의 압력 때문에 〈그림 2.18〉에 표시된 점선과 같이 계속 가속된다. 참고로 총구 압력P_m은 약실의 최고압력에 비해 약 30% 정도이다. 그리고 총구 압력은 탄자가 총구를 빠져나온 후에도 잠시

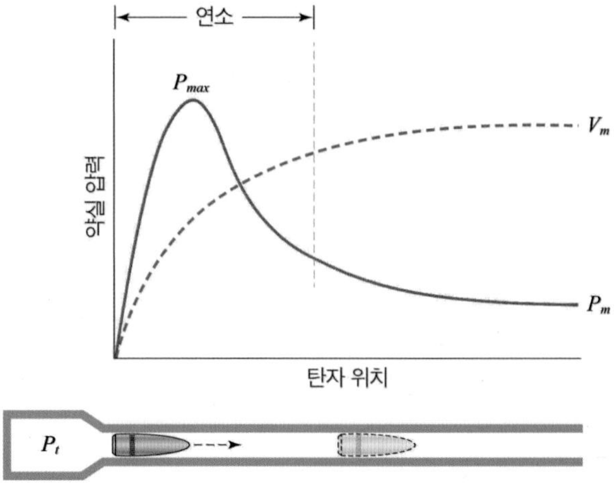

그림 2.18 | 추진가스 압력과 탄자 위치(탄자 속도)의 관계

탄자에 힘 F를 가하기 때문에 실제 탄자는 총구에서 약간 떨어진 곳에서 최대속도가 된다.

탄자가 추진가스 압력에 의해 받는 힘 F는 뉴턴의 운동법칙에 의하여 식 [2-1]과 같이 표시할 수 있다. 이 식에서 탄자의 질량 m과 탄자의 속도 V 그리고 탄자가 추진가스 압력을 받게 되는 탄저 단면적 $A(=\pi d^2/4)$를 나타낸 것이다.

$$F(t) \equiv \frac{d(mV)}{dt} = m\frac{dV}{dt} + V\frac{dm}{dt} = p(t)A \quad \cdots\cdots [2\text{-}1]$$

만일, 탄자 질량이 일정($\frac{dm}{dt}=0$)하고, 마찰저항을 무시하면, 식 [2-1]은 식 [2-2]와 같이 된다.

$$p(t)A = m\frac{dV}{dt} \quad \cdots\cdots [2\text{-}2]$$

식 [2-2]에서 추진가스 압력 $p(x)$와 탄자의 위치 x의 관계식으로 나타내면 식 [2-3]과 같다.

$$p(x)A = mV(\frac{dV}{dX}) \quad \text{[2-3]}$$

또한, 탄자의 이동거리를 L, 탄자의 포구 속도를 V_m 이라고 할 때, 식 [2-3]을 정리하여 적분하면 식 [2-4]와 식 [2-5]와 같이 쓸 수 있다.

$$A\int_0^L p(x)dx = m\int_0^{V_m} VdV \quad \text{[2-4]}$$

$$\therefore A\int_0^L p(x)dx = \frac{1}{2}mV_m^2 \quad \text{[2-5]}$$

결국, 식 [2-5]에서와 같이 약실 압력-탄자의 이동거리 곡선$^{p(x)-x\text{곡선}}$의 밑면적은 단위 면적당 탄자가 얻는 운동에너지와 같음을 알 수 있다. 따라서 총구속도를 증가시키려면 약실 압력을 증가시켜야 한다. 그러나 약실 압력이 너무 높으면, 총열 내의 과도한 침식erosion과 포구섬광muzzle blast 그리고 비균일한 총구속도 등의 문제가 발생하며, 총열을 두껍게 제작해야 하는 단점이 있다.

(3) 추진제의 에너지이용도[4]

〈표 2.7〉은 M16A1 소총과 K2 소총 등에 사용되는 M193 탄약에 대한 추진제의 에너지이용도를 나타낸 도표이다. 표에서 보는 바와 같이, 탄자의 이동에 사용되는 에너지는 32%뿐이고, 추진가스의 잠열손실과 총과 탄자에 의한 열 손실이 62%, 탄자와 강선 내벽의 마찰에 의한 손실은 2% 정도 차지하고 있다.

따라서 소총의 개발자들은 추진가스의 잠열손실과 총열의 냉각 시 발생하는 열 손실을 줄여서 탄자의 운동에너지의 이용도를 높이기 위한 연구를 계속 진행하고 있다. 예를 들어, 현재 개발된 총열은 대부분 약 450℃ 이상에서는 경도와 강도가 급격히 떨어져서 그 이상의 온도에서는 사격할 수 없다. 따라서 공랭식

4 이희각 외, 《신편 병기공학》, 청문각, 2001.

표 2.7 | 추진제의 에너지이용도(M193탄)

흡수된 에너지	에너지이용도(%)	비 고
탄자의 이동	32.0	
탄자의 회전	0.1	
탄자와 총열내벽의 마찰	2.0	
추진가스 이동	3.0	
총과 탄자의 열 손실	20.0	
추진가스의 잠열손실	42.0	
주퇴부의 이동	0.1	※ 전차포: 0.2%
공기저항, 소음 등	0.8	

이나 수냉식 또는 총열을 교환하는 방법 등을 사용해야 한다. 이 때문에 열 손실이 불가피하다.

〈그림 2.19〉는 기관총 총열의 과열을 방지하거나 총열 교환 시기를 지연시키기 위한 냉각방식으로 크게 네 가지 방식으로 구분할 수 있다.

첫째, 〈그림 2.19〉 ❶에서 보는 바와 같이 총열 주위에 물을 순환시켜 총열을 냉각시키는 수냉식 총열을 나타낸 것으로 주로 중重기관총HMG에 적용한다. 이 방법은 냉각장치가 무겁고, 부피가 클 뿐만 아니라 냉각수에 의한 부식과 누수의 우려가 있다. 그러나 냉각성능이 우수하여 장시간 지속사격이 가능하다.

둘째, 〈그림 2.19〉 ❷-1과 같이 총열에 냉각핀cooling fin을 장착하여 공기로 방열시키는 공랭식이 있다. 이 방식은 냉각장치가 단순하고 가벼워서 많은 소총에 적용하고 있으나 냉각 효과가 낮아서 총열이 과열되기 쉽다.

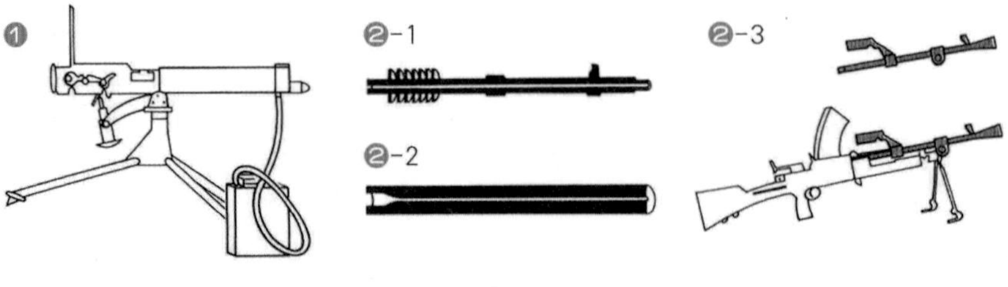

그림 2.19 | 총열의 냉각방법

셋째, 〈그림 2.19〉 ❷-2와 같이 두꺼운 총열을 사용하여 사격 시 발생된 열을 일시적으로 총열의 잠열로 흡수시키는 방법이다. 이 방식은 총열이 무거워서 불편하나 일시적으로 총열의 과열을 억제할 수 있다.

넷째, 〈그림 2.19〉 ❷-3과 같이 총열을 교환하는 방식이다. 이 방식은 사격 시 총열이 과열온도에 도달하기 전에 예비총열로 교환함으로써 높은 발사속도로 지속 사격이 가능하다. 따라서 주로 경輕기관총이나 중中기관총 등에 적용하고 있다. 그러나 사격 간 총열을 교환해야 하고, 일시적으로 사격을 중지해야 하며, 휴대가 불편하다.

최근에는 이러한 단점을 보완하기 위해서 총열을 티타늄titanium과 같은 고온에서도 높은 강도를 유지할 수 있는 소재로 대체하기 위한 연구가 활발히 진행되고 있다.

3. 강선 이론

일반적으로 소총은 〈그림 2.20〉에서 보는 바와 같이 탄약이 장전된 상태에서 공이로 뇌관에 충격을 가하면, 뇌관화약이 폭발하게 된다. 이때 발생한 화염이 추진제를 폭발시키면서 다량의 고온고압의 추진가스에 의해 탄자를 총구 방향으로 밀어낸다. 그 결과 탄자는 강선rifling을 따라 회전하면서 총구 방향으로 움직이면서 급속도로 가속운동을 하게 된다. 강선이란 총ㅍ 강 내에 파인 나선형의 홈groove을 말하며, 통상 약실 선단에서 총구까지 홈이 파여 있다. 이러한 강선을 만드는 목적은 탄자가 대기 중을 비행하는 동안 탄자의 안정을 유지하는 데

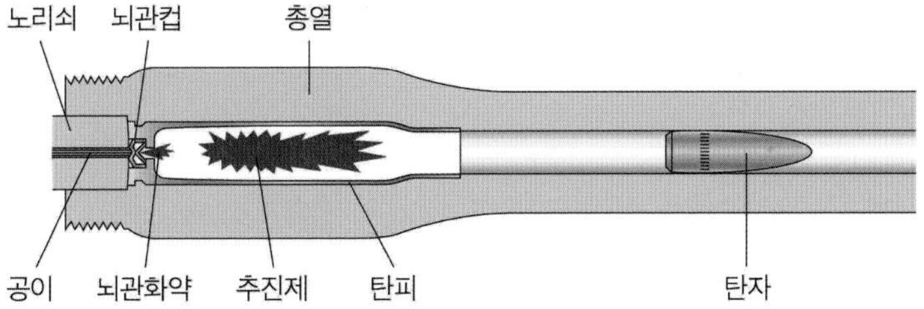

그림 2.20 | 현대식 소총의 발사과정

필요한 회전관성력을 탄자에 주기 위한 것이다. 즉, 회전안정법은 공기의 저항 속에서 탄자에 비행안정성을 부여하기 위하여 팽이의 원리를 적용한 것이다. 팽이는 회전하지 않을 때는 서지 못하지만 일단 빠른 회전운동을 시키면 뾰족한 침으로도 안정된 자세를 유지할 수 있다.

소구경 탄자의 재질은 통상 구리합금이며, 총열 내에서는 마치 자동차엔진의 피스톤에 있는 압축링과 같은 밀폐기능을 한다. 또한, 추진가스의 힘으로 탄자가 움직이면 탄자는 강선등land of rifle에 의하여 총강 단면과 같은 모양으로 깎이면서 강선을 따라 회전 및 직선 운동에너지를 얻게 된다.

반면에 소구경 탄약보다 무거운 대구경 탄자탄두는 탄자의 표면에 연한 금속구리합금으로 된 1~2개의 회전대가 피스톤 링과 같은 기능을 하며, 이 회전대의 지름은 포의 구경보다 약간 크다. 그리고 무반동총은 회전대가 강선과 같은 모양의 홈이 파여 있어서 회전대는 깎이지 않으면서 회전하게 된다. 따라서 총신에 압력이 적게 작용하기 때문에 강선총의 총열보다 더 얇은 총열을 사용할 수 있다. 또한, 회전대를 깎는 데 소요되는 에너지를 절약할 수 있으므로 탄자에 더 많은 운동에너지를 줄 수 있게 된다.

한편, 임의 점에서 강선의 나선각은 그 점에서 총강축선과 이루는 강선의 기울기를 말한다. 이 기울기는 각도로 표시하거나 또는 나선각ϕ으로 표시한다. 강선의 나선각은 강선을 따라 탄자가 완전히 1회전 하는 동안 이동한 길이를 캘리버 수n로 표시한다. 예를 들어 나선각이 '30 캘리버 1회전'이라고 하면, 이는 강선이 구경의 30배와 같은 길이에 걸쳐 360° 회전한다는 의미이다.

대부분의 총열 내 강선은 약실 선단에서 총구까지 정확한 나선을 그리면서 그 기울기가 일정하게 되어 있다. 따라서 〈그림 2.21〉에서 보는 바와 같이 일정한 나선각을 가진 총신은 그 전개 곡선이 그림 하단에 보는 바와 같이 일직선으로 나타난다.

따라서 나선각이 일정한 강선을 따라 움직이는 탄자의 이동속도와 회전속도의 관계는 다음과 같다. 여기서, 강선의 나선각을 ϕ, 구경을 d, 총구 방향으로의 탄자 속도를 V, 탄자가 1회전 하는 데 필요한 포신의 길이를 캘리버 수로 표시한 값을 nd라고 할 때, 나선각은 다음과 같다.

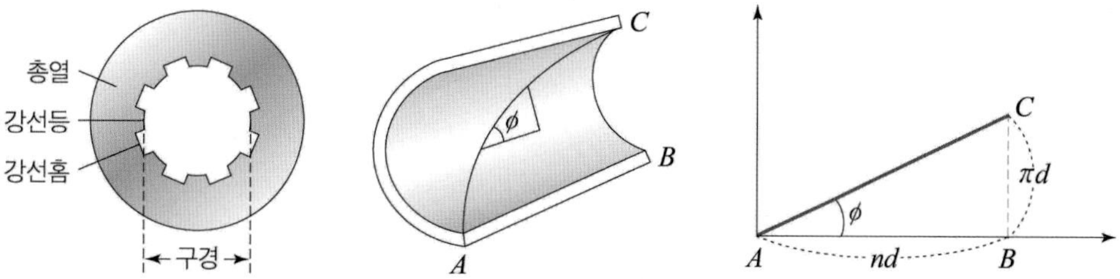

그림 2.21 | 구경과 강선의 나선각

$$\tan\phi = \frac{\pi d}{nd} = \frac{\pi}{n} \quad \cdots\cdots \quad [2\text{-}6]$$

그리고 회전각속도 ω는 다음과 같다.

$$\omega = \frac{2V \cdot \tan\phi}{d} \quad \cdots\cdots \quad [2\text{-}7]$$

위의 식 [2-6]을 식 [2-7]에 대입하면, 식 [2-8]과 같이 나타낼 수 있다.

$$\omega = \frac{2\pi V}{nd} \quad [rad/s] \quad \cdots\cdots \quad [2\text{-}8]$$

일반적으로 탄자의 회전속도 N을 분당 회전속도 rpm[revolutions per minute]로 나타낸다. 따라서 식 [2-9]와 같이 표시할 수 있다.

$$\mathrm{N} = \frac{60\omega}{2\pi} = \frac{60\mathrm{V}}{\mathrm{nd}} \quad [\mathrm{rpm}] \quad \cdots\cdots \quad [2\text{-}9]$$

2.1 exercise

M16A1 소총의 총구속도는 3,165ft/s(M193 보통탄)이다. 이 소총의 강선 나선도는 일정하며 1회전의 경우 12inch이다. 탄자가 총구를 떠날 때의 회전속도는 몇 rpm이나 되겠는가? (1ft = 0.3048m, 1inch = 0.0254m)

풀이 탄자의 회전속도 식 (2-9)와 같이 $N = \frac{60\omega}{2\pi} = \frac{60V}{nd}$ [rpm] 이므로

∴ N=(60×3165×0.3048)/(12×0.0254)=189,900rpm

4. 탄자 속도 측정방법

소구경 탄자의 총구속도는 통상 음속의 2.8배로 매우 빠른 속도로 비행한다. 이처럼 고속으로 움직이는 탄자 속도는 탄도진자ballistic pendulum에 의한 방법, 전기회로 스크린에 의한 방법, 고속 카메라high speed camera 촬영법 등 다양한 방법으로 측정할 수 있다. 최근에는 이들 방법 중에서 탄자의 속도뿐만 아니라 충돌 및 폭발 장면을 동시에 해석할 수 있는 고속 카메라 촬영법이 주로 사용되고 있다.

(1) 탄도진자에 의한 방법[5]

오늘날과 같이 정밀계측기가 없던 18세기에는 탄자 속도를 탄도진자를 사용하여 측정하였다. 탄도진자는 〈그림 2.22〉와 같이 나무토막을 가벼운 줄에 매단 후 탄자를 나무토막을 향하여 발사시키면, 탄자가 나무에 박혀서 한 덩어리가 되어 수직 높이 h만큼 올라가게 된다. 이때 두 물체의 질량과 올라간 높이 h를 측정하여 이 값으로 탄자 속도를 구할 수 있다.

즉 탄자의 운동에너지는 탄자가 박힌 나무토막의 위치에너지로 변환되었기 때문에 이를 에너지 보존법칙에 적용하면 식 [2-10]과 같이 나타낼 수 있다. 이때 충돌 전 탄자의 질량과 속도를 각각 m과 V, 그리고 나무토막의 질량과 M이

5 Raymond A. Serway, & Jerry S. Faughn, *College Physics 5/E*, Harcourt Brace & Company, 1999.

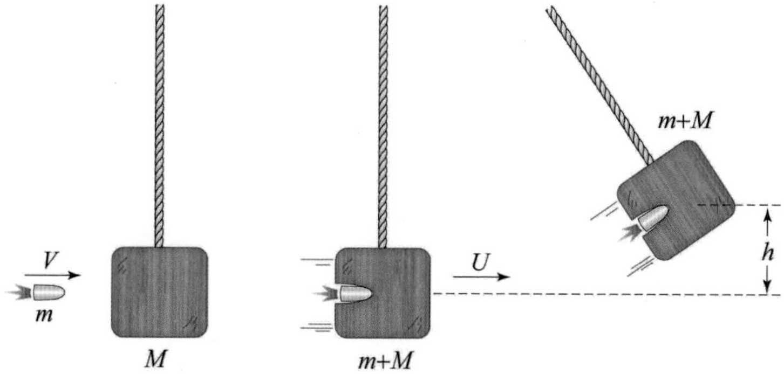

그림 2.22 | 탄도진자에 의한 탄자 속도 측정법

라 하고, 충돌 후 나무토막의 속도는 U이다. 단 나무토막을 매단 줄의 무게와 공기저항은 없다고 가정하자.

$$mV = (m+M)U \quad \cdots\cdots \quad [2\text{-}10]$$

$$V = \frac{(m+M)U}{m} \quad \cdots\cdots \quad [2\text{-}11]$$

여기서 탄자가 나무토막에 충돌한 직후의 운동에너지는 탄자가 박힌 나무토막이 h만큼 높이 올라갈 수 있도록 위치에너지로 변환되었으므로 식 [2-12]와 같이 쓸 수 있다.

$$\frac{1}{2}(m+M)U^2 = (m+M)gh \quad \cdots\cdots \quad [2\text{-}12]$$

따라서 식 [2-11]을 U에 대입해 풀면, $U = \sqrt{2gh}$가 된다. 그리고 이 식을 식 [2-12]에 대입하면 탄자의 속도 V는 식 [2-13]과 같이 된다.

$$\therefore \; V = \frac{(m+M)}{m}\sqrt{2gh} \quad \cdots\cdots \quad [2\text{-}13]$$

결론적으로 식 [2-13]에서 보는 바와 같이 탄자 속도 V는 탄자 질량과 나무토막의 질량 M 그리고 충돌 후 나무토막의 상승 높이 h를 알면 계산할 수 있다.

2.2 exercise

어떤 총에서 발사된 질량이 5g인 탄자가 〈그림 2.22〉와 같은 탄도진자의 나무토막에 박힌 다음, 한 덩어리가 되어 수직으로 5cm만큼 올라갔다. 이때 나무토막의 질량이 2kg이라면 탄자의 속도는 몇 m/s인가?

풀이 만일 탄자와 나무토막 사이의 충돌이 완전 비탄성 충돌이라고 가정하면, 식 〔2-13〕을 적용할 수 있다.

$$\therefore V = \left(\frac{m+M}{m}\right)\sqrt{2gh} = \left(\frac{0.005+2}{0.005}\right)\sqrt{2\times 9.8\times 0.05} = 396.97\, m/s$$

(2) 전기회로 스크린에 의한 방법

이 방법은 크로노그라프법chronograph method이라고 하며, 일정한 거리만큼 떨어져 있는 두 점을 탄자가 비행하는 데 걸리는 시간을 측정하고, 그 두 지점 사이의 거리를 탄자가 비행하는 데 걸린 시간으로 나누어 속도를 측정하는 방법이다. 이 방법은 〈그림 2.23〉에서 보는 바와 같이 통상 실내에서는 2개의 전기회로 스크린을 1m 정도 이격시켜 수직으로 고정한 후, 탄자가 이들 두 스크린을 관통할 때 통과시간을 측정할 수 있다.

전기회로 스크린에는 전기회로가 꼬불꼬불하게 은으로 칠해져silver painting 있으며, 전류는 은칠을 통해서 흐른다. 그리고 시간은 탄자가 첫 번째 스크린을 통과할 때 전기회로가 단락되면서 시간 측정이 시작되고, 두 번째 스크린을 통과할 때, 다시 전기회로가 단락되면서 측정이 멈추게 된다. 이렇게 하면 탄자가 두 스크린 사이를 비행하는 데 걸린 시간을 측정할 수 있다.

이 장치는 정밀한 모터에 의하여 회전하는 원기둥 형태의 드럼drum, 꼬불꼬불하게 은이 칠해진 전기회로 스크린, 전기회로가 탄자에 의하여 단락될 때 회

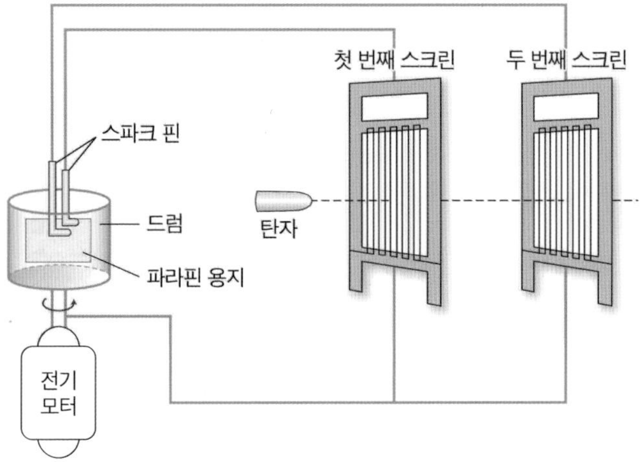

그림 2.23 | 전기회로 스크린에 의한 방법

전하는 드럼 위에 스파크 자국을 낼 수 있는 스파크 핀으로 구성되어 있다. 드럼은 계산의 편리성을 위하여 통상 원둘레가 정확하게 1m로 되어 있으며, 드럼 밖에는 눈금이 매겨진 파라핀 용지가 붙어 있다. 사격하면 파라핀 용지에 스파크가 일어나는 것이 기록되고 두 스파크 지점 간의 거리를 측정하면, 이를 드럼의 회전속도로 환산하여 스파크가 일어난 시간 간격을 측정할 수 있다.

따라서 드럼에 생긴 2개의 스파크 자국의 거리 d와 드럼의 회전수 n을 측정하면, 탄자가 2개의 스크린을 통과할 때의 소요시간 t를 식 [2-15]와 같이 계산할 수 있다. 여기서 ω는 드럼의 각속도$^{=2\pi n/60\,[\text{rad/s}]}$, v는 드럼의 접선속도, l은 스크린의 간격(통상 1m), V는 탄자 속도이다.

$$V = rw = \frac{2\pi rn}{60}\ [\text{m/s}] \quad \cdots\cdots \quad [2\text{-}14]$$

$$t = \frac{d}{v}[\text{s}] \quad \cdots\cdots \quad [2\text{-}15]$$

$$\therefore\ V = \frac{l}{t}[\text{m/s}] \quad \cdots\cdots \quad [2\text{-}16]$$

(3) 고속 카메라 촬영법[6]

이 방법은 고속으로 움직이는 탄자를 2개 이상 촬영하여 영상분석image processing에 의해 이동거리를 계산한 후 촬영시간 차이로 나누어 속도를 계산하는 방법이다. 최근에는 고속 카메라의 성능이 획기적으로 향상되어 특정지점을 통과하는 탄자의 속도뿐만 아니라 일정한 거리 내의 시간에 따른 순간속도 변화도 측정이 가능하다. 이러한 고속 카메라는 영상을 얻는 원리에 따라 영상분리형 카메라framing camera와 줄무늬 카메라streak camera로 구분할 수 있다.

〈그림 2.24〉에서 보는 바와 같이 영상분리형 카메라는 우리가 통상 사용하는 휴대용 카메라와 같이 일정한 시간 동안 진행되는 어떤 현상을 짧은 셔터 시간과 일정한 시간 간격으로 노출하여 순간적인 정지 상태로 촬영하는 방법이다. 이때 하나의 정지된 기록결과를 한 프레임one frame이라 하고, 촬영속도는 초당 촬영할 수 있는 촬영 숫자, 즉 fpsframe per second로 정의한다. 이 방법은 촬영 대상물의 형상이 시간 변화에 따라서 어떻게 변화하는지를 연구할 때 주로 사용하며, 카메라의 성능에 따라서 고속 카메라300~10,000fps, 초고속 카메라10,000~300,000fps, 극초고속 카메라300,000fps 초과로 구분할 수 있다.

줄무늬 카메라는 〈그림 2.24〉에서 보는 바와 같이 슬릿을 이용하여 시간간격 없이 연속적으로 촬영하는 방법이다. 이때 횡축은 시간을, 종축은 촬영 대상

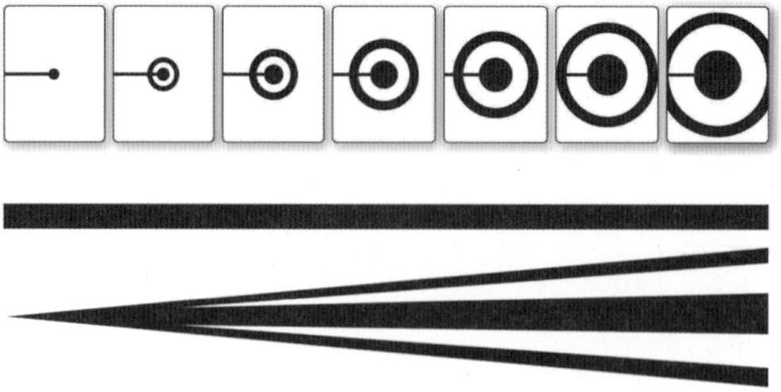

그림 2.24 | 영상분리형 카메라(위쪽)와 줄무늬 카메라(아래쪽) 비교

6 이제선, 《고속 카메라 가시화 장치》, 1999.

그림 2.25 | 탄도 측정용 고속 카메라

물의 이동 거리를 나타낸다. 따라서 그 기울기가 바로 속도에 해당하기 때문에 촬영 대상물의 시간에 따른 순간속도를 측정하는 데 주로 사용한다. 한편 이들 두 방법을 동시에 적용한 고속 카메라도 있다. 〈그림 2.25〉는 소구경 탄약이나 전차포탄의 충돌해석 시에 많이 사용되고 있는 탄도 측정용 고속 카메라이다.

5. 소화기의 작동과정

소화기의 자동사격 시에 작동에 필요한 초기 에너지는 추진가스에 의한 압력에너지나 사수가 노리쇠를 후퇴시켜 얻은 기계적 에너지에 의해 이루어진다. 특히 추진가스의 압력에너지를 통한 자동화기구의 방법은 크게 ❶ 가스작용식, ❷ 역류 방식블로우백 시스템, blowback system, ❸ 주퇴작용식이 있다.

(1) 가스작용식

현대 소총은 대부분 연발 사격이 가능한 자동소총이며, 그 작동과정은 다음과 같다.

먼저, 〈그림 2.26〉 ❶과 같이, 발사 순간에는 노리쇠뭉치를 고정한 후 격발

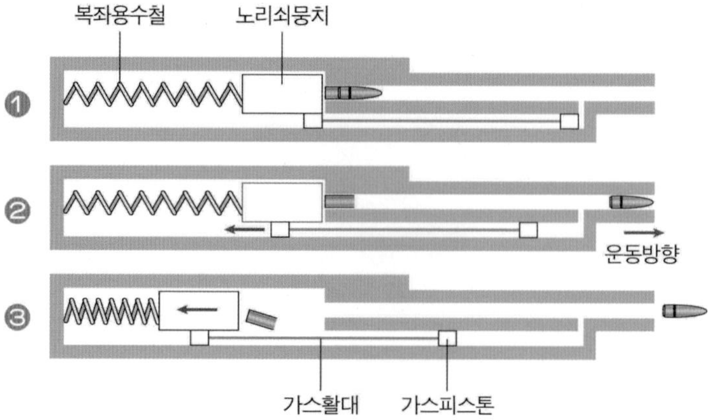

그림 2.26 | 가스작용식의 작동 개념도

한다. 다음으로 탄자는 추진제가 연소하면서 생긴 추진가스의 팽창압력에 의해 총구 방향으로 이동한다. 이때 탄자가 총구 부근을 통과하면서 〈그림 2.26〉 ❷와 같이 추진가스 압력이 가스피스톤에 작용한다. 그 결과 가스피스톤에 연결된 가스활대가 움직이면서 노리쇠뭉치를 후퇴시켜 복좌용수철을 압축시킨다. 이때 탄자가 총구를 이탈하면 총열 내 압력이 급격히 감소하고 복좌용수철의 팽창력으로 노리쇠뭉치가 원위치로 복귀하면서 다음 사격이 가능해진다. 이렇게 추진가스의 압력에 의해 작동되는 방식을 가스작용식이라 한다.

가스작용식 소총의 작동과정을 자세히 살펴보면 〈그림 2.27〉에서 보는 바와 같이 4단계로 이루어지며, 이를 요약하면 다음과 같다.

❶ **송탄 및 장전작용**: 탄알집[탄창]에 있는 탄알 1발이 탄알집 용수철의 힘에 의하여 위쪽으로 올려지고, 동시에 노리쇠뭉치에 의해 약실 내로 밀려들어간다.

❷ **잠김작용**: 복좌용수철의 힘에 의해 노리쇠뭉치가 약실선단에 도달하며, 노리쇠뭉치는 회전하면서 노리쇠에 의해 완전히 약실을 밀폐시킨다.

❸ **격발작용**: 사수가 방아쇠를 당기면, 공이가 탄약의 뇌관에 충격을 가하여 추진제가 폭발한다.

❹ **추출 및 방출작용**: 추진제가 폭발하면서 생성된 고압의 추진가스가 노리쇠

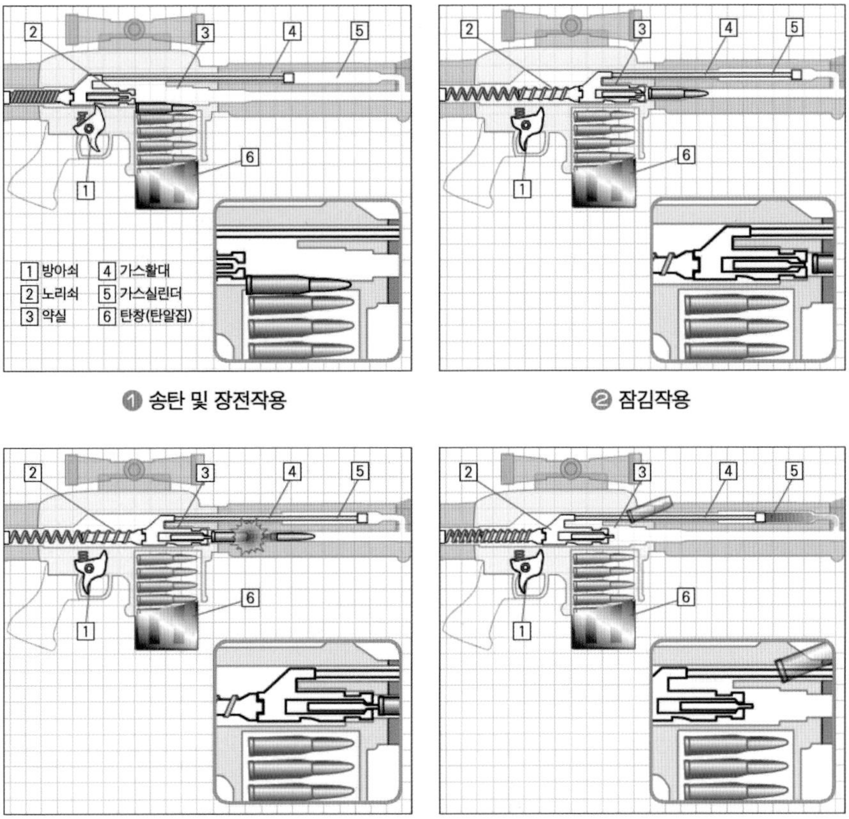

❶ 송탄 및 장전작용 ❷ 잠김작용

❸ 격발작용 ❹ 추출 및 방출작용

그림 2.27 | 소총의 작동과정

뭉치를 후퇴시키면서 노리쇠뭉치 선단에 있는 칼퀴와 차개에 의하여 탄피를 약실에서 추출하여 총 밖으로 방출시킨다.

마지막 단계 직후에는 노리쇠 후퇴 시에 압축된 복좌스프링의 팽창력이 작용하여 다시 1단계 동작을 하게 된다.

(2) 역류방식[블로우백 시스템]

역류방식은 추진가스 압력으로 탄피와 노리쇠뭉치를 후방으로 밀어내면, 이들 부품 뒤쪽에 장치된 복좌용수철을 압축시켰다가 다시 팽창되면서 다음 사격을 할 수 있도록 최초 위치로 복귀시키는 작동방식이다. 이 방법은 주로 기관단총에 적용하며, 그 작동과정은 〈그림 2.28〉과 같다.

그림에서 보는 바와 같이 역류방식을 적용한 총은 크게 3단계로 작동한다.

❶ 송탄 및 장전작용: 사수가 노리쇠를 후퇴시키면 복좌용수철이 압축되고, 동시에 탄알집 속에 있는 탄알 1발이 약실 내로 들어오게 된다. 이어서 복좌용수철의 팽창력에 의해 노리쇠가 전진하면서 탄알 1발이 약실 에 장전된다.

❷ 잠김 및 격발작용: 노리쇠뭉치가 약실 후부에 완전히 도달하는 순간 공이가 뇌관에 충격을 가하면 추진제가 폭발한다. 이때 가스작용식과 다르게 원통형 탄피를 사용한다. 그 결과 추진 장약 폭발 시 발생하는 추진가스의 팽창압력 때문에 탄피가 순간적으로 팽창하여 약실 내벽에 붙어서 추진가스가 후방으로 누출되지 못하게 밀폐작용을 한다.

❸ 추출 및 방출작용: 추진가스 압력에 의해 탄자가 총구 방향으로 움직이면서 약실 압력이 급격히 감소한다. 따라서 고압의 추진가스에 의해 팽창된 탄피는 약실 내벽과의 마찰력이 감소하면서 후방으로 밀려 나오게 된다. 이때 탄피를 지지하고 있는 노리쇠뭉치를 밀면서 추출과 방출작용이 일어난다.

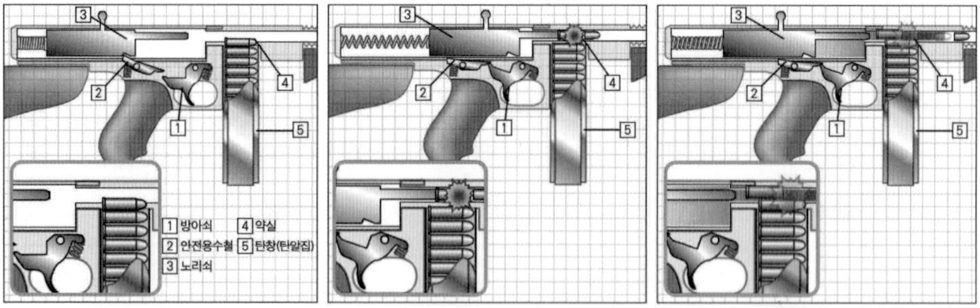

❶ 송탄 및 장전작용 ❷ 잠김 및 격발작용 ❸ 추출 및 방출작용

그림 2.28 | 기관단총의 작동과정

(3) 주퇴작용식[7]

주퇴작용식은 〈그림 2.29〉에서 보는 바와 같이 주퇴력을 이용하여 총을 자동으로 작동하며, 크게 5단계 과정을 거쳐서 작동이 일어난다.

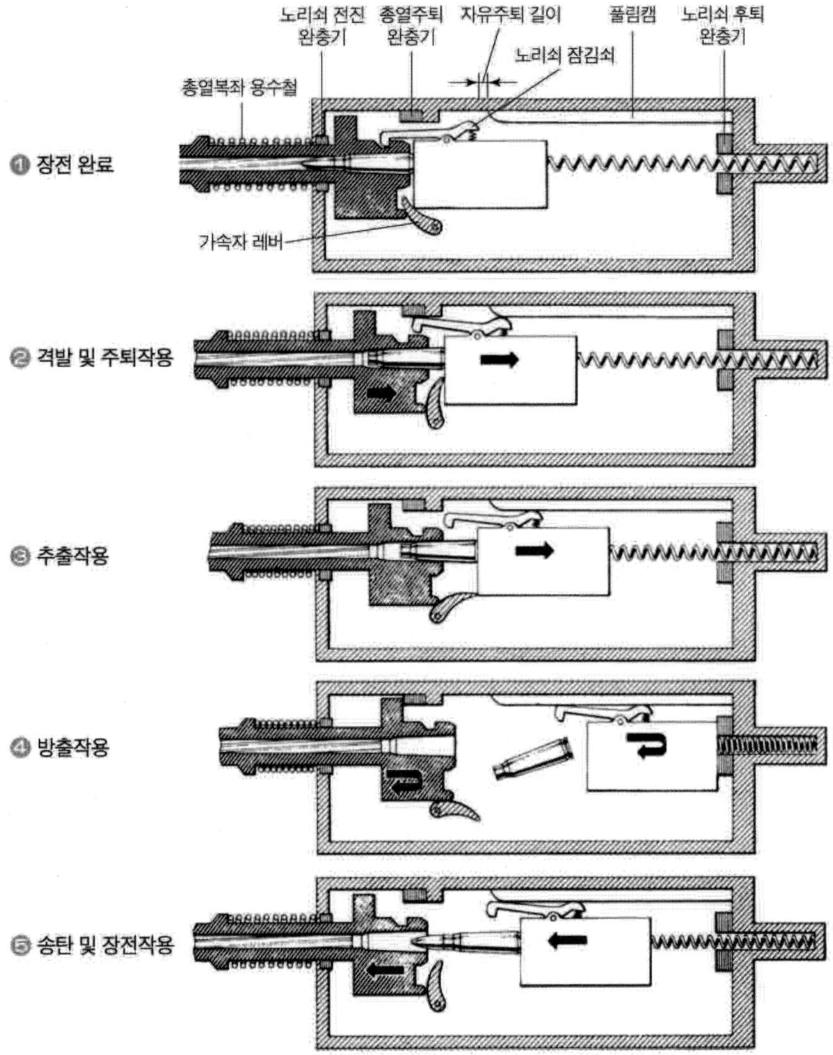

그림 2.29 | 주퇴작용식 총의 작동과정

7 D. F. Allsop, *Cannons*, Brassey's(UK) Ltd., 1995.

❶ 장전 완료: 탄약이 탄알집으로부터 약실로 장전된다. 이때 공이가 뇌관을 때리는 순간에 총열과 노리쇠뭉치가 결합된 상태로 고정쇠에 의해 고정될 수 있게 되어 있다.

❷ 격발 및 주퇴작용, ❸ 추출작용: 사수가 총을 격발하면, 이때 생성된 추진가스 압력에 의해 탄자가 총구 쪽으로 이동하면서 그 반동력에 의해 총열과 노리쇠뭉치가 후방으로 움직이게 된다. 이때 노리쇠뭉치를 지지하고 있던 복좌용수철과 총열용수철이 압축되면서 반동에너지의 일부가 용수철에 저장된다.

❹ 방출작용: 노리쇠뭉치가 일정 거리 이상 후퇴하게 되고 노리쇠뭉치와 총열이 분리되면서 탄피를 추출한 후 밖으로 방출시킨다.

❺ 송탄 및 장전작용: 수축된 총열용수철과 복좌용수철의 팽창력에 의해 총열과 노리쇠뭉치를 최초의 위치로 복귀시키면서 다음 사격을 위한 탄알 1발을 장전시킨다. 참고로 주퇴작용식은 주로 기관총이나 대공포구경 40mm급에 주로 적용하고 있다.

6. 권총

(1) 분류

권총hand gun은 한 손으로 사격할 수 있는 총기로서 〈그림 2.30〉과 같이 ❶ 피스톨pistol, ❷ 리볼버revolver, ❸ 기관권총machine handgun으로 구분할 수 있다.[8]

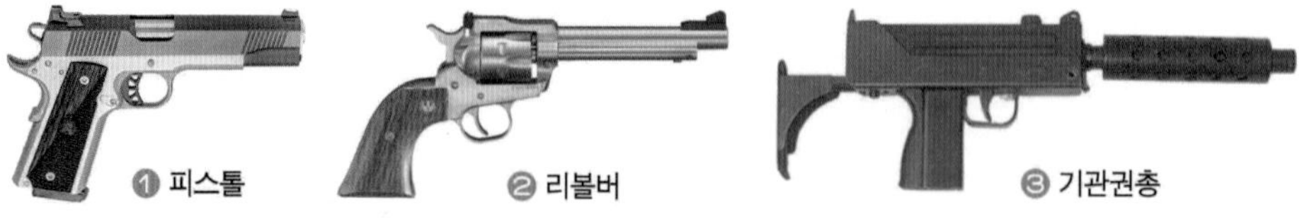

그림 2.30 | 권총의 분류

---

8 김동환, "총기폭발물 감정", 《물리학과 첨단기술》, 2006. 4.

(2) 권총탄의 구성요소

권총탄은 소총탄과 동일하게 탄자, 탄피, 추진제, 뇌관으로 구성되어 있다. 권총탄은 〈그림 2.31〉에서 보는 바와 같이 소총 탄자에 비해 선단부가 둥그렇게 생긴 유선형이다. 이는 권총탄은 소총탄보다 비행속도가 느리고 유효사거리가 짧기 때문이다.

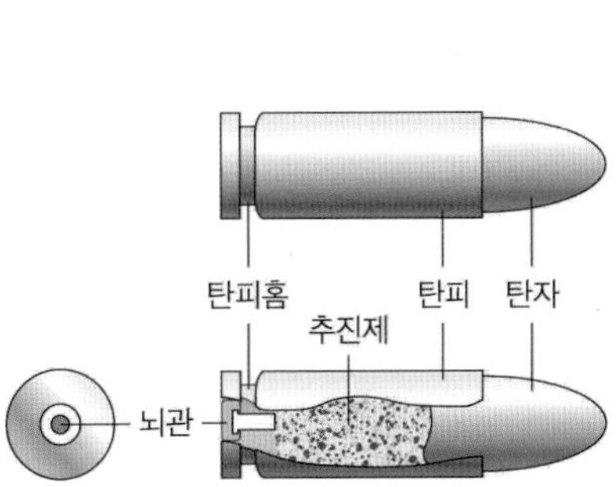

그림 2.31 | 권총탄의 구조

(3) 권총탄의 구조 및 종류

권총탄은 탄피의 형상과 탄자의 구조에 따라서 〈표 2.8〉에서 보는 바와 같이 크게 세 가지로 분류할 수 있다.

권총탄의 탄피는 병꼭지형, 경사형, 직선형 탄피가 있으며 그 특징을 살펴보면 다음과 같다. 첫째, 병꼭지형 탄피는 탄피의 입구가 병의 목 형태로 되어 있는 탄피를 말한다. 이 탄피는 탄자의 크기에 비해 추진제를 많이 충전시킬 때 적합하며, 주로 소총탄에서 적용하고 있다. 둘째, 경사형 탄피는 탄두 쪽으로 지름이 작아지는 형태의 탄피이다. 이 탄피는 추출 및 방출작용이 쉬워서 권총탄에 적용하고 있다. 셋째, 직선형 탄피는 지름이 일정한 원통형 탄피이며, 주로 소음기 관총이나 리볼버식 권총에 적용하고 있다. 이들 총기는 비교적 약실 압력이 낮은 저속탄약을 사용하기 때문에 탄피 방출이 쉽다.

권총탄의 탄자는 그 형상과 재질에 따라서 FMJ, JSP, JHP로 분류할 수 있다. FMJ는 가장 일반적인 보통탄약으로 군용이나 경찰용으로 사용되고 있다. 이 탄자는 금속탄심에 구리를 얇게 피복시켰으며, 납탄보다 관통력이 더 우수하다.

JSP는 FMJ의 앞 재킷이 살짝 벗겨져서 납탄이 약간 드러난 형태의 탄약이다. 이 탄은 표적(특히 동물이나 사람의 몸)에 맞으면 끝이 벌어지면서 FMJ나 납탄보다 훨씬 더 큰 상처를 남긴다. 20세기 초 영국이 인도의 덤덤 지방에 있는 무기공장에서 처

표 2.8 | 권총탄의 종류와 특징

구분	탄종 명칭	구조 및 특징	
탄피	병꼭지형 (bottleneck type)	• 병꼭지 모양 • 추진제 충전량을 크게 할 수 있음 • 적용: 소총, 대구경 화포	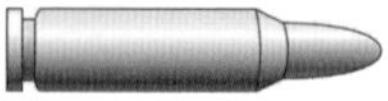
	경사형 (tapered type)	• 탄피 지름이 점차 감소 • 탄피 방출 용이 • 적용: 권총 및 소음기관총	
	직선형 (strayed type)	• 탄피의 지름이 일정함 • 적용: 리볼버탄, 소음총탄	
탄자	FMJ (Full Metal Jacketed)	• 보통탄(금속탄심+금속재킷) • 적용: 군용, 경찰용	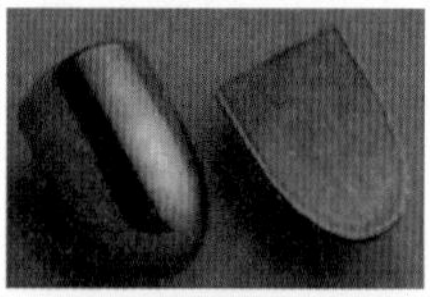
	JSP (Jacketed Soft Point)	• 탄심 선단부에 금속재킷을 제거함 • 적용: 경찰용	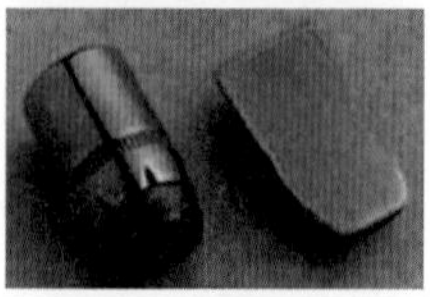
	JHP (Jacketed Hollow Point)	• 탄심에 홈이 파임 • 적용: 경찰용	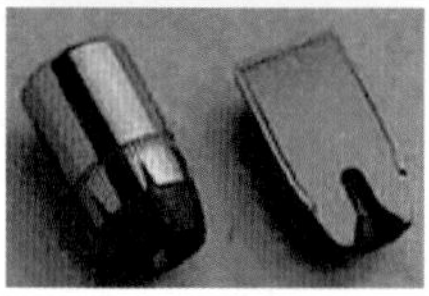

음 생산되었기 때문에 덤덤 효과dum dum effect라고 부르고 있다.

JHP는 탄자 내부에 홈을 판 형태, 즉 중공 구멍hollow point이 있는 탄약이다. 이 때문에 탄자가 표적을 관통하면서 저항이 크게 발생하기 때문에 상처가 크게 확장된다. 그 결과 탄자의 관통성능은 감소하나 운동에너지를 전달하는 효과는 향상한다. JHP는 JSP탄과 형태가 비슷하나 앞쪽에 공간이 비어 있는 구멍이 있다. 이 탄약의 원리는 JSP와 비슷하나 훨씬 더 큰 충격을 줄 수 있다. 그리고 어떤 경우에는 탄자가 체내에서 파열되기도 한다. 미국에서는 경찰용 권총탄은 JHP를 써야 하는 것이 당연시되어 있으나, JSP와 JHP는 모두 제네바협정에서 금지되어 군사용으로 사용할 수 없다.

(4) 권총의 작동과정

1 피스톨

피스톨은 작동방식에 따라 〈그림 2.32〉와 같이 블로우백 시스템과 주퇴작용식이 있다. 이 방식은 주로 군사용 권총에 많이 적용하고 있으며, 최근에는 베레타 모델Beretta model 93R 권총과 같이 3발 점사3-shot burst 기능이 있는 권총도 개발되었다.

반자동식 중에서 블로우백 시스템은 총의 구조가 가장 단순하며, 주로 위력이 약한 탄약을 사용하고 있다. 이러한 장점 때문에 1893년에 구경 7.63mm 보르하르트Borchardt 권총을 시작으로 1차 세계대전 이전에는 권총에 많이 채용되었다. 2차 세계대전에서는 구경 9mm 발터Walther P38 권총독일과 GP35 권총영국을 사용하였다.

최근에는 독일에서 18발 삽탄이 가능한 탄알집을 사용할 수 있는 9mm VP70 권총Heckler & Koch 사을 개발할 정도로 아직도 많이 적용하고 있는 방식이다.

이 권총은 작동과정이 매우 단순하며, 그 과정을 살펴보면 다음과 같다. 먼저 〈그림 2.32〉 ❶-1과 같이 총열과 노리쇠가 잠겨 있지 않은 상태에서 격발이 이루어진다. 그리고 격발 시에 발생한 추진가스에 의해 탄자는 총구 방향으로 움직인다. 이와 동시에 노리쇠뭉치가 후퇴하면서 복좌용수철이 늘어난다. 이어서 노리쇠뭉치는 탄자가 총구를 빠져나가면서 총열의 압력이 낮아질 때까지 후

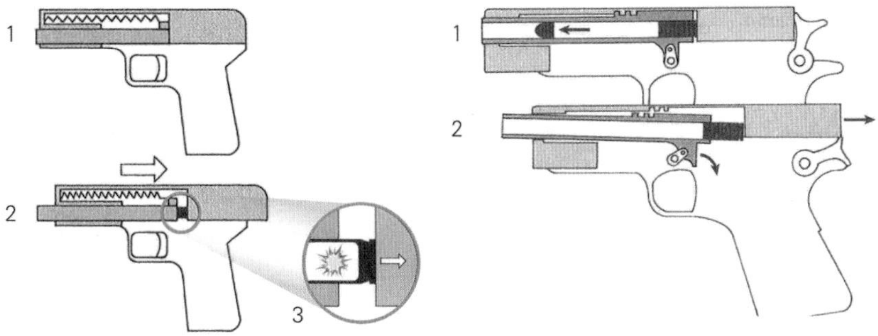

❶ 블로우백 시스템 ❷ 주퇴작용식

그림 2.32 | 권총의 작동 개념

퇴한 후 복좌용수철의 수축력에 의해 〈그림 2.32〉 ❶-2와 같이 원래 위치로 복귀한다. 그리고 사수가 방아쇠를 당기면 격발과정이 이루어진다. 참고로 탄피는 〈그림 2.32〉 ❶-3에서 보는 바와 같이 고압의 추진가스에 의해 팽창하면서 약실 벽면에 밀착된다. 그 결과 탄피가 추진가스의 압력에 의해 총구 반대 방향으로 후퇴하는 것을 억제한다. 또한, 탄피는 노리쇠뭉치의 정지 관성력에 의해서도 저항을 받는다.

최초의 주퇴작용식 권총은 1911년에 개발된 구경 0.45인치 콜트Colt 1911 권총미국이다. 그 후 1923년에 이 권총을 개선하여 현재까지도 사용하고 있는 콜트 1911A1 권총이 대표적인 단주퇴short recoil 작용식이다.

이 방식은 〈그림 2.32〉 ❷-1에서 보는 바와 같이 노리쇠뭉치와 총열이 결합된 상태에서 격발작용이 일어날 수 있게 되어 있다. 이어서 〈그림 2.32〉 ❷-2와 같이 추진가스 압력으로 노리쇠뭉치가 후방으로 밀리게 된다. 이때 노리쇠뭉치가 이동하면서 탄피를 방출시킨 후, 복좌용수철의 복원력에 의해서 원래 위치로 복귀한다. 특히 이 방식은 권총과 같이 길이가 짧은 화기는 주퇴거리가 짧아야 한다. 따라서 길이가 짧은 탄약을 사용하는 것이 적합하다.

권총은 노리쇠뭉치와 총열이 결합되어 있는 상태로 이동한 주퇴거리가 발사 전의 탄약의 길이보다 짧으며, 이러한 방식을 단주퇴 작용식이라 한다. 반면에 소총과 같이 총열의 길이가 길어 비교적 길이가 긴 탄약을 사용하는 경우에는 노리쇠뭉치와 총열이 결합된 상태로 탄약의 길이보다 더 길게 주퇴하는 장주퇴long recoil 작용식이 많다.

2 리볼버

19세기 후반에 개발된 리볼버회전식 권총는 〈그림 2.33〉과 같이 회전식 탄알집에 탄약을 삽입시켜 1발씩 격발될 때마다 방아쇠를 당길 때의 힘으로 탄알집이 회전하면서 송탄작용이 이루어진다. 따라서 사수가 방아쇠를 당기면 방아틀뭉치가 후퇴그림 2.33 ❶, 전진그림 2.33 ❷하면서 원통형 탄약이 격발할 수 있게 되어 있다.

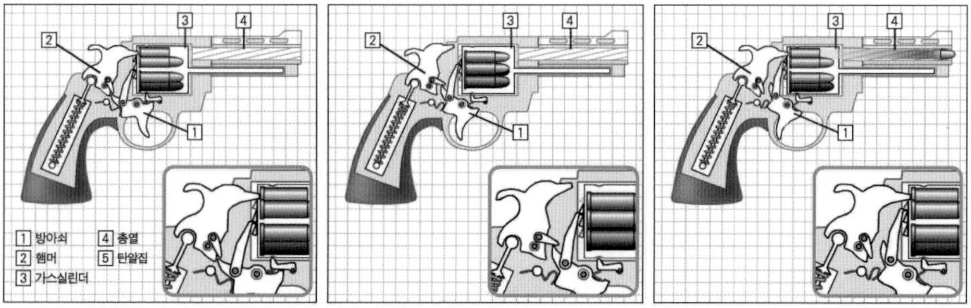

❶ 방아틀뭉치 후퇴 ❷ 방아틀뭉치 전진 ❸ 회전탄알집 회전

그림 2.33 | 권총의 작동과정

이 방식은 작동에 대한 신뢰성이 매우 높아서 반자동식 총으로써 경찰 또는 군용 권총으로 많이 사용하고 있다.

(5) 자동화기 작동법의 비교

지금까지 소화기의 작동방식에 따른 장단점을 비교해보면, 〈표 2.9〉와 같다. 표에서 보는 바와 같이 가스작용식은 작동부품이 가볍고 크기가 작지만 블

표 2.9 | 소화기의 작동방식 비교

구 분	가스작용식	블로우백 시스템	주퇴작용식
작동 부품	가볍고 크기가 작음	무겁고 크기가 큼	
	견고성이 낮음	부품이 단순하고 견고함	
고장발생 빈도	높음(이물질, 가스누출 등)	높음(약실)	낮음
사격 속도	높음	가스작용식에 비해 낮음	
사용 탄약	병꼭지형 탄피	원통형 탄피, 추진가스에 오염되기 쉽고 유독가스 발생	원통형 탄피, 유독가스 발생(저속 연발사격 시)
부품의 작동력	충분함	제어력 조절 불가능	약함(7.62mm 이하)
적용 화기	• 소총(Rifle) • 경기관총(LMG) • 범용기관총(GPMG)	• 소총(Rifle) • 기관단총(SAW) • 경기관총(LMG) • 범용기관총(GPMG) • 중기관총(HMG)	• 권총(Pistol, Revolver) • 범용기관총(GPMG)

로우백 시스템과 주퇴작용식은 상대적으로 무겁고 크기가 크며, 부품의 구조가 단순할 뿐만 아니라 견고하다. 이 때문에 가스작용식은 다른 두 작동방식의 총보다 고장률이 높다.

이 방식은 다른 방식에 비해 빠른 속도로 사격할 수 있다. 이 때문에 오늘날 자동소총에 많이 적용하고 있다.

제4절 강외탄도학

1. 탄도요소

탄도는 기본요소, 초기요소 및 최종요소로 구분되며, 탄도의 요소를 간략히 나타내면 〈그림 2.34〉와 같다.

탄도의 기본요소는 탄도 그 자체의 특성을 표시하는 용어이며, 초기요소는 탄도의 출발점에서의 특성을, 최종요소는 탄자가 지면이나 표적과 충돌하는 점[탄착점]에서의 특성을 표시하는 용어이다. 이에 대한 세부내용은 〈표 2.10〉과 같다.

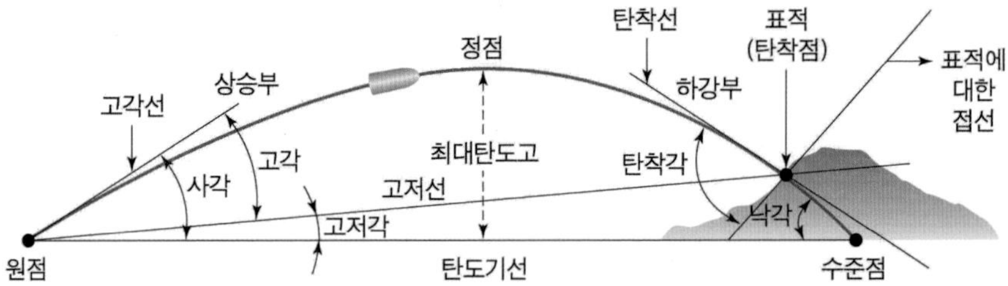

그림 2.34 | 강외탄도요소

표 2.10 | **탄도요소의 정의**

탄도 요소		정 의
기본 요소	원 점	탄자가 총(포)구 떠날 때 탄자의 기하학적 중심위치
	상승부	탄자가 원점으로부터 정점까지 상승하는 동안 탄자의 기하학적 중심이 그리는 궤적
	하강부	탄자가 정점으로부터 낙하할 때 탄자의 기하학적 중심이 그리는 궤적
	정 점	탄도의 가장 높은 점
	최대탄도고	원점과 정점과의 수직거리
	수준점	원점과 동일한 높이에 있는 하강부의 점
	탄도기선	원점과 수준점을 잇는 직선
초기 요소	고각선	탄자가 발사되기 전 포신 또는 총열 중심축의 연장선
	고저선	탄도의 원점과 목표를 잇는 직선
	고 각	고각선과 고저선이 이루는 각
	고저각	고저선과 탄도기선이 이루는 각, 고저선이 탄도기선보다 위에 있을 경우 "+", 아래에 있을 경우는 "-"로 표시
	사 각	고각선과 탄도기선이 이루는 각, 표적이 탄도기선 상에 있을 경우는 고저선과 탄도기선은 일치하고 고각과 사각이 같아짐
	사거리	원점에서 표적까지 탄도기선을 따라서 측정되는 거리
최종 요소	낙점(수준점)	탄도기선과 탄도하강부가 교차하는 점
	낙 각	낙선과 탄도기선이 형성하는 예각
	탄착점	탄자가 최초로 표적과 부딪치는 점
	탄착각	탄착점에서 표적의 표면에 접하는 평면과 탄착선이 이루는 예각

2. 탄도에 미치는 영향요소

총이나 포는 같은 지점을 겨냥해서 사격해도 탄착점이 항상 같지는 않다. 이는 탄자가 공기 중에서 비행하면서 총포구 속도, 탄자의 형상, 탄자의 단면하중, 대기의 상태 등에 영향을 받기 때문이다. 따라서 탄도에 미치는 영향요소별 구체적인 내용은 다음과 같다.

(1) 총구속도

총구속도는 같은 종류의 탄약으로 사격하여도 차이가 난다. 이러한 현상은 탄약을 제조할 때 추진제의 장입량과 가공정밀도 등의 차이에 따라서 발생한다. 또한, 총구속도는 대기압과 총열의 온도 등에 따라서도 영향을 받는다.

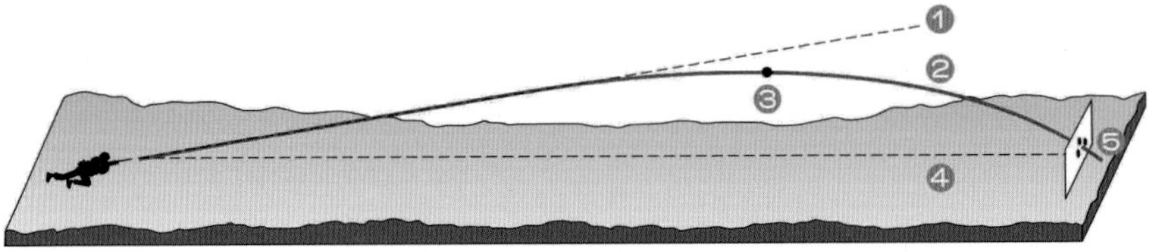

그림 2.35 | 소총의 탄도와 총구속도

일반적으로 소총 사격 시에는 탄자가 총구 전방으로 움직이면서 생긴 반동력에 의해 총은 후방으로 주퇴하면서 총구가 도약하게 된다. 이때 탄자는 〈그림 2.35〉에서 보는 바와 같이 총구에서 일정한 거리까지는 직선 ❶처럼 직선 탄도를 그리면서 비행하게 된다. 그러나 중력에 의해 탄자의 고도가 떨어지게 된다. 결국, 탄자는 곡선 ❷와 같이 비행하게 된다. 이때 탄자는 정점 ❸을 지나면서 공기의 저항 때문에 급격히 감속하게 된다. 그 결과 정점을 통과한 탄자의 고도는 급격히 떨어지게 된다. 이때 실제 탄도곡선 ❷는 총구속도가 빠를수록 평탄해진다. 이는 총구속도가 빠른 탄자는 비행 시에 느린 경우보다 상대적으로 중력의 영향을 더 작게 받기 때문이다.

실제 탄도의 평탄도는 〈그림 2.36〉과 같이 전술적으로도 매우 중요한 의미가 있다. 즉, 탄도곡선 ❶과 같이 곡선의 기울기가 큰 경우에는 그림에서 보는 바와 같이, 지상에 있는 표적을 제압할 수 없는 사각 지역이 존재하게 된다. 반면에 평탄도가 큰 탄도곡선 ❷는 탄도고가 낮아서 사각 지역이 없다.

만일 사수가 〈그림 2.35〉와 같이 조준선❹의 조준점과 탄도❷의 탄착점❺을 일치시켰다면 탄을 표적에 명중시킬 수 있을 것이다. 따라서 사수는 탄착점과 조준점을 일치시키기 위하여 영점조정 사격이 필요하다.

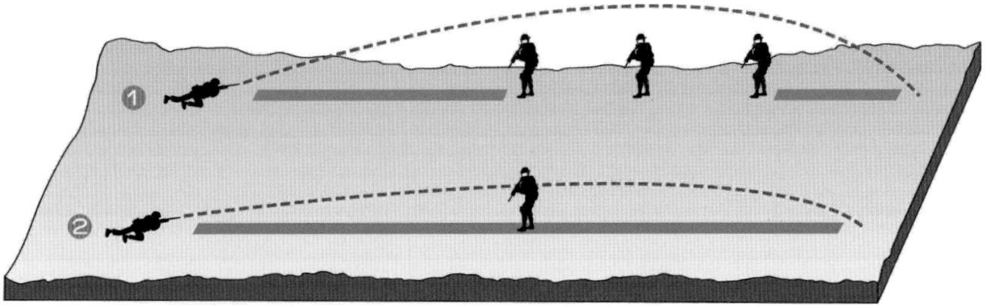

그림 2.36 | 탄도의 평탄도에 따른 영향

(2) 탄자의 형상[9]

탄자가 공기 중에서 음속으로 비행하게 되면 탄자의 주위로 흐르는 공기의 유동 방향과 수직 또는 경사지게 불연속적인 유동인 압력파가 발생한다. 이 압력파가 수직이면 수직충격파normal shock wave 또는 마하파Mach wave라고 한다. 〈그림 2.37〉과 같이 경사진 압력파이면 경사충격파oblique shock wave라고 한다. 이 충격파는 위치에 따라 속도 및 밀도의 구배가 너무 커서 탄자의 운동을 크게 방해한다. 그 결과 아음속에서 초음속으로 돌파할 경우, 공기의 저항력이 급격히 증가하게 된다. 따라서 이러한 충격파가 발생하지 않도록 탄자의 형상을 잘 설계할 필요가 있다.

특히, 소총탄은 대부분이 초음속으로 비행하며, 그 속도가 음속마하 수 M=1.0이면 수직충격파가 발생한다. 그러나 초음속이 되면 〈그림 2.37〉과 같이 탄자의 주위에서 경사충격파가 발생한다. 이 충격파는 탄자의 표면에 넓게 접촉되기 때문에 항력이 크다. 따라서 충격파에 의한 저항을 감소시키려면 탄자의 형상을

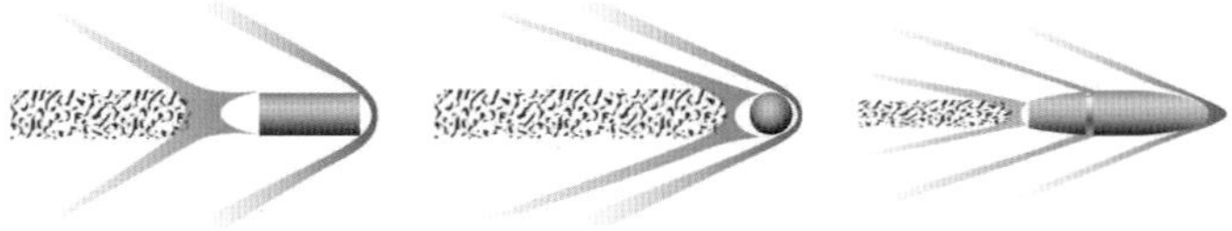

그림 2.37 | 탄자의 형상과 공기저항

9 Robert L. Street, *Elementary fluid mechanics*, John Wiley & Sons., 1976.

비행속도에 적합하게 설계하여야 한다.

예를 들어 초음속으로 비행하는 원통형, 구형球形, 유선형의 탄자가 있다고 가정하자. 이들 탄자는 비행 시에 〈그림 2.37〉과 같이 경사충격파가 발생하나 충격파에 의한 항력은 다르다. 그림에서 보는 바와 같이 탄자의 끝부분, 즉 탄두가 송곳처럼 뾰쪽한 경우에 공기저항이 적음을 알 수 있다. 그리고 탄자의 꼬리 부분, 즉 탄미가 역시 유선형인 경우가 공기저항이 더 적다. 이는 탄미 후방에는 탄두에서 공기를 압축하면서 진공상태가 되어 탄자의 운동을 방해하기 때문이다. 이러한 진공에 의한 저항을 줄이려면 탄자를 유선형으로 제작하는 것이 유리하다.

(3) 탄자의 단면하중

탄자의 무게가 그 탄자의 횡단면에 대하여 가지는 비율을 탄자의 단면하중이라 하는데, 단면하중은 공기의 저항이나 반동력의 세기와도 관계가 있다. 여기서 단면하중 A_W는 유선형 탄자의 최대 외경이 d이고, 탄자의 무게를 W라고 했을 경우, $A_W = 4\mathrm{W}/\pi \mathrm{d}^2$로 정의한다.

만일 소총탄의 총구속도가 빠르고 단면하중이 적으면, 〈그림 2.38〉과 같이 상승부에 비해 하강부의 기울기가 매우 크다. 총구속도가 빠르면 탄자의 관성 운동에너지가 커서 비행 초반에는 공기의 저항에 의한 탄도 변화가 작기 때문이다. 그 결과 탄자의 탄도는 상승부에서는 거의 직선을 유지한다. 그러나 하강부에서는 단면하중이 적어서 공기저항 영향이 상대적으로 더 커져서 탄도의 기울

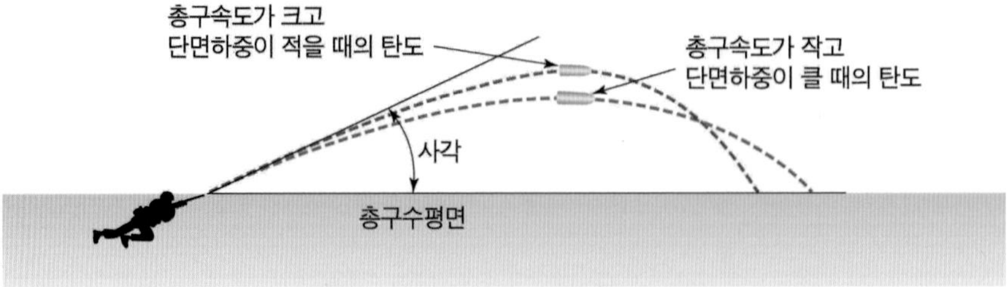

그림 2.38 | 단면하중의 크기에 따른 탄도 비교

기가 급격히 커진다. 반면에 〈그림 2.38〉에서 보는 바와 같이 총구속도가 느리고 단면하중이 큰 경우에는 상승부와 하강부의 기울기가 작다. 이는 탄자의 단면하중이 크면, 공기의 영향을 적게 받기 때문이다. 따라서 단면하중이 탄자 비행에 큰 영향을 주는 것을 알 수 있다.

(4) 대기의 조건

대기의 온도와 압력 및 습도 그리고 바람의 영향은 탄도의 변화를 초래한다. 특히 바람이 탄도에 미치는 영향은 조준사격에 매우 큰 영향을 미친다.

대략적인 풍속은 〈그림 2.39〉 ❶과 같이 깃발이 바람에 의해 펄럭이는 것을 보고 예측할 수 있다. 이때 바람은 그 세기에 따라서 미풍(9km/h 미만), 순풍(fresh wind, 9~18km/h), 강풍(18~36km/h)으로 구분한다. 그리고 바람의 방향은 〈그림 3.39〉 ❷에서 보는 바와 같이 총구방향을 12시 방향으로 기준으로 한다. 참고로 이 기준은 풍향뿐만 아니라 전술적으로 방향을 지시할 때도 유용하게 사용된다.

탄자가 회전하면서 〈그림 2.40〉 ❶의 실선과 같이 중력과 공기저항을 극복하면서 직선으로 관성운동을 방해한다. 그 결과 탄도는 포물선 형태로 휘어진다. 이러한 현상을 탄도의 편류현상이라 하며, 최초의 탄도에서 벗어난 거리를 편류편차[8]라고 부르고 있다.

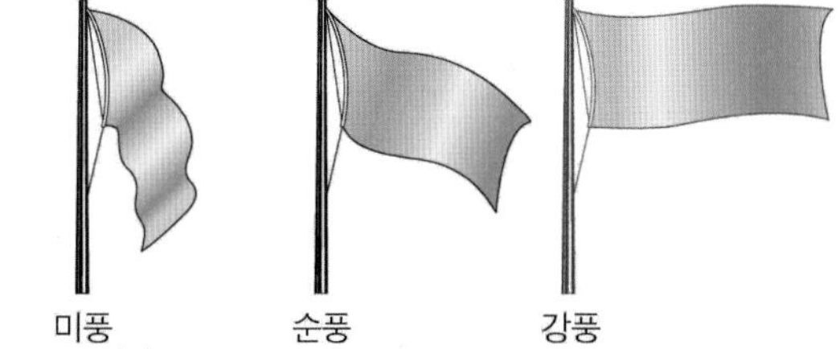

❶ 풍속예측법

❷ 풍향의 정의

그림 2.39 | 간단한 풍속예측법과 풍향의 정의

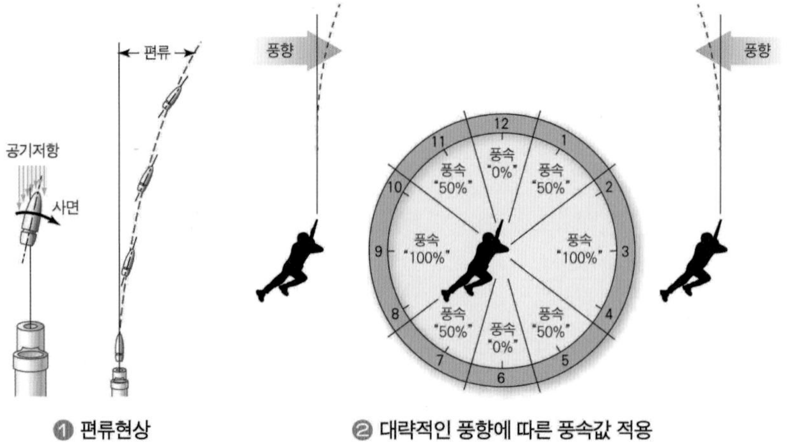

그림 2.40 | 탄자의 편류현상과 풍향에 따른 풍속 적용사례

일반적으로 소총의 편류편차는 사거리^{m}를 R, 풍속$^{m/s}$을 V_{air}, 풍속에 따른 편류 상수를 C라고 할 때, $\delta = 0.4RV_{air}/C$의 관계가 된다. 여기서 C의 값은 각각의 소총에 따른 특성값으로 실험을 통해 구할 수 있다. 참고로 〈표 2.11〉은 무게가 9.6g인 경탄자가 비행할 경우 횡풍橫風에 의한 편류편차의 값을 나타낸 것이다. 〈표 2.11〉에서 보는 바와 같이, 풍속이 8m/s일 경우에 800m 표적을 향해 사격하면, 4.2m의 편류편차가 발생한다. 결국, 바람이 탄도에 큰 영향을 미친다는 것을 알 수 있다.

대기의 온도변화에 의해서도 탄도는 큰 영향을 받을 수 있다. 왜냐하면, 기온이 변하면 공기의 압력과 습도가 동시에 변하기 때문이다. 그리고 소총일 경우에 기온이 1℃ 변하면, 탄자의 총구속도는 약 1m/s 정도 변한다. 따라서 계절

표 2.11 | 횡풍에 의한 탄도 편류

사거리	경탄자(9.6g)의 편류편차 δ (cm)		
	미풍(2m/s)	순풍(4m/s)	강풍(8m/s)
100m	1	3	6
500m	34	140	140
800m	110	420	420

에 따른 기온차가 심한 경우에는 총구속도가 수십 m/s 차이가 날 수 있다.[10]

3. 탄도 방정식

총탄이나 포탄의 비행궤적인 탄도는 크게 나누어 두 가지 방법으로 구하여진다. 그 하나는 탄자를 6개의 자유도를 갖는 강체rigid body로 보는 강체해석법과 탄자를 하나의 질점으로 보는 질점해석법이 있다.

강체해석법이란 탄자가 공기의 저항력, 중력 등 외력에 의해 그 형태가 변형되지 않는 물체 즉 강체로 간주하여 탄도를 해석하는 방법을 말한다. 이 방법은 정확한 탄도를 구할 수는 있으나 계산이 복잡할 뿐만 아니라 계산에서 요구하는 공기역학적 계수aerodynamic coefficient가 너무 많아서 사용하기가 어렵다. 반면에 질점해석법은 계산이 간단하나 탄도의 계산을 너무나 단순화하여 실제의 탄도와 잘 맞지 않는 경우가 많다.

본 장에서는 복잡하고 난해한 강체해석은 생략하고 질점해석을 다루고자 한다. 질점해석에서는 비교적 해석이 간단한 진공 탄도, 탄자에 중력 이외의 속도에 따라 비선형적으로 증가하는 항력을 받는 일반적인 경우의 표준탄도에 대해 알아보겠다. 참고로 실제 포총탄의 탄도는 진공탄도나 표준탄도와는 많은 차이가 있다. 그러나 실제 탄도를 해석하려면 탄자에 미치는 영향요소를 모두 고려해야 하기 때문에 많은 실험적 자료가 필요하다. 따라서 본 서에서는 주로 진공탄도를 설명하였다.

(1) 진공 탄도의 정의

탄자는 총포구를 떠나 표적으로 비행하는 동안 공기에 의한 저항과 중력 그리고 지구의 자전에 의한 힘 등의 외력을 받는다. 이 때문에 탄자의 운동 특성은 이해하기가 대단히 어렵다. 그러나 탄자가 진공상태에서 단지 중력에 의한 영향만 받으면서 운동한다고 가정하면, 그 운동 특성은 간단히 이해할 수 있다. 이러한

10 https://www.globalsecurity.org/military/library/policy/army/fm/3-22-9/c05.htm#fig5_2

조건에서 탄자의 비행궤적을 진공 탄도의 궤적vacuum ballistic trajectory이라고 부르며, 실제 총과 포의 탄도와는 차이가 있다.

(2) 진공 탄도 방정식

진공 속에서 비행하는 탄자의 위치와 총^포^구 속도와의 관계를 방정식으로 나타낸 것이 진공 탄도 방정식이며, 이를 구하려면 다음과 같이 세 가지 가정이 필요하다.

① 공기는 존재하지 않고 따라서 공기의 저항은 없다.
② 지구의 중력가속도 $g(\fallingdotseq 9.8m/s^2)$는 일정하다.
③ 지구는 평탄하고 회전하지 않는다. 그리하여 탄자가 받는 중력은 위치와 관계없이 일정하며, 지구 자전에 의한 코리올리 가속도Coriolis's acceleration의 영향을 받지 않는다.

위의 세 가지 가정을 했을 경우, 탄자는 〈그림 2.41〉에서 보는 바와 같이, 탄도는 정점을 기준으로 상승부와 하강부가 대칭되는 모양이 된다. 진공 탄도 방

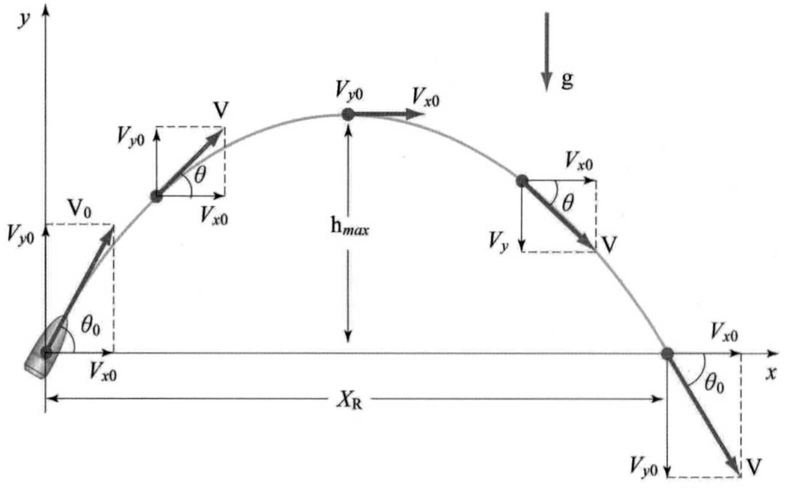

그림 2.41 | 진공 탄도에서 속도와 궤적의 변화

정식을 구하기 위하여 뉴턴[Newton]의 운동방정식을 적용하면 다음과 같다.

먼저 〈그림 2.41〉에서 탄자의 운동을 표시하기 위하여 수평선을 x축으로, 수직선을 y축으로 정의한 직교좌표계를 선택하자. 이 경우 y방향의 가속도는 자유낙하의 경우와 같이 $-g$[y의 반대방향]이고, 공기에 의한 마찰은 없다. 따라서 x방향의 가속도는 0이다. 그리고 탄자는 원점[총(포)구]에서 시간 $t=0$에서 속도 V_0로 발사되었으며, 질량 m인 탄자가 수평에서 θ_0만큼 상향으로 발사되었다고 하자. 그러면 탄자의 x방향과 y방향의 속도 v_{x0}와 v_{y0}는 각각 식 [2-17], [2-18]과 같이 쓸 수 있다.

$$v_{xo} = V_o \cos\theta_o \quad \text{[2-17]}$$

$$v_{yo} = V_o \sin\theta_o \quad \text{[2-18]}$$

탄자의 운동을 분석하기 위하여 이 운동을 수평[x방향]과 수직[y방향] 운동으로 분리하여 각 부분을 분리하여 풀기로 하자.

먼저 x방향 운동을 먼저 살펴보면, x방향으로의 가속도 a_{xo}는 x방향의 속도 $v_x(=\dfrac{dx}{dt})$가 일정하므로 0이다. 따라서 x방향의 초기속도 $v_{xo} = V_o \cdot \cos\theta_o$이며, 탄착점에서의 x방향의 속도와 같아진다. 즉,

$$v_x = v_{xo} = V_o \cos\theta_o = \text{일정} \quad \text{[2-19]}$$

식 [2-19]로부터 탄자의 수평 위치를 시간의 함수로 나타내면, 식 [2-20]과 같이 나타낼 수 있다.

$$x = v_{xo}\, t = (V_o \cos\theta_o)t \quad \text{[2-20]}$$

또한, 탄자의 수직 방향[y방향]으로의 운동에서는 탄자가 일정한 중력을 받기 때문에 $v_y\ (=\dfrac{dy}{dt})$는 다음과 같다.

$$v_y = v_{yo} - gt \quad \cdots\cdots \text{[2-21]}$$

식 [2-21]을 y에 대해 좌·우변을 적분하면, 시간에 따른 탄자의 위치 y는 식 [2-22]와 같다.

$$y = v_{yo}\, t - \frac{1}{2} g t^2 \quad \cdots\cdots \text{[2-22]}$$

식 [2-21]을 식 [2-22]에 대입하여 풀면, 식 [2-23]과 같이 y방향의 속도와 위치의 관계를 구할 수 있다.

$$v_y^2 = v_{yo}^2 - 2gy \quad \cdots\cdots \text{[2-23]}$$

식 [2-21]과 식 [2-22]에서 시간 t를 소거하면, 식 [2-24]와 같이 진공 탄도 방정식을 구할 수 있다.

$$\therefore\ y = -\frac{g}{2V_o^2 \cos^2\theta_o} x^2 + \tan\theta_o \cdot x \quad \cdots\cdots \text{[2-24]}$$

결론적으로 진공 탄도는 〈그림 2.41〉에서 보는 바와 같이 상승부와 하강부가 대칭임을 알 수 있다. 그러나 실제 공기 중을 비행하는 탄자는 공기저항과 자전효과 등의 영향으로 상승부에 비해 하강부의 기울기가 더 크다.

2.3 exercise

구경 155mm 신형 자주포로 사각을 35°로 하여 포탄을 발사시켰다. 이때 포구 속도를 측정하였더니 570m/s이었다. 이때 포탄이 공기의 영향은 받지 않고 오직 중력에 의한 영향만 받는다고 가정하자. 이 조건에서 탄자의 최대탄도고(y_{max})와 최대사거리(x_{max})는 각각 몇 m인가?

풀이

1) 최대탄도고 y_{max}는 식 [2-24]의 탄도의 포물선 방정식으로부터 쉽게 구할 수 있다. 즉, 탄도의 정점에서는 $dy/dx = 0$이 성립해야 한다. 따라서 식 [2-24]를 x에 대해 미분하면, $y = y_{max}$이고, $y_{max} = (v_o^2/2g)\sin^2\theta_o$이 된다.

$$\therefore y_{max} = \frac{570^2}{(2\times 9.8)} \cdot \sin^2 35° = 5,453.5m$$

2) 최대사거리 x_{max}는 식 [2-24]에서 $y = 0$인 경우이다. 따라서 식 [2-24]에 이 조건을 적용한 후, $x = x_{max}$으로 두고 x에 대해 풀면 다음과 같이 쓸 수 있다.

즉, $x_{max} = 2\frac{v_o^2}{g}\cos\theta_o \cdot \sin\theta_o = \frac{v_o^2 \cdot \sin 2\theta}{g}$ 가 된다.

$$\therefore x_{max} = \frac{570^2 \cdot \sin 70°}{9.8} = 31,153.7m$$

(3) 중력이 진공 탄도에 미치는 영향

1 수평사격

만일 중력이 작용하지 않는 우주 공간에서 총을 쐈다면, 탄자는 〈그림 2.42〉와 같이 직선운동을 한다. 그 결과 탄도는 직선이 되며 공기저항이 없어서 시간당 이동 거리는 같다. 그러나 중력이 작용한다면, 탄자는 포물선 형태의 탄도를 그리면서 중력 방향으로 점차 낙하하며, 탄도 방정식은 식 [2-22]로부터 쉽게 구할 수 있다.

즉, 수평사격 시에 탄자의 총구속도는 x방향의 속도 성분만 있고, 수직 방향의 속도 v_{yo}는 0이다. 따라서 이 경계조건$^{v_{yo}=0}$을 식 [2-22]에 적용하면, 시간에 따른 y방향의 탄자 위치는 식 [2-25]와 같이 된다.

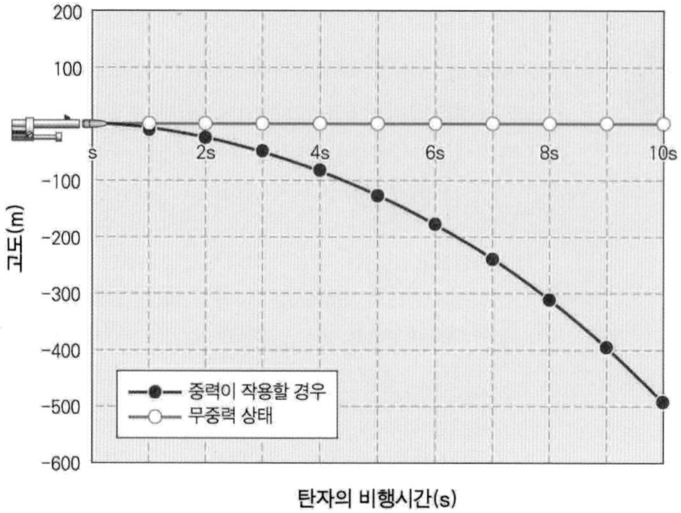

그림 2.42 | 수평사격(θ_0=0) 시 중력에 의한 진공탄도의 변화

$$y = -\frac{1}{2}gt^2 \quad \text{[2-25]}$$

그리고 식 [2-25]에서 시간의 변화에 따른 중력에 의한 탄의 고도를 그래프로 나타내면 〈그림 2.42〉와 같다. 그림에서 보는 바와 같이, 탄자는 3초만 비행하더라도 중력이 작용하지 않는 경우보다 약 44m나 중력에 의해 중력 방향으로 하강한다. 또한, 비행시간이 경과할수록 이러한 하강 폭은 급격히 증가하게 되며, 탄자의 비행시간이 8초 경과하면, 직선 탄도보다 약 314m나 더 하강할 정도로 중력의 영향이 매우 크다.

2 고각사격

공기가 존재하지 않고 중력이 작용하지 않는 우주에서 사각 45°로 탄자를 발사한다면, 탄자는 〈그림 2.43〉과 같이, 직선 탄도를 그릴 것이다. 그러나 중력이 작용하면 그림과 같이 포물선 모양의 탄도를 그린다. 그러나 실제의 탄도는 중력에 의해 포물선 탄도를 그리며, 추가로 중력과 지구의 자전에 의한 가속도 그리고 탄자의 회전 등에 의해 정점을 기준으로 상승부와 하강부가 대칭되지 않는다.

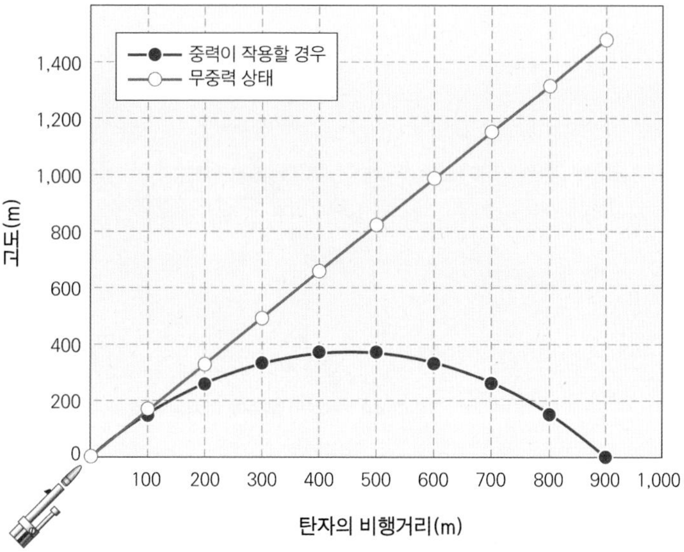

그림 2.43 | 고각사격(θ_0=45) 시 중력에 의한 진공탄도

(5) 표준탄도

탄자가 대기 중을 비행할 때 외부로부터 중력과 항력만을 받는다는 가정하에 뉴턴의 운동방정식을 적용한 탄자의 운동방정식을 표준탄도 방정식이라 정의하며, 이 방정식의 해를 표준탄도라고 부르고 있다.

표준탄도 방정식은 다음과 같은 가정하에서 유도된다.

① 탄자에 작용하는 외력은 중력과 항력이다. 항력은 압력중심에 작용하는 힘이지만 편주각이 작으면 항력 때문에 탄자에 걸리는 모멘트moment는 작으므로 무시할 수 있다. 따라서 항력은 탄자의 중심에 작용한다고 하자.

② 진공 탄도를 구할 때와 마찬가지로 중력가속도는 항상 평행하다.

③ 지구는 평탄하고 회전하지 않는다.

④ 대기는 표준대기 상태이다. 여기서 표준대기란 바람이 없고, 압력1atm=101.325kPa=760mmHg, 온도20°C 및 밀도$1.202kg/m^3$가 일정한 대기이다.

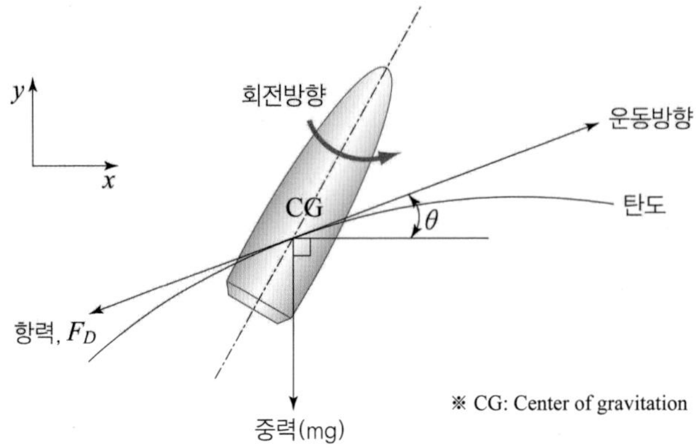

그림 2.44 | 탄자의 운동에 미치는 항력과 중력

좌표는 앞의 네 가지 조건을 만족하는 탄도 방정식을 구하기 위하여 진공 탄도인 경우와 같은 방식으로 설정하기로 하자. 탄자가 임의의 위치에 있는 경우에 탄자가 받는 힘$^{F=\frac{d(mv)}{dt}}$은 〈그림 2.44〉와 같다.

이때 탄자의 질량 m이 일정하다면, 탄자가 받는 수평 방향$^{x\text{방향}}$의 힘은 식 [2-26] 그리고 수직 방향$^{y\text{방향}}$의 힘은 식 [2-27]과 같이 표시할 수 있다.

$$F_x = m\frac{dv_x}{dt} = m\frac{d^2x}{dt^2} \quad \cdots\cdots [2\text{-}26]$$

$$F_y = m\frac{dv_y}{dt} = m\frac{d^2y}{dt^2} \quad \cdots\cdots [2\text{-}27]$$

그리고 탄자에 뉴턴의 운동방정식을 적용하면, 식 [2-28], [2-29]와 같다.

$$m\frac{d^2x}{dt^2} = -F_D\cos\theta \quad \cdots\cdots [2\text{-}28]$$

$$m\frac{d^2y}{dt^2} = -F_D\sin\theta - mg \quad \cdots\cdots [2\text{-}29]$$

결론적으로 공기에 의한 항력 F_D는 탄자 속도와 함수 관계임을 알 수 있다. 따라서 항력을 고려한 탄도 방정식은 식 [2-28]과 식 [2-29]는 비선형 미분방정식으로 표현됨을 알 수 있다. 그러나 이에 대한 해를 구하려면, 수치해석 방법 numerical analysis method을 적용해야 가능하다.

4. 탄자의 안정성과 안정법

(1) 탄자의 안정성

공기 중을 비행하는 비행체 중 하나인 탄자는 〈그림 2.45〉 ❶에서 보는 바와 같이 공기압력이 탄자의 표면에 수직하게 작용하며 그 크기가 운동방향에 따라서 차이가 난다. 이는 탄자의 주위로 흐르는 공기의 속도의 차이 때문에 발생하며, 탄자의 속도와 형상 등에 따라 다르다. 한편, 탄자는 공기와의 마찰이 발생하여 접촉면의 접선 방향으로 전단응력이 생긴다. 이 응력을 공기의 마찰력이라 부르며, 〈그림 2.45〉에서 보는 바와 같이 힘의 크기와 방향은 접촉면의 위치에 따라 다르다. 그리고 이 마찰력은 공기의 밀도와 속도 그리고 탄자의 표면 거칠기 등에 따라 다르다.

한편, 탄자뿐만 아니라 공기 중을 비행하는 모든 물체는 공기의 압력과 지구

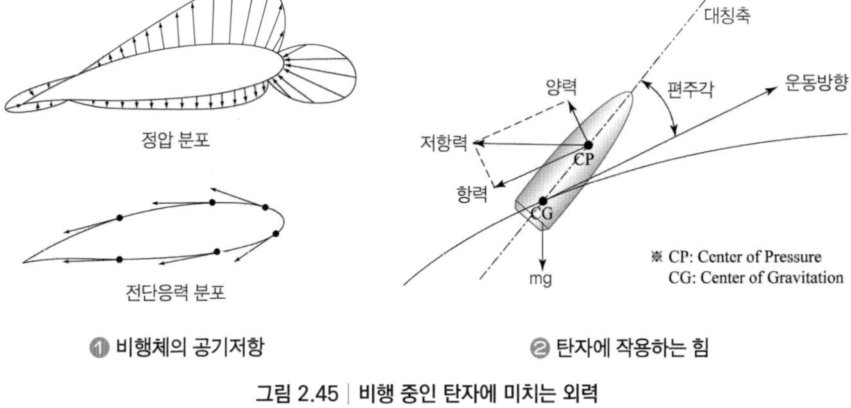

그림 2.45 | 비행 중인 탄자에 미치는 외력

의 중력 그리고 탄자의 회전 등의 외력을 받게 된다. 이 때문에 공기 중을 비행하는 탄자는 이들 힘의 균형을 고려한 설계를 해야 비행 안정성을 유지할 수 있다.

탄자의 안정성stability이란 탄자가 정상비행을 하는 동안 외부의 영향을 받아 교란되었을 때 다시 원래의 상태로 회복하려는 탄자의 운동 특성을 말한다. 즉, 〈그림 2.45〉 ❷에서 보는 바와 같이 편주각을 최소로 하려는 특성이다.

탄자가 공기 중을 비행하면 탄자의 표면에는 공기에 의한 압력이 작용한다. 이때 작용하는 탄자의 표면에서의 공기압력은 위치에 따라 그 세기가 다르다. 그 결과 〈그림 2.45〉에서와 같이 각기 다른 압력 때문에 압력중심Center of Pressure이 탄자의 무게중심Center of Gravitation과 일치하지 않는 경우가 대부분이다. 이 때문에 탄자가 불안정한 상태가 된다. 따라서 탄자를 안정하게 하려면 탄자를 회전시키거나 날개를 달아야 한다. 소구경 탄자는 크기가 작고, 길이보다 지름이 크기 때문에 날개에 의한 방법보다 회전에 의한 안정법이 더 적합하다.

탄자의 안정성은 탄자의 무게중심과 탄자에 작용하는 외력 중 탄자의 대칭축에 수직한 수직 성분이 작용하는 작용점 즉, 압력중심의 위치에 따라서 결정된다. 압력중심이 무게중심보다 후방에 있으면 탄자는 안정하다. 그리고 탄자에 편주각이 발생하면 복원모멘트가 유발되며, 이 모멘트는 편주각이 0°가 되도록 탄자를 회전시켜주기 때문이다. 그러나 무게중심이 압력중심보다 후방에 있으면, 수직 성분은 전복모멘트를 유발하여 편주각을 증가시키게 된다. 그러나 탄자가 그 대칭축을 중심으로 대단히 빠른 속도로 회전하고 있으면 압력중심이 무게중심보다 더 앞에 있더라도 편주각은 급격히 증가하지 않고, 방향만 변하게 될 것이다.

(2) 항력계수

앞서 설명한 바와 같이 탄자가 V속도로 공기 중을 비행하게 되면 탄자는 탄자의 전면에 있는 공기를 압축시키면서 저항을 받는다. 그리고 공기의 마찰력과 중력 그리고 탄자의 회전에 의한 매그너스Magnus 효과 등이 탄자의 운동을 방해하게 된다. 이때 탄자의 운동을 방해하는 힘을 항력drag force이라 정의한다.

탄자의 항력 F_D는 대칭축에서 수직인 면에서의 최대 단면적front area A_{max}와 동압dynamic pressure$(\frac{1}{2}\rho A_{max} V^2)$을 곱한 값에 비례하며, 식 [2-30]과 같이 표현할 수 있다.

$$F_D = C_D \cdot (\frac{1}{2}\rho A_{max} V^2) \quad \cdots\cdots [2\text{-}30]$$

식 [2-30]에서 ρ는 공기의 밀도이고, C_D는 항력계수이다. 그리고 C_D값은 탄자의 속도와 형상 등에 따라 다르며 풍동wind tunnel실험을 통해 얻을 수 있다. 또한 F_D는 C_D의 값이 클수록 더 크다. 따라서 탄자는 C_D값이 작을수록 유효사거리는 크다.

〈그림 2.46〉은 유선형 탄자의 탄자 속도와 C_D값의 관계를 나타낸 것이다. 이때 마하수는 탄자 속도에 표준대기압 상태에서 음속sound speed, 340m/s으로 나눈 값이다.

〈그림 2.46〉에서 보는 바와 같이, 탄자 속도가 아음속subsonic speed인 경우, 탄자 속도가 증가함에 따라서 C_D가 거의 일정하지만 음속을 돌파하면 급격히 증가한다. 이러한 현상은 비행체가 음속을 초과하면 공기의 압축성 효과에 의해 수직충격파vertical shock wave or Mach wave가 발생하여 저항이 급격히 커지기 때문이다.

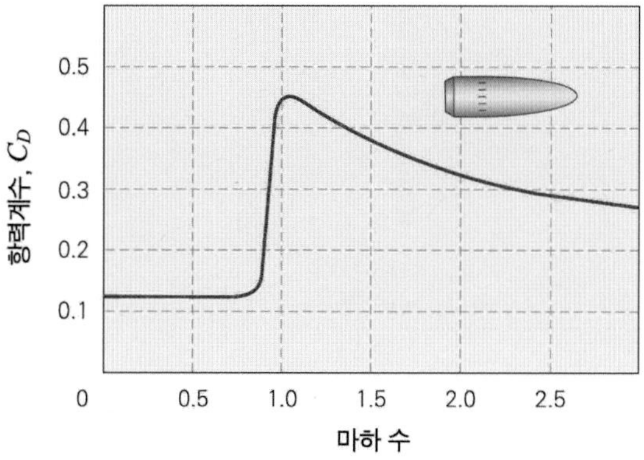

그림 2.46 | 탄자 속도와 항력계수의 관계

또한, 탄자 속도가 초음속[supersonic speed] 이상이 되면, C_D는 탄자 주위의 경사 충격파의 영향으로 다시 줄어든다. 이와 같은 경향은 탄자의 크기와 형상 그리고 공기의 밀도와 관계없이 비슷한 경향을 나타낸다. 그러나 보다 정확한 C_D값은 실험을 통해서만 얻을 수 있다.

참고로 대표적인 C_D값을 각각 알아보면 스키를 타는 사람은 1.0~1.1, 낙하산병은 0.5~1.1, 파리의 에펠탑은 1.8~2.0, 마하 2.5로 비행하는 전투기는 0.016 정도이다.

(3) 소총탄의 안정법[11]

대구경 포탄은 비행 시에 탄두의 압력중심이 무게중심보다 앞에 있게 되므로 안정을 유지하기 위하여 날개를 달거나 탄자를 회전시킨다. 그러나 소총탄은 탄자의 크기가 작아서 탄자를 회전시키는 회전안정법을 적용하고 있다.

〈그림 2.47〉은 현재 미군이 사용하고 있는 M16 계열 소총용 M193[5.56×45mm, 55grain] 탄약과 M855[5.56×45mm, 62grain]를 나타낸 그림이다. 그림에서 보는 바와 같

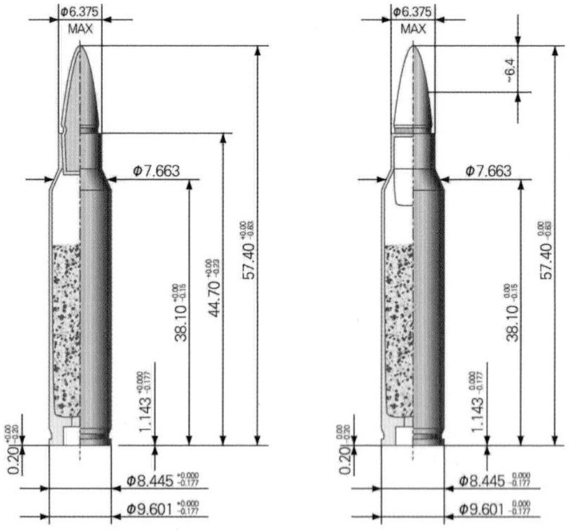

M193　　M855

그림 2.47 | 5.56mm 소총탄(미국)

11 www.ar15.com

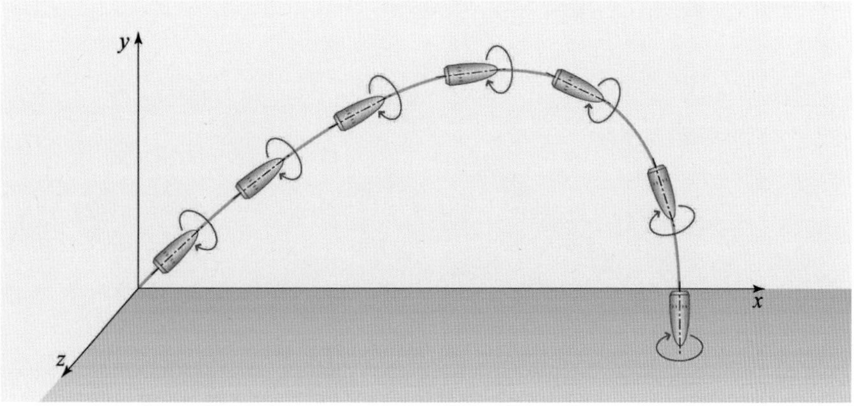

그림 2.48 | **최적화된 탄자의 회전**

이 탄자의 지름이 최대 6.375mm로서 총의 구경에 비해 약 0.82mm 정도 더 크다. 이는 탄자가 총강 내에서 소성변형이 되어 총강 내벽에 밀착된 상태가 되어 추진가스의 누출을 방지하기 위함이다. 이와 동시에 탄자가 강선을 따라서 회전하면서 총구 방향으로 이동하면서 직선 및 회전관성력을 얻기 위함이다. 그 결과 탄자는 총구를 빠져나와 전복되지 않고, 〈그림 2.48〉에서 보는 바와 같이 안정된 비행을 할 수 있다.[12]

그러나 만일 탄자를 너무 빨리 회전시키면, 마치 공기의 저항이 없는 진공 중에서 비행하는 경우와 같이 탄자가 지나치게 안정된다. 그 결과 탄자는 〈그림 2.49〉에서와 같이 탄도를 따라 탄자의 방향이 변화되지 않게 됨으로써 탄자가 지면에 먼저 부딪히게 된다. 이 경우에는 탄자의 운동방향에 수직하게 투사한 단면적이 커서 항력이 크기 때문에 탄자 속도가 감소하게 된다. 그 결과 비행거리, 즉 사거리가 감소한다. 또한, 지면이나 표적에 충돌할 때 탄착각이 작아서 탄자의 위력이 크게 줄어든다. 그렇다면 탄자는 비행 시에 얼마나 회전하고 있어야 안정된 비행이 가능할 것인가? 이에 대한 해답을 얻고자 많은 연구가 진행되어 왔다. 예를 들어 M16 소총과 M16A1 소총은 탄자가 총강 내에서 1회전당 12inch를 움직이게 되어 있다[1:12]. 그러나 우리나라의 K2 소총과 동급인 M16A2 소총은

12 *Jane's Defense Review*, 2000~2006.

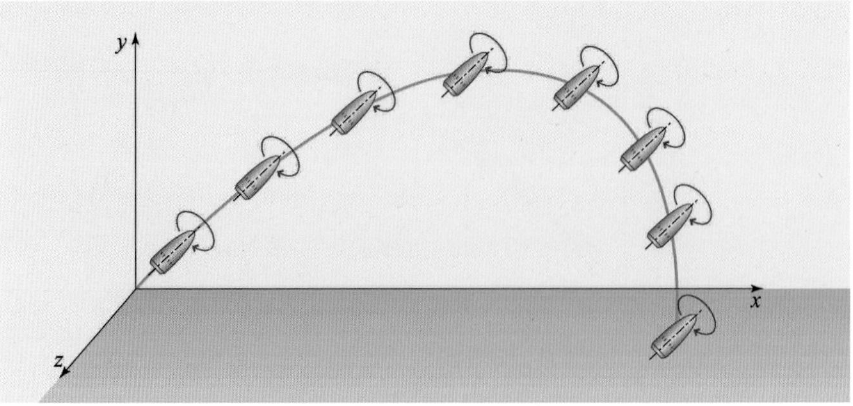

그림 2.49 | 과도한 탄자의 회전

탄자 1회전당 7inch 움직이도록 강선을 설계하였다[1:7]. 왜냐하면 M193 탄자보다 M855 탄자의 길이가 더 길기 때문이다. 일반적으로 탄자의 길이가 길면 비행 시에 공기의 저항력이 감소하기 때문에 사거리가 증가되는 장점이 있다.

5. 탄도의 고정성 원리와 적용방법

탄도의 고정성 원리rigidity of trajectory란 탄자가 비행하면서 그려낸 탄도를 원점을 중심으로 작은 각도를 회전시켜도 탄도의 모양이 변하지 않는다는 특성을 말한다. 이를 탄도의 상사성similarity이라 한다. 예를 들어 종이 위에 그려진 탄도의 출발점에 핀을 꽂고, 핀을 중심으로 그림을 회전시켜도 탄도가 변하지 않는다는 원리이다.

〈그림 2.50〉과 같이 사각 θ_A로 발사된 탄자가 비행하면서 만든 탄도를 A라 하고, 이 탄도를 원점을 중심으로 작은 각 γ만큼 반시계방향으로 회전시켜서 얻은 탄도를 B라 하면, 탄도 A와 B가 같다는 특성이 바로 탄도의 고정성 원리이다.

탄도의 고정성 원리를 이용하면 사격 시에 사거리 및 목표물의 고저에 대한 수정을 신속하게 할 수 있다. 예를 들면 〈그림 2.50〉에서 목표 A가 탄도 기선 base line 상에 있고, 사각 θ_A로 탄자를 발사했을 때 그림과 같이 목표에 명중하였다고 하자. 이제 목표 B에 대응하는 사각 θ_B는, 고저각 γ가 작은 경우, $\theta_B =$

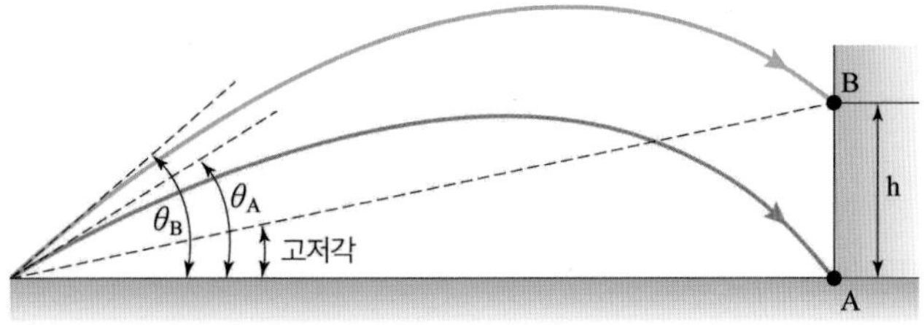

그림 2.50 | 탄도의 고정성 원리를 이용한 사각 수정

$\theta_A + \gamma$가 된다. 즉, $\theta_A + \gamma$로 사격하면 탄자는 B에 명중하게 된다는 원리이다.

또 다른 예를 들어 소총 사격 시에 조준 각도를 알아야 영점가늠자를 설치할 수 있는데, 이 각도는 가늠자와 가늠쇠를 이용하여 설정한다. 이때도 상향, 하향, 또는 수평 어느 것이든 하나의 탄도만 알면 탄도의 고정성 원리를 이용하여 각각 다른 경우의 조준 각도를 예측할 수 있다. 조준 각도를 구하는 간편한 방법으로서 〈그림 2.51〉과 같이 총강을 수평으로 놓고 사격해서 사거리에 따른 탄도고를 구한 다음 이것을 이용하는 것이다.

이 방법은 사거리에 따른 탄도고를 얻은 다음, 실제 길이를 축척하여 지면에 총구 중심을 원점O, x축을 사거리, y축을 탄도고로 설정하여 xy 평면에 그래프를 그린다. 영점을 구하고자 하는 임의의 사거리를 xy 평면의 축척에 맞게 산출한 후, 우선 x축 상에 해당하는 점을 찍어 x_p라 하고, 선분 $\overline{Ox_P}$를 반지름으로 하여 원점O을 중심으로 원호를 그려 탄도곡선과 만나는 점을 P라 한다. 이때 x축과 선분 $\overline{OP}$가 이루는 각이 탄도의 고정성 원리를 이용하여 구하는 조준 각도이다.

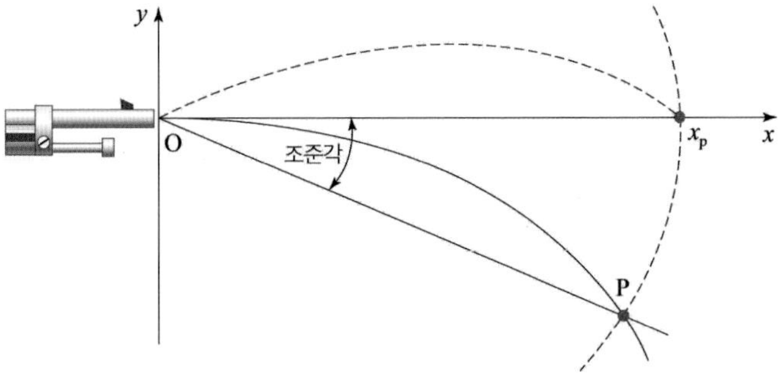

그림 2.51 | 탄도의 고정성의 원리를 이용한 조준각도 계산

이때의 영점사거리는 선분 $\overline{Ox_P}$이다. 선분 $\overline{OP}$를 원점O을 중심으로 하여 반시계방향[counter clockwise]으로 돌려서 x축에 일치시키면 이것이 수평 탄도이다[점선 부분]. 그리고 원점O을 중심으로 선분 $\overline{OP}$를 반시계방향으로 어떤 각도만큼 돌리면 상향사격 탄도가 되고, 시계방향으로 돌리면 하향사격 탄도가 된다.

6. 영점조정 방법

어떤 총을 갖고 같은 조건에서 사격하였다면, 탄도는 모두 같게 형성될 것이다. 그러나 실제 동일한 조건을 만들 수는 없다. 왜냐하면 같은 총을 사용하여도 추진제의 장입량과 모양 그리고 크기, 탄자의 질량과 크기 등이 동일한 탄약이 없기 때문이다. 이러한 탄약의 차이 때문에 각각의 발사되는 탄자의 총구속도가 차이가 나며, 역시 이들 탄자는 각기 다른 상태[대기압, 풍향, 풍속]의 공기 중을 비행하기 때문에 탄도의 모양이 더욱더 차이가 난다.

같은 총에서 발사된 탄자는 〈그림 2.52〉와 같이 각기 다른 탄도를 형성하게 된다. 이때 발사 초기에는 탄자는 거의 직선으로 날아간다. 이 때문에 탄도의 차가 적게 흩어지며, 이를 집속탄도라 부르고 있다.

또한, 탄자는 표적을 관통하면서 〈그림 2.53〉과 같이 탄착점이 흩어져 나타나는데, 이러한 탄흔을 피탄지역이라 정의한다. 그리고 피탄지역에 있는 탄착점들에 대한 평균 위치를 평균 탄착점[mean point of impact]이라 정의하며, 평균 탄착점을 통과하는 탄도를 중심탄도라고 부르고 있다.

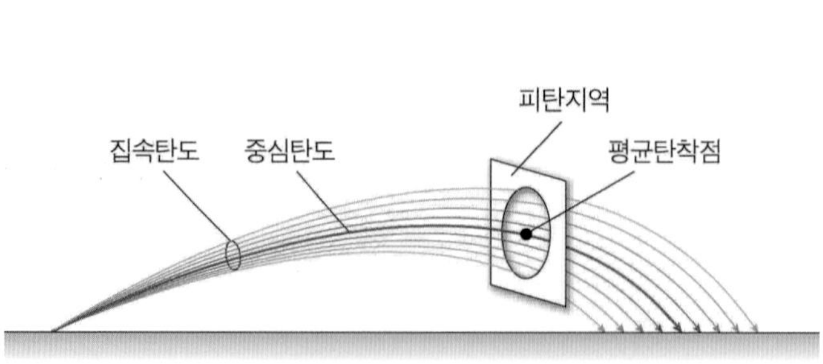

그림 2.52 | 피탄지역과 평균탄착점

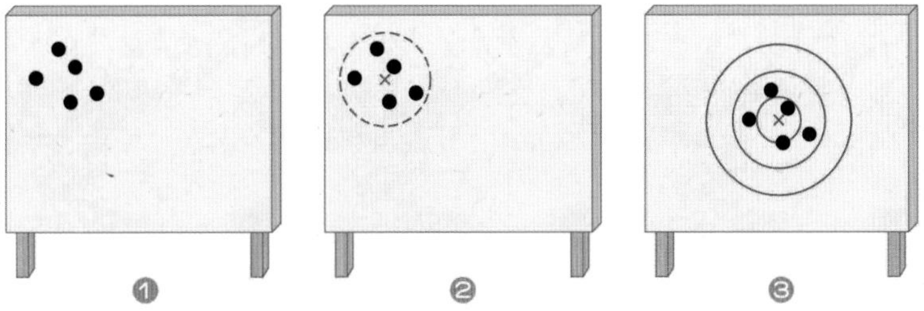

그림 2.53 | 탄착점과 평균 탄착점

사수는 실제 소총 사격 시에 중심탄도와 탄자의 탄도를 일치시켜야 표적에 명중시킬 수 있다. 따라서 이들 탄도를 일치시키기 위한 영점조정 사격을 한 후 탄착군의 평균 탄착점과 조준선을 일치시켜야 한다.

예를 들어, 〈그림 2.53〉 ❶에서 보는 바와 같이 탄착군이 형성되었다고 가정하자. 이 경우에 영점조정을 하려면, 먼저 〈그림 2.53〉 ❷와 같이 가상의 동심원을 그린다. 그리고 원의 중심을 〈그림 2.53〉 ❸과 같이 실제 조준했던 표적의 중심으로 이동시키기 위해 가늠자와 가늠쇠를 수정해야 한다. 이때 가상의 동심을 그려서 탄착군의 중심으로 가정하는 방법이 있으나 오차가 크다. 따라서 정확한 탄착군의 중심을 구하려면 평균 탄착점을 계산하여야 한다.

평균 탄착점이란 표적의 주위에 있는 탄착점$^{T_1(x_i,\, y_i)}$의 좌표를 수평$^{x\text{방향}}$과 수직$^{y\text{방향}}$으로 나누어 표시했을 경우, 이들 좌표의 평균값을 구했을 때의 탄착점$^{M(\bar{x},\, \bar{y})}$이라고 부르고 있다.

예를 들어 〈그림 2.54〉와 같이 표적의 주위에 n개의 탄착점이 형성되었다면, 이들 탄착군을 대표할 수 있는 탄착점인 평균 탄착점은 다음 식과 같이 구할 수 있다.[13]

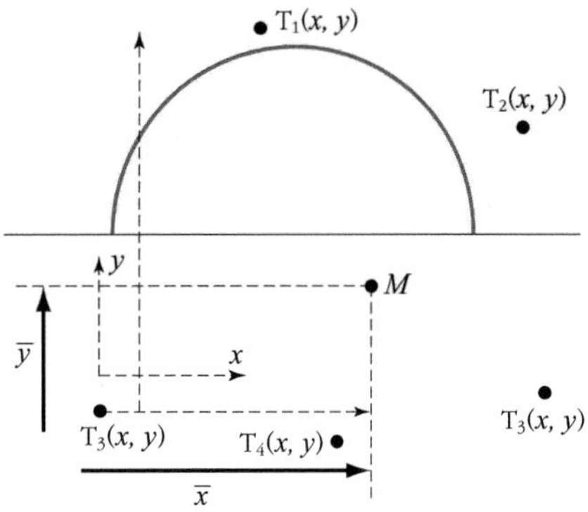

그림 2.54 | 탄착점과 평균 탄착점

13 김희재, 《방탄공학》, 청문각, 2004.

즉, 탄착점 $T_1(x_1, y_1)$, $T_2(x_2, y_2)$, $\cdots$, $T_i(x_n, y_n)$에 대한 평균 탄착점 $\overline{x}$와 $\overline{y}$는 식 [2-31]과 같이 구할 수 있다.

$$\overline{x}=\frac{\sum_{i=1}^{n}x_i}{n},\quad \overline{y}=\frac{\sum_{i=1}^{n}y_i}{n} \qquad \text{[2-31]}$$

여기서, $\overline{x}$는 수평 방향 x축의 평균 거리, $\overline{y}$는 수직 방향 y축의 평균 거리이다.

7. 피탄지역

기관총은 소총과 다르게 단발 사격보다는 연발 사격으로 적의 지역 및 밀집 부대를 살상하기 위해 많이 사용한다. 따라서 기관총으로부터 여러 발의 탄자가 발사되면 각 탄자는 소총의 진동, 대기조건, 추진제 등의 차이 때문에 약간씩 다른 탄도를 갖게 된다. 이렇게 다른 탄도의 묶음을 집속탄도라고 부르고 있다. 이러한 집속 탄도가 지면이나 표적에 맞는 부분을 피탄지역이라 하며, 다음과 같은 요인으로 발생하게 된다.

(1) 탄착점 분포계수

피탄지역이란 탄착점 분포계수figure of merit가 탄착점이 약 60% 이상 형성되었을 경우를 말한다. 여기서 탄착점 분포계수 F는 식 [2-32]와 같이 평균 탄착점으로부터 각 탄착점까지의 반지름 거리를 모두 합한 후 총 탄착점의 수로 나눈 평균값으로 정의한다.

$$F=\frac{\sum_{i=1}^{n}r_i}{n} \qquad \text{[2-32]}$$

여기서 r_i는 〈그림 2.54〉에서 얻은 평균 탄착점$M(\bar{x}, \bar{y})$에서 i번째 탄착점까지의 거리, n은 탄착점 개수이다.

(2) 피탄지역의 변화에 미치는 영향요소

1 외부 요인

총에서 여러 발의 탄자를 발사하였을 경우, 총의 진동, 탄자의 불균등, 대기의 조건 등에 의해 탄도가 흐트러지기 쉽다. 또한, 사격 시에 목표는 정확하게 측정된 거리에 나타나지 않는 경우가 대부분이다. 그리고 사수는 항상 안정된 상태로 사격할 수 없어서 피탄지역이 변하게 된다.

2 설계 요인

피탄지역을 변화시키는 설계 요인에는 탄자의 운동에너지와 평탄도가 있다. 여기서 평탄도란 포물선을 그리는 탄도의 기울기를 의미한다. 즉, 평탄도가 클수록 탄자는 직선과 비슷한 탄도를 따라서 비행하게 된다. 그 결과 직선인 조준선과 실제 탄도의 차이가 감소함으로써 명중률이 높아진다. 이 때문에 탄도의 평탄도가 높은 총을 제작하는 것이 유리하다. 이러한 평탄도 C_0는 식 [2-33]과 같이 정의한다.

$$C_0 = \frac{m}{d^2 \cdot K^2} \quad \text{[2-33]}$$

여기서, m은 탄자의 질량, d는 탄자의 지름, K는 탄자의 형태 및 속도에 따른 종합 계수로서 실제 사격으로 얻어지는 측정값이다. 이때 C_0는 강선의 회전율이나 강선의 수, 추진제의 양 등에 따라 차이가 난다.

식 [2-33]에서 알 수 있듯이 평탄도를 크게 하려면 질량이 무거워야 하고, 탄자의 지름은 작아야 한다. 하지만 단순히 탄자의 질량을 무겁게 하고 탄자의 지름을 감소하는 것만으로 평탄도가 향상되지는 않는다.

8. 소총의 사격음

(1) 사격음의 발생 과정

사격 시에 발생하는 사격음의 대부분은 총구에서 발생하며, 이를 총구 소음이라 한다. 이 소음은 총구 주위의 압력 유동 현상과 탄자의 이탈로 인하여 발생한다. 이때 총구 소음은 크게 세 가지의 발생 원인이 있다.

① 탄자가 총열 내에서 총구까지 이동할 때 탄자의 앞쪽에 있는 공기를 압축하면서 총구를 이탈하게 되는데, 이때 압축된 공기가 총구에서 분출되면서 발생시키는 전조압력파precursor pressure wave가 총구 부근에서 양positive의 음파sound wave를 발생시킨다. 이 음파는 시간에 따라서 지수 함수적으로 감소한다.
② 탄자 이탈 시에 발생하는 파열음이다.
③ 탄자가 총구를 이탈한 후 추진가스의 팽창에 의한 팽창충격파이다. 이 충격파가 사격음의 주요 발생 요인이며, 전파형태는 전조압력파와 유사하다.[14]

추진가스 팽창충격파는 초기에는 탄자보다 앞서 진출하지만 빠른 발산으로 인해 음속에 가깝게 속도가 떨어지게 되고, 총구로부터 수cm 이내에서 탄자가 팽창충격파를 앞지르게 된다. 이때 전조압력파와 팽창충격파 그리고 탄자의 파열음은 거의 같은 전파형태로 전파된다. 그리고 총구로부터 초음속 탄자의 이탈로 인한 소리의 영역은 총구 폭풍muzzle blast, 탄자의 파열음, 탄자 파열음과 총구 폭풍의 중첩된 부분으로 볼 수 있다. 그러나 이에 대한 많은 음향학적 연구에도 불구하고 탄자의 파열음과 중첩된 총구 폭풍파는 와류vortex flow에 의한 분산이 발생하기 때문에 이론적 해석이 미흡한 실정이다.[15]

---

14 Dumond, J., et al., "A determination of the wave forms and law of propagation and dissipation of ballistic shock waves", *JASA*, Vol. 18, No. 1, July 1946.

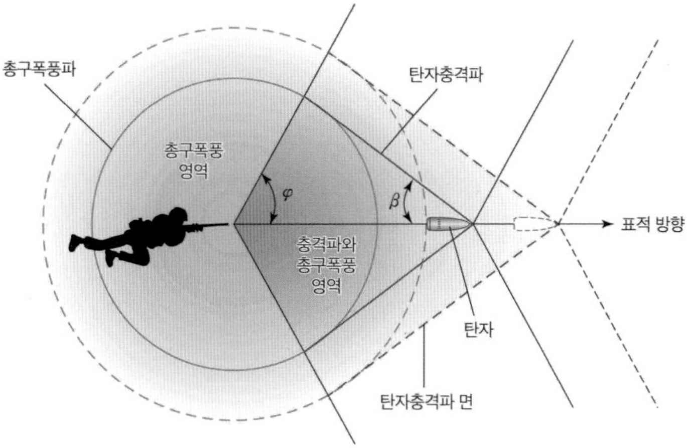

그림 2.55 | 초음속 탄자에 의한 총구폭풍과 충격파

총구 소음은 〈그림 2.55〉에서 보는 바와 같이, 총구에서 일정한 거리만큼 떨어진 곳에서 원뿔 모양cone shape의 파열음이 발생하며,[16] 추진가스의 팽창에 의한 구형sphere shape인 팽창충격파의 접선과 일치하게 된다. 그리고 구형인 탄자 파열음의 내각 β는 식 [2-34]와 같이 탄자 속도에 의해 결정된다. 여기서 M은 탄자 속도를 마하수Mach Number로 환산한 값이다.

$$\beta = \tan^{-1}\left(\frac{1}{\sqrt{M^2-1}}\right) \quad \text{[2-34]}$$

소총의 총구로부터 폭풍파와의 접선과 이루는 각 φ는 식 [2-35]와 같다.

$$\varphi = \tan^{-1}\sqrt{M^2-1} \quad \text{[2-35]}$$

식 [2-33]과 식 [2-34]는 탄자의 속도가 $M \geq 1$인 경우에 적용할 수 있다.

15 이진호, "K7 소음총의 폭발음 특성에 대한 실험적 연구", 《한국군사과학기술학회지》 제7권 제4호(통권 제19호), 2004. 12, pp. 36-43.

16 오병완 외, "M16 소총 사격음의 음향학적 특성 분석 및 청력 감소 방지책", 화랑대연구소 연구보고서, 1992. 3.

총구속도가 아음속일 경우에 초음속인 경우보다 팽창충격파와 전조압력파의 세기가 더 작다. 따라서 소음총은 주로 총구속도를 아음속으로 되도록 설계하고 있다.

(2) 사격음의 측정법

소리는 공기의 압력 변화가 인간의 고막에 가해질 때 느끼게 된다. 소리로 느끼는 최소 음압minimum sound pressure P_{ref}은 주파수가 1kHz인 경우에 20μPa이다. 따라서 소리의 크기는 이 음압의 크기에 비례하여 들리게 된다. 인간의 소리에 대한 감각은 로그 척도에 대응하므로 소리의 크기는 최소 음압을 기준값으로 한 로그 척도, 즉 음압 레벨sound pressure level, Lp은 식 [2-36]과 같이 표시할 수 있다. 이때 음압레벨은 단위 면적당 소리에 의해 가해지는 힘의 크기를 나타낸 것이다.

$$L_P = 20 \cdot \log_{10}\frac{1}{T}\int_0^T\left(\frac{P(t)}{P_{ref}}\right)dt \quad \text{[2-36]}$$

여기서, T는 사격음의 계측시간, L_p은 임의의 음압레벨이며, 이 값의 크기는 귀가 느끼는 음압의 정도와 다르다.

소음은 음압뿐만 아니라 주파수나 수음자의 심리적 상태에 따라서 다를 수 있다. 이 때문에 사격음은 사람 귀의 특성을 고려한 가중된 소음원의 강도, 즉 음압 강도를 측정한다. 음압 강도SPL: Sound Power Level란 소음원이 음의 형태로 방출하는 에너지의 척도를 나타내며, 식 [2-37]과 같다.

$$\mathrm{SPL} = 10 \cdot \log\left(\frac{W}{W_{ref}}\right) \quad \text{[2-37]}$$

여기서 $W_{ref} = 10^{-12}\,Watt$이고, W는 소음원이 내는 음의 파워dB이다. 그리고 SPL을 아는 것은 소음원을 이해하고 제어하는 데 편리하며, 주변 공간에 어

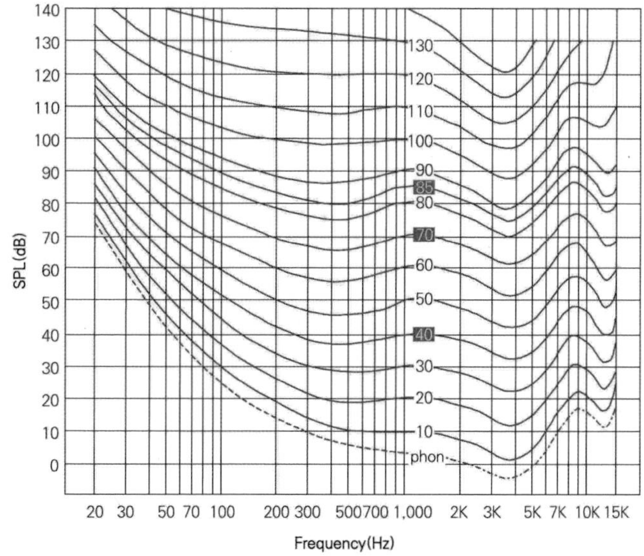

그림 2.56 | 주파수에 따른 등청감곡선

떤 음압의 분포를 예측하는 데 중요하다.

일반적으로 소음 측정은 〈그림 2.56〉에서 표시된 등청감곡선과 같이 주파수에 따른 음압 강도를 분석해야 더 다양한 분석을 할 수 있다. 만일 1kHz의 주파수를 갖는 10dB의 소음은 100Hz의 주파수에서 30dB의 소리와 같게 들린다. 이처럼 같은 음압 강도는 주파수와 매우 밀접한 관계가 있다. 그러나 매우 짧은 시간에 발생하는 소음은 귀의 특성을 고려한 가중된 음압 강도를 측정하여도 그 오차는 거의 없다.

(3) 소음총

1 발전과정

소음총이란 사격 시에 발생하는 사격음을 최소화할 수 있는 소음장치가 장착된 총을 말한다. 소음총은 1909년 미국의 하이람 맥심Hiram P. Maxim에 의해 최초로 탄생되었다. 이 총은 사격 시에 총구 폭풍muzzle blast을 감소시켜서 일반 소총보다 소음을 획기적으로 줄일 수 있었다. 이 때문에 소음총은 그 당시 혁신적인 발명품으로 인식되었으며, 1920년대에서 1930년대 초반까지 매우 인기가 있었다. 그 후 1930년대 미국은 대공황great depression으로 많은 실직자가 발생하였다. 이들 실직자 중 상당수가 기아에서 벗어나려고 밀렵을 하게 되었고, 그 결과 소음총의 수요가 또다시 폭발적으로 증가하였다. 그리하여 미국 정부는 소음총의 사용을 제한하게 되었고, 밀렵꾼들은 이를 피하려고 탈착식 소음기를 많이 사용하면서 오늘날 대부분의 소총은 탈착식 소음기를 사용하게 되었다.[17]

2차 세계대전 중에는 폭발소음이 전투력 상실의 주된 원인이 된다는 사실이 알려짐으로써 폭발소음의 군사적 활용을 위한 본격적인 연구가 시작되었다. 그 후 폭발소음과 청각손실에 관한 연구가 활발히 진행되었다. 1960년대 초에는 미첼Mitchell이 군사용 및 경찰용으로 사용 가능한 소음기를 개발하였다. 이후 소음기 개발은 감음 성능을 높이는 데 중점을 두고 진행되었다.

1985년에 핀란드에서 개발한 구경이 7.62mm인 M62 소총에는 〈그림 2.57〉과 같이 구조가 복잡한 소음기를 장착하였다. 이 소음기[18]는 기존 M62 소총보다 다양한 거리와 방향에서 발생하는 폭발 소음이 거의 90분의 1이나 감소하는 것으로 알려져 있다.

최근에는 특수부대를 중심으로 독일의 헤클러 앤드 코흐Heckler & Koch사의 MP5 계열 소총용 R16MP5 소음기[19] 등이 많이 사용되고 있다. 이 소음기는 총구 폭풍의 억제와 총구 화염의 감소 그리고 주퇴력을 감소시킬 수 있게 되어 있다. 그리고 소음기의 길이가 짧아약 14cm 총구에 장착하여 사용할 수 있는 장점이

그림 2.57 | 핀란드의 M62 돌격소총의 소음기

17 Harold W. Lord, *Noise control for engineers*, McGraw-Hill Inc., 1980.

18 http://guns.connect.fi

19 http://www.soundmoderators.co.uk

있다.

소음총은 일반 소총보다 소음이 매우 작아서 기도비닉이 필요한 매복이나 침투 작전 또는 저격용이나 사냥용으로 사용하고 있다. 또한, 사격 시 적으로부터 사격 위치의 노출을 줄여서 적에게 공포감을 조성하여 사기를 떨어트릴 수 있는 심리적 효과도 있어 오늘날 그 사용 분야가 확대되고 있다. 특히 9 · 11 테러 사건 이후 특수작전의 중요성이 커지면서 소음총의 수요가 늘어나고 있다. 그러나 총구속도가 아음속일 때 감음 효과가 크기 때문에 소음총의 유효사거리는 대부분이 150m 이하로 일반 소총에 비해 짧다.

2 소음기의 종류와 감음 원리

사격음은 〈그림 2.57〉에서 살펴본 바와 같이, 탄자의 총구속도를 감소시키거나 총구 압력을 낮추어야 줄일 수 있다. 이 원리를 적용하여 만든 소음총은 보통 소총과 다르게 소음기를 장착하거나 아음속탄약을 사용한다. 그 결과 소음총은 총구 폭풍과 초음속 비행 시 발생하는 충격파 소음을 현저히 줄일 수 있다.

소음기는 감음 방식에 따라서 〈표 2.12〉와 같이 팽창형, 공명형, 흡음형으로 구분할 수 있다.

표 2.12 | 소음기의 종류

종 류	사격음의 감음 원리	구 조
팽창형	• 단면적이 축소 확대되는 여러 개의 격실을 만들어 추진가스 팽창압력을 감압시켜 팽창소음을 감소시킴 • 탈착식 소음총에 주로 적용함	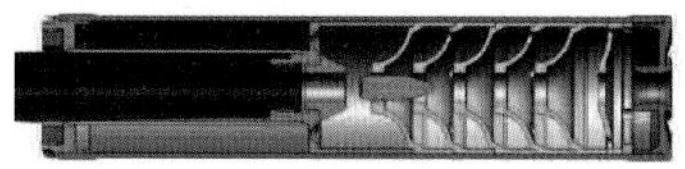
공명형	• 총열에 여러 개의 구멍을 크기와 배열을 다르게 하여 특정 주파수대역의 소음을 감소시킴 • 구조가 단순하지만 감음효과가 비교적 양호함	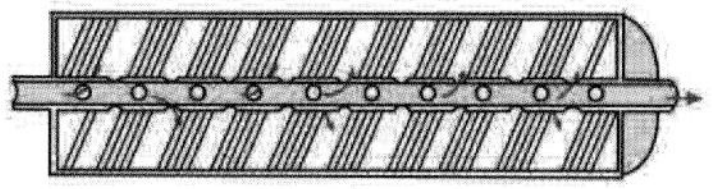
흡음형	• 유리섬유, 석면 등과 같은 흡음재를 사용하여 소음을 감소시킴 • 감음효과가 좋으나 추진가스의 잔재가 흡음재에 침투하여 흡음효과가 감소함 • 권총이나 저격용 소총에 적합함	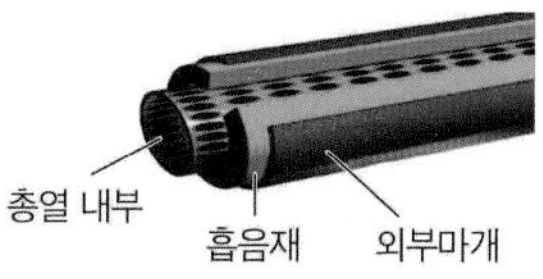

첫째, 팽창형 소음기는 추진가스를 단면적이 축소 및 확대되는 여러 개의 격실을 통과시켜 팽창압력을 감소시킴으로써 팽창소음을 감소시킨다. 예를 들어 자동차의 배기가스 팽창소음을 줄이는 머플러가 있으며, 총에서는 탈착식 소음총에 적용하고 있다.

둘째, 공명형 소음기는 여러 개의 구멍을 크기와 배열을 다르게 하여 추진가스의 팽창충격파 중에서 특정 주파수대역의 소음만 감소시키는 방식이다. 이 방식은 구조가 단순하면서 감음 효과가 좋아서 소총이나 기관단총에서 많이 사용하고 있다.

셋째, 흡음형 소음기는 유리섬유, 석면 등과 같은 흡음재를 사용하여 추진가스의 압력을 감압시키는 방식이다. 이 소음기는 감음 효과가 다른 방식보다 매우 좋아서 권총 또는 저격용 소총에 적합하다. 그러나 이 방식은 반복 사용하게 되면 흡음재에 추진가스의 잔재가 침투되어 감음효과가 점점 나빠진다. 따라서 기관총과 같이 연발 사격용 화기에는 적합하지 않다.

소음기는 장착방식에 따라서 탄착식과 고정식으로 구분되며, 이를 비교하면

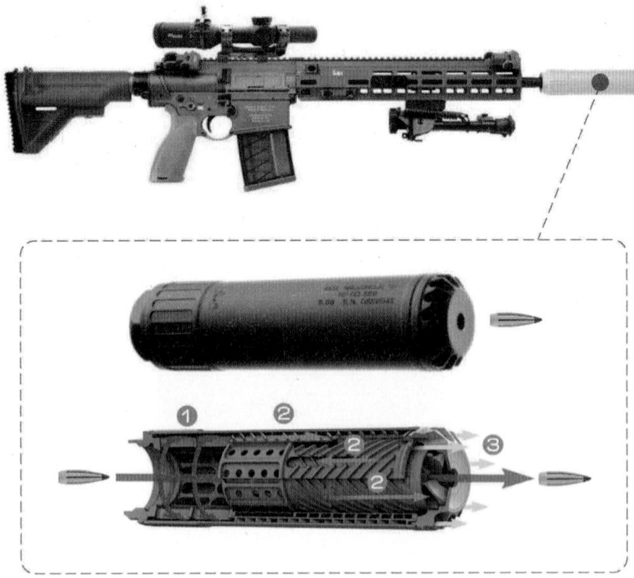

그림 2.58 | **Heckler & Koch M110A1 7.62mm HX-QD 762 Ti 소음기**

자료: https://ossuppressors.com

표 2.13 | 소음기의 장착방식 및 특징

종 류	소음기의 특징 및 구조
탈착식	• 소음기를 총구에 나사 또는 고정구로 장착하여 사용 • 장점: 탈 · 부착 가능 • 단점: 아음속 탄약 사용, 유효사거리가 짧음 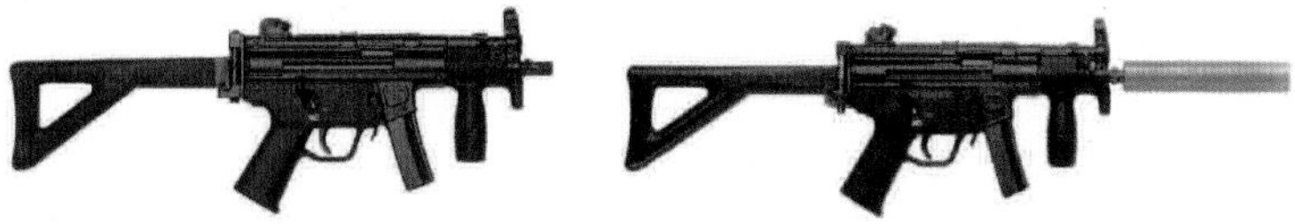
고정식	• 약실 벽에 구멍이 있어서 약실 압력을 감소시켜 총구속도를 감소, 총구부근에 는 공명형 소음기 장착 • 장점: 초음속 탄약 사용 • 단점: 탈 · 부착 불가능, 무겁고 구조가 복잡함 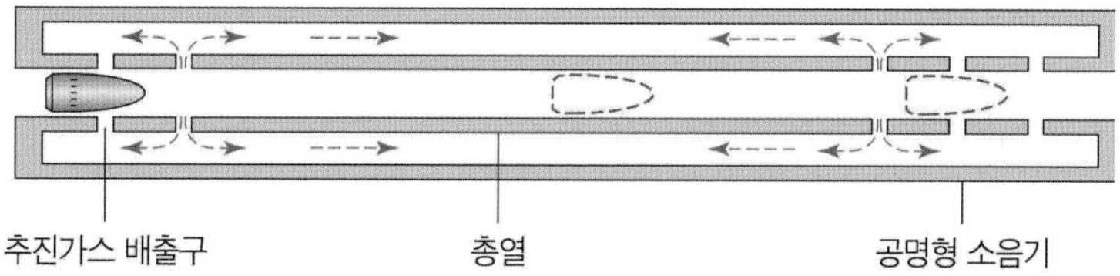

〈표 2.13〉과 같다. 표에서 보는 바와 같이 탈착식 소음기는 총구에 나사 또는 고정구로 장착하여 사용하며, 필요에 따라서 탈 · 부착이 가능해서 무게를 줄일 수 있다. 그리고 탄약은 아음속탄약을 주로 사용하여 총구속도를 아음속으로 줄이면서 소음기로 총구 폭풍을 감소시키는 방법이다. 반면에 총구속도가 느려서 유효사거리가 짧아지는 단점이 있다. 그렇지만 현재 운용 중인 소음권총과 소음총 대부분이 탈착식이다. 왜냐하면, 권총은 총열이 짧아 고정식 소음기를 사용하기가 어렵다. 그리고 소총은 작전 상황에 따라 소음기를 탈 · 부착하여 사용하는 것이 더 편리하기 때문이다.

고정식 소음기는 기존의 일반 탄약[초음속 탄약]을 사용할 수 있고, 총의 무게를 고려하지 않아도 되는 기관단총에 적용하는 것이 좋다. 이 방식은 소음총의 약실 벽에 있는 구멍으로 약실 압력을 감소시킴으로써 총구속도를 감소시킬 수 있다. 따라서 총의 구조는 복잡하고 무거우나 기존의 초음속 탄약을 그대로 사용할 수 있는 장점이 있다.

제5절 최종탄도학

최종탄도학은 표적에 대한 무기의 효과와 원리를 연구하는 분야이다. 무기의 효과는 노출되어 있거나 장갑으로 보호된 인원이나 장비에 대해 피해를 줄 수 있는 정도를 평가할 수 있다. 그러나 예상 위협에 대하여 저항할 수 있는 능력, 즉 방호능력이 무기의 효과이다.

최종탄도학 분야는 극히 짧은 시간 내에 초고온 · 초고압의 물리 및 화학적 현상이 발생하는 것에 대해 분석해야 한다. 따라서 실험적 연구가 매우 어렵다. 그러나 최근 초고속 카메라, 레이더 등 첨단 계측 장비가 개발됨에 따라서 연구가 활발히 진행되고 있다.

일반적으로 소화기의 최종탄도학은 대구경 화기보다 비교적 단순하다. 왜냐하면, 소화기 탄약은 표적과 충돌 시 주로 운동에너지에 의한 물리적 효과를 분석하면 되기 때문이다.

1. 소총탄의 종류

(1) 보통탄

소총탄 중에서 보통탄은 탄자를 충돌시켜 사람을 살상시킬 목적으로 사용한다. 이 탄약은 표적에 충돌하는 순간 최소 80J의 충돌에너지가 필요하다. 이 충돌에너지를 탄자의 정지에너지stoping energy라 정의하며, 표적의 종류에 따라 정지에너지는 차이가 난다.

물론 탄자의 정지에너지는 클수록 소총탄의 위력이 증가하기 때문에 탄약의 설계 시에 중요한 고려요소이다. 최근에는 탄자의 질량은 줄이고 총구속도를 증가시켜서 탄자의 정지에너지를 증가시키는 추세이다.

(2) 철갑탄

철갑탄은 주로 경장갑을 관통시켜 표적에 피해를 주고자 할 때 사용하는 탄약이다. 이 탄약의 탄자는 강도와 밀도가 높은 금속으로 되어 있다. 최근에는 차량에 장착된 장갑의 재질과 두께가 증가함에 따라서 관통력을 향상하기 위한 연구가 활발히 진행되고 있다.

2. 총상의 발생원리

(1) 탄자의 운동에너지

총은 그 종류에 따라 탄자의 질량과 모양, 크기 그리고 비행속도가 각각 다르다. 그 결과 탄자의 종류에 따라 운동에너지가 각각 다르다. 이에 따라서 이들 탄자가 인체를 관통하거나 충돌하면서 생긴 총상은 다르게 나타난다. 일반적으로 크기가 작고 속도가 빠른 탄자는 크기가 크고 속도가 느린 탄자에 비해 더 많은 총상을 입힐 수 있다.

탄자 속도는 총상에 매우 큰 영향을 미친다. 왜냐하면, 탄자 속도가 증가하면 운동에너지가 증가하기 때문이다. 만일 탄자의 질량을 m, 탄자의 속도를 V라고 가정한다면, 탄자의 운동에너지kinetic energy는 식 [2-38]과 같이 나타낼 수 있다.

$$\text{탄자의 운동 에너지} = \frac{1}{2} m V^2 \quad \text{[2-38]}$$

식 [2-38]에서와 같이 탄자의 운동에너지는 질량을 2배 무겁게 하면 2배 증가한다. 그러나 탄자 속도를 2배 빠르게 하면 탄자의 운동에너지는 4배 증가한다. 따라서 총상의 크기에 결정적인 영향을 미치는 운동에너지를 증가시키려면, 탄자의 무게보다 비행속도를 더 빠르게 하는 것이 유리하다.

각기 다른 속도를 갖는 탄자는 운동에너지의 크기에 따라서 저低운동에너지,

표 2.14 | 운동에너지에 따른 분류

구 분	탄자 속도	무 기	인체 충돌 시
저(低)운동에너지	저속, 250m/s 이하	대검, 화살	비관통
중(中)운동에너지	250~400m/s	권총, 엽총	비관통 또는 관통
고(高)운동에너지	600~1,000m/s	돌격소총, 기관총	관통

중中운동에너지, 고高운동에너지로 〈표 2.14〉와 같이 구분할 수 있다.[20]

① 저低운동에너지를 갖는 무기로는 대검이나 화살이 비교적 저속으로 운동하며, 일반적으로 인체와 충돌 시에 관통할 수 없다.

② 중中운동에너지의 탄자가 인체를 관통하거나 관통하지 못한다. 이러한 무기에는 권총, 엽총 등이 있으며, 탄자 속도는 250~400m/s 정도이다.

③ 고高운동에너지를 갖는 무기로서 돌격소총, 기관총 등이 있다. 이들 무기의 탄자 속도는 600~1,000m/s 정도이며 인체를 관통시킬 수 있다.

(2) 탄자의 에너지 소산에 미치는 영향요소

〈그림 2.59〉는 소총을 근거리에 있는 비교적 두께가 얇은 표적에 사격했을 때 거리별 관통형상을 나타낸 그림이다. 이때 총구와 매우 근접한 위치에 있는 표적은 ❶과 같이 탄자가 관통한 직후 짙은 연기가 발생하면서 십자형 구멍이

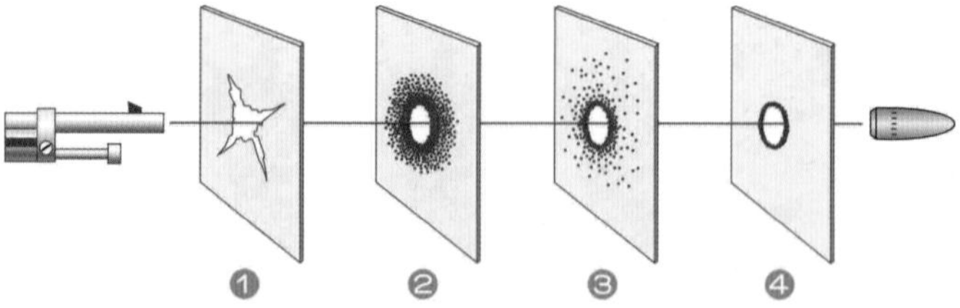

그림 2.59 | 근거리 소총사격 시 거리별 관통형상

20 "Weapons(an international encyclopedia from 5000 BC to 2000 AD)", the Diagram Group, St. Martin's Press New York, 1991.

생긴다. 이는 총구에서 분출되는 추진가스가 표적에 직접 영향을 주기 때문이다. 또한 ❶보다 약간 먼 거리에 있는 표적은 ❷와 같이, 구멍 주위에 검은 가루 형태의 미연소 잔류물이 방사형으로 퍼져 있는 구멍이 생긴다. 그러나 이 잔류물은 표적이 멀어질수록 각각 ❸과 ❹에서 보는 바와 같이 점차 없어진다. 이는 사거리가 멀어질수록 탄자의 관통속도가 감소하기 때문이다.

비교적 연한 재질인 인체에 탄자가 충돌하거나 관통한다면, 〈그림 2.59〉의 경우와 다른 관통형상이 나타난다. 인체에 탄자가 충돌 또는 관통할 경우, 탄자와 인체조직 사이에 많은 에너지의 교환이 발생하게 된다. 이때 에너지 교환에 미치는 영향요소는 탄자의 속도, 형상, 안정성, 팽창 및 파편, 2차 충돌 등이 있다. 따라서 탄자 설계 시에는 이들 요소를 고려할 필요가 있다.

탄자가 비행 중에 공기저항에 의한 항력과 인체와 같은 준-유체[유동성 고체]를 관통할 때 발생하는 현상으로 캐비테이션[cavitation] 현상이 있다. 이 현상이 발생하면 탄저 부근에 국부적인 진공과 구멍[cavity]이 형성되며, 탄자의 운동에너지 중 일부가 소산된다. 그리고 탄자는 표적에 충돌하는 순간에 탄자의 크기와 형상에 따라서 에너지 소산의 크기가 다르다. 만일 탄자가 표적에 충돌하기 직전에 탄자의 부피가 크다면 표적에 더 많은 에너지를 전달하게 된다. 그 결과 인체의 조직을 더 크게 팽창시킴으로써 총상이 더 커진다.

참고로 〈그림 2.60〉은 소총탄이 표적에 충돌하거나 관통하면 생기는 파편을 나타낸 그림이다. 그림과 같이 최초의 유선형 탄자[좌측]는 표적에 충돌하면서 충돌에너지를 전달시킴으로써 버섯 모양[중앙] 또는 날카로운[우측] 파편이 될 것이다.

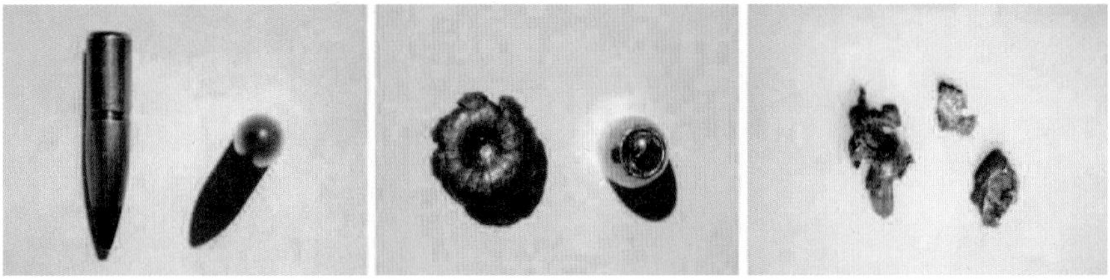

그림 2.60 | 대표적인 소총탄과 파편

(3) 탄자의 안정성

소화기 탄자는 직선 탄도가 되도록 강선에 의해 탄자를 회전시켜 안정화를 높인다. 그러나 이렇게 안정화된 탄도를 갖는 탄자도 표적에 충돌한 후 속도가 안정화가 감소하여 텀블링tumbling되는 경우도 있다. 따라서 탄자가 표적을 관통할 때에도 안정성을 유지할 수 있도록 설계해야 한다.

〈그림 2.61〉은 탄자가 비행할 경우, 무게중심center of gravitation과 탄자의 속도 벡터 $\vec{v}$, 회전모멘트 $\overrightarrow{M_w}$ 그리고 이축각angle of yaw δ의 관계를 나타낸 그림이다. 그림에서 보는 바와 같이, 탄자는 $\vec{v}$ 로 비행하면서 회전속도가 감소한다면 $\overrightarrow{M_w}$ 가 감소하게 된다. 그 결과 탄자는 δ만큼 좌우로 흔들리거나 탄자의 회전축이 그림과 같이 움직이면서 텀블링하게 되는 것이다.

텀블링 현상은 탄자의 길이가 클수록 발생하기 쉽다. 따라서 이를 방지하려면 강선으로 탄자를 더 빨리 회전시켜야 탄도를 안정시킬 수 있다.

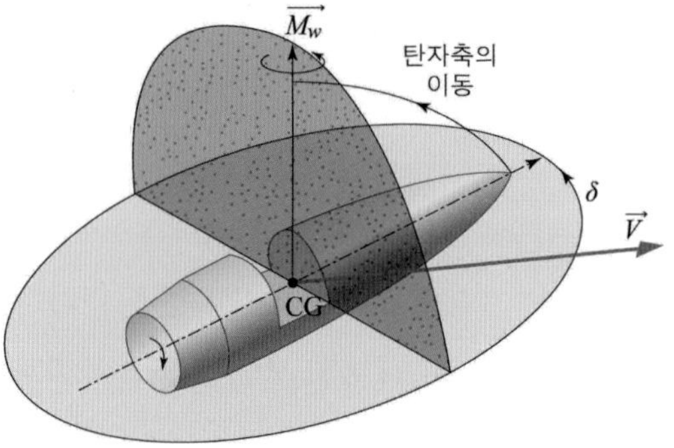

그림 2.61 | 탄자의 텀블링 모멘트

(4) 총상의 발생 과정과 특징

1 총상의 발생 과정

총상은 탄자가 인체에 최초 충돌 직전의 충격력이 가장 큰 요인이다. 왜냐하면, 탄자가 인체를 관통하면서 〈그림 2.62〉에서 보는 바와 같이 압력충격파와

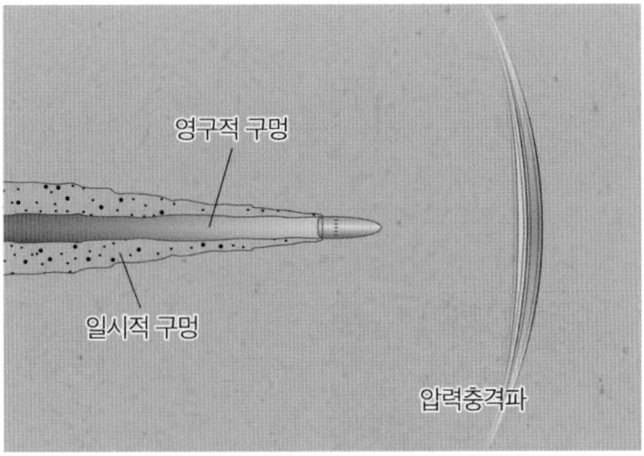

그림 2.62 | 탄자의 관통과 물리적 현상

영구적인 구멍 그리고 일시적인 구멍을 발생시키기 때문이다. 소총탄은 대부분이 충돌 직전까지 초음속으로 비행하기 때문에 〈그림 2.63〉에서와 같이, 공기의 압축에 의한 충격파가 발생하는 것이다. 그리고 이 충격파는 인체에 그대로 전달하게 된다. 그림에서 탄자가 대중을 날아갈 때 마하 0.98에서는 탄저 부근에서만 약간의 수직충격파가 발생한다. 그러나 탄자의 속도가 빠를수록 수직충격파에서 경사충격파로 바뀌게 된다. 이때 충격파는 인체를 관통하면서 순간적으

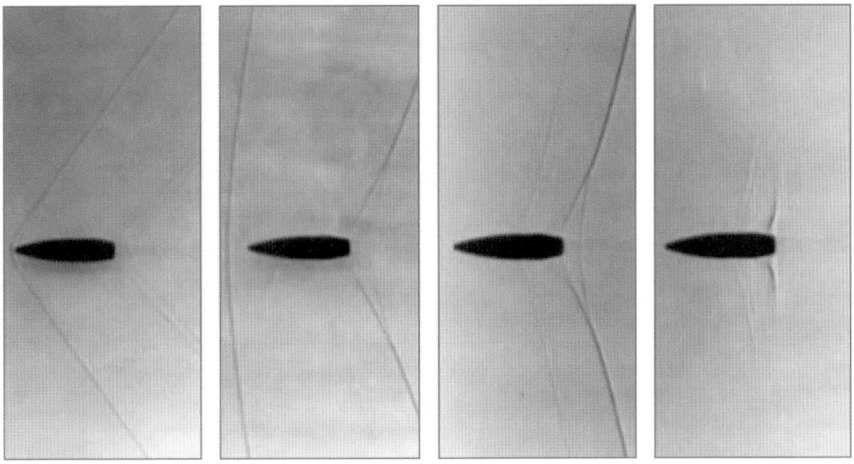

M 1.30 M 1.04 M 1.03 M 0.98

그림 2.63 | 탄자의 속도에 따른 충격파 형태

로 인체의 피부나 장기 등에 압축과 팽창을 시키면서 치명적인 손상을 가하게 된다.

한편 소총탄은 인체를 주로 초음속 또는 초음속에 가까운 속도로 충돌 또는 관통하기 때문에 탄자의 선단부근에서 압력충격파가 발생하게 된다. 이 압력충격파는 인체의 세포조직이나 뼈에 충격파를 전파하여 급격하게 조직을 파괴하거나 뼈에 엄청난 충격을 가하게 된다. 그 결과 체내의 각종 장기와 혈관 등에 심각한 손상을 주게 된다. 또한, 탄자가 관통하면서 생긴 영구적인 구멍permanent cavity이 생기게 된다. 이 구멍은 신체의 부위에 따라서 각기 다른 영향을 주는 원인이다.

예를 들어 심장, 눈, 폐 등을 관통한다면 치명적이다. 탄자가 통과하면서 탄자 주위에 압력이 상승하여 생기는 일시적인 구멍temporary cavity이 있다. 이 구멍은 순간적으로 탄자가 통과하면서 세포조직을 팽창시켰다가 다시 조직의 탄력에 의해 없어진다. 그러나 일시적인 구멍이 생기면서 세포조직을 파괴해서 출혈이나 장기에 심각한 문제를 발생시키게 된다.

지금까지 설명한 총상의 종류와 발생 원인을 요약하면 〈표 2.15〉와 같다.

표 2.15 | 총상의 발생 원인

구 분	발생 원인
직접적 상처	탄자가 세포조직과 충돌하면서 발생
압력충격파	인체는 준-액체(semi-liquid)인 장기와 조직, 고체인 뼈로 구성되어 있음, 인체 가장 큰 피해 요인
일시적 구멍	탄자에 의한 캐비테이션(cavitation)에 의해 발생
영구적 구멍	심각하게 손상된 조직에 의해 발생
상처부위	영구적 상처가 피부까지 확장된 부위

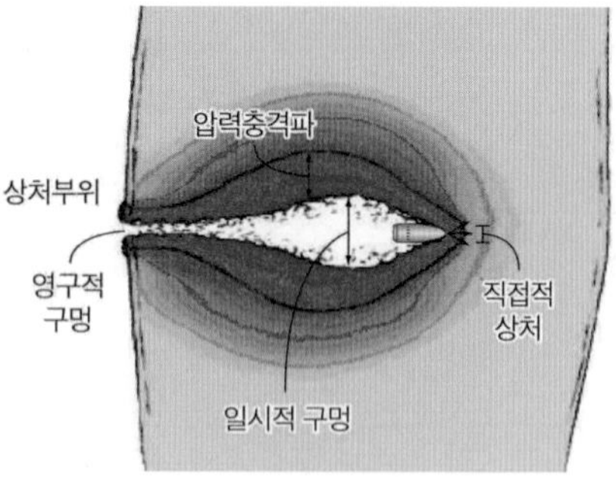

2 총상의 특징

총상은 무기의 종류, 탄약의 종류, 탄자의 속도, 사수와 표적의 거리, 옷이나 방탄복과 같은 탄자가 관통하는 매질의 특성과 총탄을 맞은 신체 부위 등에 따라서 차이가 있다. 특히 인체의 부위에 따라서 차이가 크다. 왜냐하면 인체는 조직에 따라서 각기 다른 밀도와 탄력성을 갖기 때문이다. 따라서 사수는 이를 고려하여 조준점을 선정해야 한다.

예를 들어 인체의 장기와 같이 속이 찬 인체조직은 밀도가 크고 탄성이 작다. 그리고 두개골skull과 같이 유체뇌로 채워져 있는 장기는 탄자에 의해 압력에너지가 전달되면서 손상이 커진다. 반면에 위나 폐와 같이 공기로 채워진 장기는 에너지를 흡수하기 때문에 손상이 작다. 특히 폐허파는 신축성이 뛰어나 선腺세포조직parenchyma으로 되어 있으며, 폐 속에 공기가 있어서 에너지를 잘 흡수한다. 뼈는 완전히 부서질 때까지 저항하면서 탄자의 진행방향을 바꾸기도 한다. 팔과 다리는 60~80% 상처를 입어도 사망하는 확률은 10% 미만이다. 골반을 포함한 복부배는 출혈과 상처에 매우 민감한 부위이다. 특히 창자에 구멍이 나면 12시간에서 24시간 이내에 복막에 염증을 일으켜서 사망하게 된다. 그리고 가슴은 늑골, 심장, 위가 있다. 먼저 늑골의 충격은 주로 폭발에너지에 의해 발생한다. 탄자가 심장과 대혈관을 관통시킨다면 치명적인 사망원인이 될 수 있다.

예를 들어 탄자가 목을 관통하면 호흡기관과 혈관 또는 신경계통에 치명적인 문제를 발생시킬 가능성이 있다. 그리고 머리는 두개골 안쪽에 있는 뇌에 순간적으로 압력을 가해 뇌세포를 파괴하여 생명에 치명적인 영향을 줄 수 있다.

총상은 상처의 입구와 출구가 다르다. 먼저, 입구는 탄자가 변형되지 않은 상태로 최초의 상태로 인체를 뚫고 들어갔기 때문에 상처부위가 작다. 만일 근접하여 사격하면 고온의 추진가스에 의해 피부에 지름이 1~2mm로 변색된 상처가 발생할 것이다. 탄자가 인체를 빠져나오면서 생긴 출구의 상처는 인체의 바깥쪽으로 부풀게 된다. 이는 탄자가 초음속으로 인체를 관통할 때 탄자의 전면에 생긴 압력충격파의 영향을 받기 때문이다.[21]

---

21 https://link.springer.com

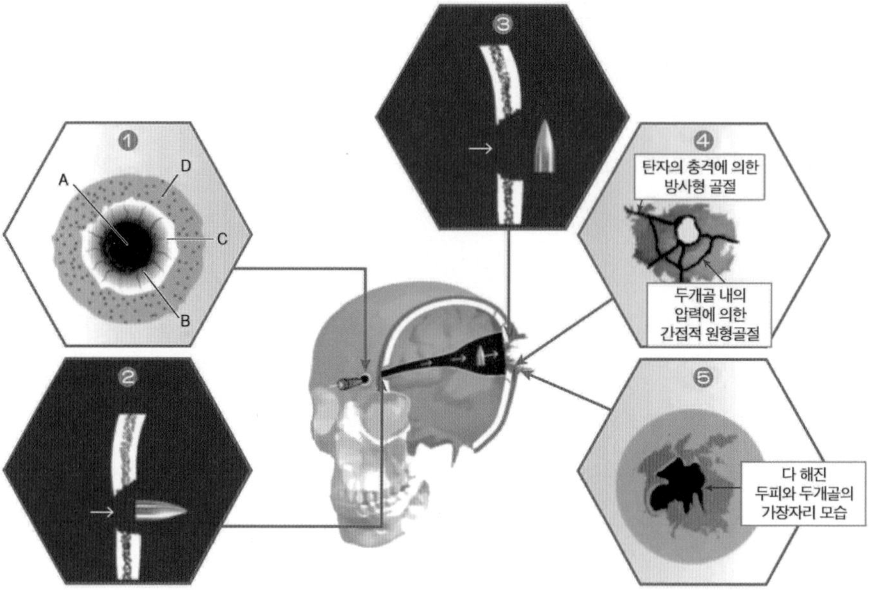

그림 2.64 | 두개골 관통상의 발생과정

끝으로 가장 치명적인 총상인 두개골 관통상에 대해 알아보자. 〈그림 2.64〉는 탄자가 머리를 관통하는 과정을 나타낸 그림이며, 이 과정은 다섯 단계로 구분할 수 있다.

첫 번째, 〈그림 2.64〉의 ❶ A는 탄자가 두피를 통과하면서 피부조직을 파괴한다. 동시에 탄자의 충돌하면서 피부조직을 반지름 방향으로 펴면서 피부를 압축시켜 생긴 상처이다. B는 기름이나 먼지 또는 추진제 연소 잔류물이 묻은 탄체가 두피조직을 통과하면서 마치 빗자루로 쓸어버리듯 두피에 오염된 물질이 묻은 상처이다. C는 탄자가 두피에 충돌하면서 순간적으로 피부를 확장시킨 후 다시 수축하면서 발생한 목걸이 모양의 찰과상abration collar과 반지 모양의 타박상contusion ring이다. D는 탄자가 두피를 통과하면서 발생하는 압축충격파에 의한 반지름 방향의 가속력에 의해 생긴 상처이다.[22]

두 번째, 두피조직을 통과한 탄자는 〈그림 2.64〉 ❷에서 보는 바와 같이 관

22 Peter Mahoney, et al., "Ballistic impacts on an anatomically correct synthetic skull with a surrogate skin/soft tissue layer", *International Journal of Legal Medicine*, Vol. 132, pp. 519 - 530,2018.

통한다. 이때 관통면적은 입구보다 출구가 더 크다. 이는 탄자의 전면에 발생한 충격파에 의해 뼈의 응력이 45도 방향으로 집중되어 후면 파쇄가 일어나기 때문이다. 참고로 후면 파쇄는 제3장에서 자세히 서술하였다.

세 번째, 〈그림 2.64〉 ❸은 두피와 두개골을 관통한 탄자가 뇌를 통과하면서 운동에너지가 감소한 후 다시 두개골에 관통하면서 발생한 총상이다. 만일 탄자의 운동에너지가 적으면 탄자는 텀블링tumbling하면서 두개골에 충돌할 것이다. 하지만 뇌에 의한 압력저항력보다 탄자의 운동에너지가 큰 경우에는 탄자는 직선운동을 하게 된다. 그 결과 관통형상은 〈그림 2.64〉 ❷와 비슷하다.

네 번째, 탄자가 텀블링하면서 두개골에 충격을 가하면서 관통하면 두개골이 〈그림 2.64〉 ❹와 같이 거미줄 모양으로 골절된다. 이때 방사형 골절은 탄자의 충격에 의한 골절이고, 원형 골절은 탄자가 뇌를 통과하면서 순간적으로 생긴 두개골 내부압력에 의해서 일어나는 현상이다.

끝으로 〈그림 2.64〉 ❺는 두피를 관통하면서 두피조직이 해진 모양과 두개골의 가장자리 모양이다.

(5) 소화기의 치명성

소화기의 치명성lethality은 조준 위치, 표적, 무기의 종류, 구경의 크기, 탄약, 사거리에 따라서 좌우된다. 조준 위치는 주로 인체의 신경이 집중된 척추나 머리 그리고 심장을 명중시키면 치명성이 높아진다. 그리고 표적의 크기와 이동속도 및 방향 그리고 방탄조끼와 같은 보호의 착용 여부 등에 따라서 치명성이 차이가 난다. 예를 들어 이라크 전쟁2003년~현재에서 소화기에 의한 교전 거리는 20~30m 이내였다. 특히 100m 이상의 거리에서는 거의 교전이 발생하지 않았으며, 최대 300m 이내에서 교전이 벌어졌다. 이와 같은 사례는 〈그림 2.65〉를 통해서도 쉽게 알 수 있다.[23]

〈그림 2.65〉는 미국에서 통계학적 방법을 이용하여 얻은 교전거리와 표적획

23 Per G. Arvidsson, "Soldier Lethality and Wound Ballistics Soldier Lethality and Wound Ballistics from a Swedish from a Swedish Perspective", NDIA 51st Joint Services Small Arms Symposium, 2005. 5.

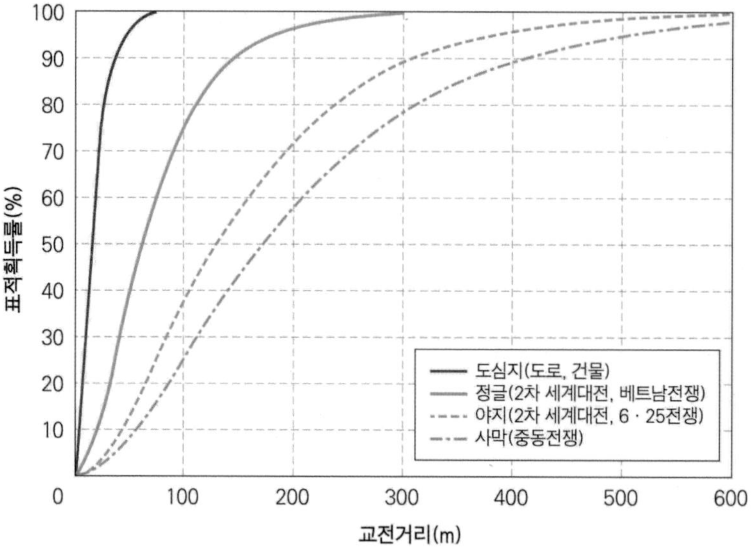

그림 2.65 | 사거리와 표적획득률의 관계

자료: JSSP 통계자료(미국).

득률targets engaged ratio의 관계를 나타낸 그림이다. 그림에서 보는 바와 같이 지형적 특성에 따라서 사거리가 증가하면, 표적획득률은 급격히 증가하다가 일정한 거리에 도달하면, 더 이상 증가하지 않음을 알 수 있다. 이라크 전쟁과 같이 시가전이 많은 전투에서는 약 80%가 25m 이내의 거리에서 소화기를 활용한 교전이 발생하였다. 그러나 2차 세계대전과 한국전쟁 시에는 약 80%가 300m 이내에서 교전이 벌어졌다.

이와 같은 통계에서도 알 수 있듯이 소화기에 의한 교전은 주로 300m 이내에서 발생하였다. 따라서 향후 소화기의 사거리를 연장하는 것보다 명중률과 파괴력을 향상하는 것이 효과가 있다.

연 / 습 / 문 / 제 EXERCISE

1 총과 포의 차이점을 분류기준을 예를 들어 설명하시오.

2 기관총은 경(輕)기관총, 중(中)기관총, 중(重)기관총으로 구분한다. 이들 기관총의 분류기준과 용도를 예를 들어 설명하시오.

3 현대식 소총탄은 크게 탄피, 뇌관, 추진제, 탄자로 구성되어 있다. 이들 구성품의 구조 및 특성에 대해 간단히 설명하시오.

4 소화기 탄약의 추진제 폭발물 연쇄과정을 탄약의 단면도를 그려서 설명하시오.

5 탄자의 종류에 따라서 소총탄은 크게 보통탄, 철갑탄, 예광탄, 소이탄, 훈련탄, 공포탄으로 구분할 수 있다. 이들 탄약의 구조와 그 용도를 간단히 설명하시오.

6 총(포)과 내연기관의 유사성을 열역학적 상태변화과정으로 설명하시오. 그리고 탄자의 이동거리-약실 압력 선도의 밑면적과 총구속도의 관계를 설명하시오.

7 총열의 과열 원인과 그 대책을 예를 들어 설명하시오.

8 신형 소총의 총구속도가 960m/s이고, 탄자가 1회전할 때 15cm만큼 총구로 이동하도록 강선이 파져 있다. 이 총의 탄자의 총구에서의 회전속도는 몇 rpm이나 되겠는가?

9 구경 105mm 곡사포로 사각을 26°로 하여 포탄을 발사시켰다. 만일 포구 속도가 550m/s이었다면 포탄이 최대로 멀리 날아갈 수 있는 거리는 얼마인가?

10 소총의 사격음의 발생과정을 설명하고, 이 소음을 감음시킬 수 있는 방법에 대해 그림을 그려 설명하시오.

11 총상의 발생과정을 설명하시오. 또 탄자의 회전이 총상에 미치는 영향을 설명하시오.

12 미래 소총과 기관총의 개발동향을 설명하시오.

13 소총의 치명성에 미치는 영향요소를 예를 들어 설명하시오.

제3장 대구경 화기

제1절 포의 발전과정

1. 기계식 대포

화약이 발명된 후 포[砲]의 추진제로 사용되기 이전에는 인간의 능력보다 더 멀리 화살이나 탄자를 던지기 위해서 기계식 포를 사용하였다. 그 당시 포는 주로 휘어진 스프링이나 비틀린 밧줄의 복원력 등을 이용하여 화살이나 탄자를 멀리 투발하였다. 이러한 기계식 포는 스프링 노포와 밧줄 투석기, 밧줄 노포, 성곽 투석기로 구분할 수 있다.

최초의 기계식 대포인 스프링 노포[弩砲]는 이미 고대 로마시대부터 사용하였다. 이 포는 〈그림 3.1〉에서 보는 바와 같이 1개 또는 2개 이상의 나무[또는 뿔이나 가죽 등의 복합소재]로 만든 판형 스프링과 이 스프링을 휘게 하려고 목재로 만든 톱니바퀴 그리고 화살을 거치시킬 수 있는 발사대로 구성되어 있다. 이 대포는 사람이 목재로 만든 톱니바퀴를 회전시켜 스프링을 휘게 함으로써 스프링에 에너지를 저장시킨 후, 순간적으로 스프링을 원래대로 복원시킬 때 발생하는 복원에너지를 이용하여 대형화살을 투척하는 무기이다. 이 포는 사람의 근력만 이용하는 활과는 비교할 수 없을 정도이며, 85g의 화살을 150m 이상이나 투척할 수 있었다. 이러한 장점 때문에 러시아군은 1차 세계대전에서 용수철 노포의 원리를 적용한

그림 3.1 | 스프링 노포

그림 3.2 | 수류탄 투척기(1915)

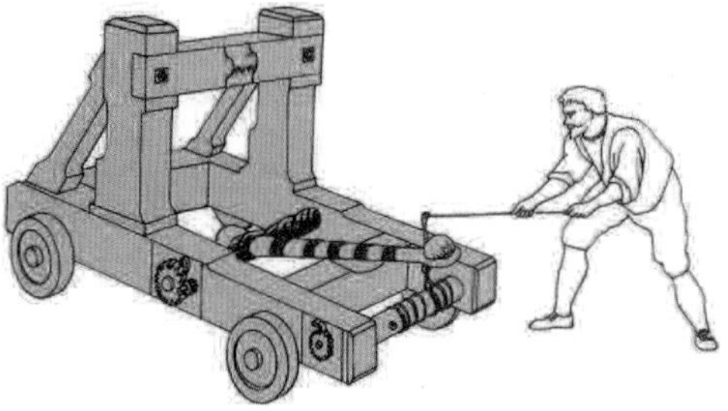

그림 3.3 | 밧줄 투석기

수류탄 투척기[그림 3.2]를 개발하여 독일군의 참호를 공격할 때 사용하였다.

고대 로마 시대에 사용되었던 밧줄 투석기[投石器]는 밧줄을 비틀었을 때 생기는 탄성력으로 돌을 멀리까지 투척하는 무기이다. 이 포는 〈그림 3.3〉에서 보는 바와 같이 밧줄 중앙에 투석기 몸체의 양쪽에 고정한 밧줄에 주걱 형태의 투석막대기가 꽂혀 있는 구조로 되어 있다. 그리고 발사 시에 사람이 투석막대기를 눕혀서 고정한 후, 투석막대기를 고정하였던 끈을 순간적으로 풀게 되면 밧줄의 탄성력에 의해 투석막대기가 회전하면서 주걱에 얹어놓은 돌[5~23kg]이 350m 정도 날아갈 수 있게 되어 있다.

역시 밧줄 투석기와 같은 원리로 화살을 발사시키도록 고안된 밧줄 노포가 있다. 이 포는 〈그림 3.4〉에서 보는 바와 같이 밧줄 노포와 거의 같은 원리로 작동된다. 밧줄 노포는 2개의 밧줄로 탄성력을 얻기 때문에 1~5kg의 무게를 갖는 화살을 270~400m 정도 투척이 가능하였다.

13세기 중반까지 사용되었던 성곽 투석기는 〈그림 3.5〉에서 보는 바와 같이 지렛대의 원리를 이용하여 돌을 멀리까지 발사시키는 무기이다. 이 투석기는 회전축을 중심으로 길이가 긴 투석 막대기의 줄에 돌을 묶은 후, 그 반대편에 무거

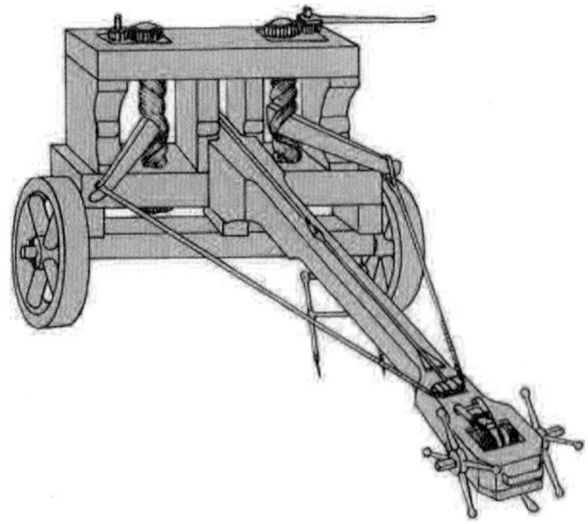

그림 3.4 | 밧줄 노포

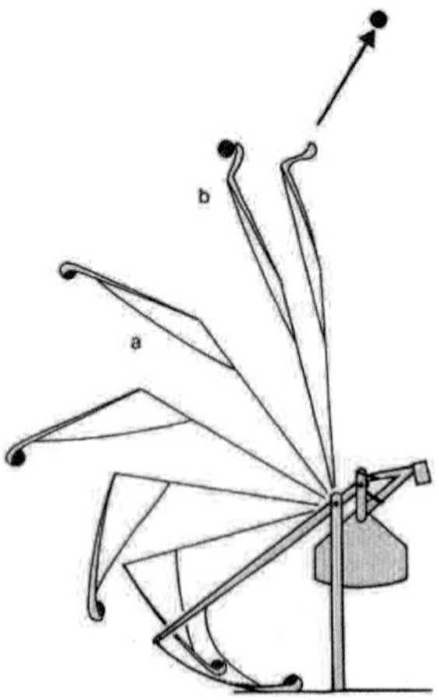

그림 3.5 | 성곽 투석기

표 3.1 | 주요 기계식 대포의 제원

종 류	동력원	탄자(kg)	사거리(m)	비 고
스프링 노포(弩砲)	스프링	화살(85g)	150	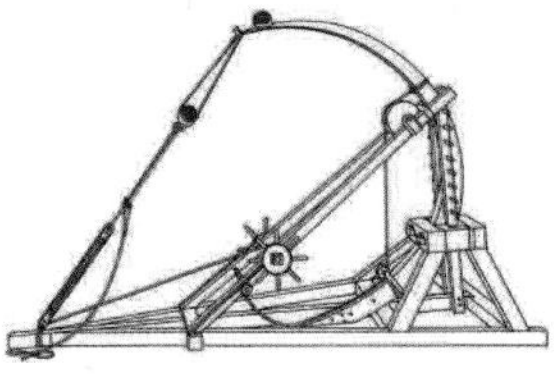
밧줄 투석기(投石器)	비틀림 밧줄, 1개	돌(5~23)	350	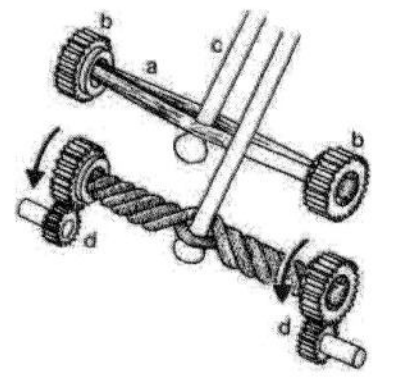
밧줄 노포 (ballista)	비틀림 밧줄, 2개	화살(1~5)	270~400	로마시대(AD 101~107)
성곽 투석기 (trebuchet)	평형 지렛대	돌(140)	280	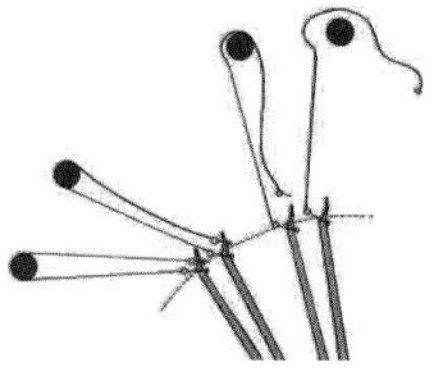

운 추가 중력에 의해 시계방향으로 움직여서 투석 막대기를 순간적으로 빠르게 회전시킬 때 생기는 회전모멘트를 이용하여 돌을 발사시킨다. 이 때문에 포를 대형화시킬 수 있었다. 그 결과 당시에는 주로 성곽의 문이나 성벽을 무너뜨리는 데 사용하였으며, 약 140kg의 돌을 280m나 발사시킬 수 있을 정도로 그 위력이 컸다.

지금까지 살펴본 기계식 대포에 대한 제원을 비교해보면, 〈표 3.1〉과 같다.

2. 화약식 대포

화약은 최초 7세기경 중국에서 흑색화약이 발명되었으며, 1242년에 영국의 로저 베이컨Roger Bacon이 그 화학적 조성을 기록하였다. 19세기 후반 다이너마이트와 무연화약이 발명되기 전까지 흑색화약은 거의 유일한 화약으로 사용되었

표 3.2 | 발사방식에 따른 포신의 종류

구 분		구조 및 원리	적용 사례
폐쇄기형 포신		• 포신 속에 탄자를 밀어 넣고 추진제를 장입한 후, 폐쇄기로 폐쇄시킨 상태에서 발사시키는 방식 • 장점: 추진제의 에너지 이용도가 높음 • 단점: 반동력이 큼	야포, 전차포 등
마개형 포신		• 포신 속에 추진제를 장입한 후 마개 모양의 탄자를 포구에 끼워 놓은 상태에서 발사시키는 방식 • 단점: 탄자가 길고 구조가 복잡, 추진제의 에너지 이용도 낮음	거의 없음
무반동형 포신		• 폐쇄기 대신에 포신 후미에 추진가스가 누출될 수 있도록 노즐이 있음 • 장점: 반동력이 거의 없음 • 단점: 추진제의 에너지 이용도가 낮음	무반동총

다. 그 후 다양한 화약이 개발되면서 화약을 추진제로 사용하는 화포도 꾸준히 발전을 거듭하였다.

화포의 포신은 화약의 폭발력으로 탄자를 빠르게 가속하여 인간의 힘으로써는 도저히 도달할 수 없는 먼 거리까지 도달하도록 하는 발사체이다. 탄자의 발사방식에 따라 포신은 〈표 3.2〉와 같이 폐쇄기형, 마개형, 무반동형으로 구분할 수 있다. 〈표 3.2〉에서 보는 바와 같이 포신의 유형에 따라서 각각 장단점이 있다. 오늘날 사용하고 있는 야포에는 폐쇄기형 포신을 적용하고 있으며, 대전차무기는 무반동형 포신을 사용하고 있다.

화포는 강선의 유무에 따라서 강선포와 활강포로 구분할 수 있으며, 탄약의 장전방식에 따라서 포구 장전식과 포미 장전식으로도 구분할 수 있다. 이들 화포의 구조 및 원리와 장단점은 〈표 3.3〉과 같다. 참고로 현대 화포는 주로 곡사포는 강선식이고, 구경 120mm급 이상의 직사포는 활강식을 채택하고 있다.

표 3.3 | **화포의 분류**

구분 요소	종 류		구조 및 원리	적용 사례
강선의 유무	활강포		• 강선이 없는 원통형 포신에서 탄자를 가속시킨 후 탄자에 있는 날개로 비행안정성을 유지하는 방식 • 장점: 강선포신보다 포신이 얇아서 대구경 전차포와 같은 고속탄자에 적합 • 단점: 비행 시에 안정화를 위한 탄자날개 필요함	전차포 (구경 120mm, 130mm 등)
	강선포		• 포신 내벽에 강선(나선형 홈)이 있어서 탄자를 회전시켜서 포구를 이탈한 탄자를 회전관성력에 의해 비행안정성을 유지하는 방식(1858년 프랑스에서 최초 개발) • 장점 : 탄자의 길이를 길게 할 수 있음 • 단점 : 포신제작이 어렵고 두께가 강선포신보다 동일한 재질과 구경일 경우에 두꺼움	곡사포 (구경 105mm, 155mm 등) 전차포 (구경 90mm, 105mm 등)
탄약의 장전방식	포구(砲口) 장전식 포		• 탄약을 포구에서 약실 쪽으로 장전시키는 방식 • 장점: 포신의 구조가 단순하며 제작비가 저렴함 • 단점: 장전속도 느림, 함포는 포신을 회전시켜야 장전이 가능함, 장전 시에 탄자와 포신 내벽 사이에 유격이 있어야 함	박격포 (구경 60mm, 81mm, 4.2인치 등)
	포미(砲尾) 장전식 포		• 포미에서 탄약을 장전하는 방식(1870년 프랑스에서 최초 개발) • 장점: 장전속도가 빠르고 편리하며 자동장전시스템 적용이 용이함 • 단점: 포미부의 구조가 복잡함	곡사포, 전차포, 대공포, 포탑형 자주박격포

제2절 화포의 분류

1. 탄도에 따른 분류

화포는 탄도의 평탄도에 따라서 〈그림 3.6〉과 같이 직사포, 평사포, 곡사포, 박격포로 분류된다. 특히 포는 표적의 위치와 형상 그리고 그 특성에 따라서 탄착각을 다르게 해야 효과적이다. 따라서 표적의 특성에 따라서 각기 다른 화포를 선택하여 사용하고 있다. 예를 들어 전차포와 같은 직사포는 거의 직선에 가까운 탄도이다. 그리하여 탄착각은 최대한 90°에 근접하도록 하여 관통 효과를 극대화해야 한다. 따라서 직사포는 포구 속도를 650m/s 이상으로 설계함으로써 유효사거리 이내에서 직선 탄도를 유지할 필요가 있다.

곡사포는 포신 길이가 구경의 22~30배구경장 정도이고, 직사포보다 포구 속도가 비교적 느리며 탄도가 높다. 이 때문에 장애물에 의해 엄폐covering된 표적을 타격하는 데 주로 사용한다. 박격포는 가볍게 만든 곡사포인데, 같은 구경을 갖는 곡사포에 비해 무게가 10% 정도이고, 사각은 45~85°로 고각사격이 가능하며, 구경장이 20 정도로 구경의 크기에 비해 포신 길이가 짧다.

박격포는 대부분 주퇴장치가 없으며, 포신의 길이에 비해 구경이 커서 탄저 단면적이 크기 때문에 다른 화포에 비해 약실 내 추진가스 압력을 낮출 수 있다. 그 결과 포신의 두께를 얇게 할 수 있을 뿐만 아니라 포신길이를 더 짧게 할 수 있어서 다른 화포에 비해 포신의 무게와 크기를 더 작게 할 수 있다. 이러한 장점

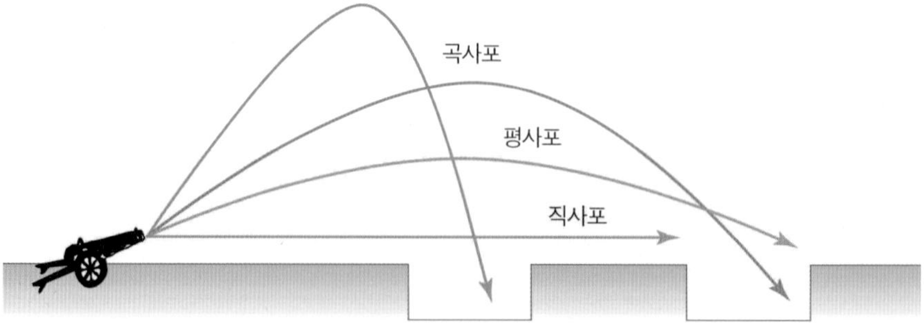

표 3.4 | 포의 탄도에 따른 분류 기준과 특성

분류 기준	직사포	곡사포	박격포
탄 도	거의 직선	포물선 형태	45~85°
구경장	30 이상	20~30	10~20
장단점	직접사격, 정밀사격, 저각사격	간접사격, 장거리 표적	소형, 경량, 고각사격 가능, 포구 장전식
적용 사례	전차포	155mm 곡사포, 8inch 곡사포	81mm박격포, 4.2inch 박격포

때문에 오늘날에도 박격포는 널리 사용되고 있다. 특히 종래의 휴대용 박격포 위주에서 대구경 자주박격포 위주로 변화하고 있다.

한편 직사포나 곡사포와 박격포의 혼합형인 평사포가 있다. 이 포는 저低탄도flat trajectory를 갖고 있다. 일반적으로 평사포는 포구 장전식으로 되어 있는 박격포의 단점을 보완하여 포미砲尾 장전식을 채택함으로써 높은 사격속도를 갖는다.

끝으로 탄도에 따른 포의 분류기준과 그 특성을 비교하면 〈표 3.4〉와 같다.

2. 구경의 크기에 따른 분류

〈표 3.5〉에서 보는 바와 같이 포는 구경의 크기에 따라서 76mm 이하이면 경포輕砲, light class, 구경 76~130mm 직사포와 구경 76~155mm의 곡사포는 중포中砲, medium class라 하고, 구경 130mm 이상의 직사포나 구경 155mm 이상의 곡사포 그리고 로켓 발사체는 중포重砲, heavy class로 분류할 수 있다.

그러나 예외적으로 대공포는 구경 70mm까지는 경대공포, 구경 70~100mm를 중대공포, 구경 100mm 이상을 대공포로 분류할 수 있다.

표 3.5 | 구경에 따른 포의 분류기준

분류 기준	구 분	경포(輕砲)	중포(中砲)	중포(重砲)
구경(mm, d)	화포	d 〈 76	76 ≤ d 〈 130	130 〈 d
	대공포	d 〈 70	70 ≤ d 〈 100	100 〈 d

제3절 포신의 제작

1. 포신 두께에 미치는 영향

화포의 사거리를 연장하려면 약실 압력을 높이거나 포신의 길이를 증가시켜야 한다. 또는 탄자의 형상을 개선하여 공기저항을 감소시키는 방법도 있다. 이들 방법 중에서 약실의 압력을 증가시켜 사거리를 연장하려면 포신 벽의 두께를 증가시켜야 한다. 그 결과 포신이 무거워져 기동성과 생존능력이 감소하게 될 것이다. 최근에는 포신을 자긴가공autofrettage processes이라는 특수가공법으로 제작함으로써 이러한 문제점을 해결하였다. 그 결과 일반 포신보다 포신의 벽을 약 1/2로 얇게 만들 수 있게 되었다. 또한, 포신의 무게를 감소시키기 위해서 포신 벽의 두께를 〈그림 3.7〉과 같이 탄자의 이동거리에 따른 포신 내부에 작용하는 최대압력에 견딜 수 있도록 비균일한 두께로 제작하기도 한다. 그리고 화포가 기동할 때 발생하는 진동, 굽힘 그리고 복사열 등에 의한 변형을 최소화할 수 있도록 설계하는 것이 좋다.

포신 길이는 약실에서 연소하는 추진가스의 압력을 얼마나 사용할 것인가에 크게 좌우된다. 그리고 현재 사용하고 있는 탄약과 신형탄약을 모두 사용하는 것이 유리하다. 이 때문에 현재 사용하고 있는 화포와 같은 구경을 채택하는 대신에 약실 압력을 증가시키고, 포신을 길게 하여 약실 내의 가스압력을 최대한

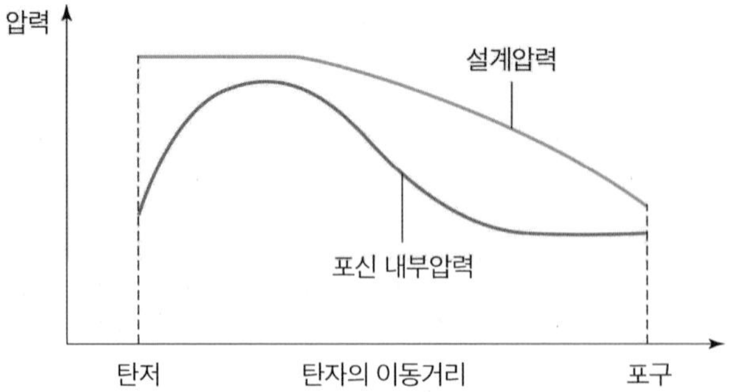

그림 3.7 | 탄자의 이동거리와 약실 압력 관계

이용하는 방법을 사용하고 있다.

따라서 기존의 일반 탄약을 신형화포에서 사용하면 추진가스의 에너지이용도가 더 높아서 기존 화포보다 사거리가 더 길다. 그러나 추진가스의 에너지이용도만 고려하여 포신을 길게 한다면, 야지 이동이나 수송 또는 보관 그리고 경제성에 나쁜 영향을 초래할 수 있다. 따라서 이들 여러 가지 요소를 고려하여 최적 설계가 필요하다.

2. 포신의 재료

포신은 추진가스의 압력으로 탄자를 가속하기 위한 화포의 중요한 구성품이다. 포신은 순간적으로 탄이 발사되면서 추진가스에 의한 압축응력을 받는다. 따라서 이 응력에 견딜 수 있는 충분한 두께로 설계되어야 한다. 그리고 탄자와 포신 내벽과의 마찰 그리고 포신의 굽힘 및 비틀림 응력 등의 기계적 요인과 고온고압의 추진가스에 의한 화학적 요인에 견딜 수 있도록 설계되어야 한다.

포신에 사용되는 재료는 높은 강도와 인성[toughness] 그리고 내마모성이 있어야 한다. 또한, 포신의 재료는 기계 가공성이 좋으면서도 적당한 경도를 유지할 수 있어야 한다.

실제 대부분의 포신은 높은 피로 강도와 균질하면서 결함이 없는 물리적 특성이 요구된다. 이 때문에 오늘날 사용되고 있는 포신은 통상 2회 이상 용융시켜 만든 특수합금강[탄소강(0.3% 탄소)+니켈(3% 이하)+크롬(1%)+몰리브덴(0.7%)+바나듐(0.2%)]으로 제작한다. 그리고 특수합금강은 로크웰 경도가 약 32~36HRc인 연한 재질이기 때문에 기계 가공 후 열처리나 표면처리 등과 같은 방법으로 후처리가 필요하다.

3. 포신의 제작과정

포신은 〈표 3.6〉과 같이 먼저 형상제작을 한 후 각각 열처리, 예압처리, 절삭 및 냉간 가공, 표면처리 순으로 제작하게 된다. 이 과정을 자세히 알아보면 다음과 같다.

표 3.6 | 포신의 제작과정

제작과정	주요 방법	작업 목적
① 형상 제작	일반주조법, 원심주조법, 특수주조법, 특수용접법	포신의 형상 제작
② 열처리	불림, 담금질, 뜨임	재료의 강도, 경도, 인성, 내충격성, 균질성 등 향상
③ 예압처리	밴드사용법, 끼워맞춤법, 자긴가공법	압축강도를 향상시켜 포신 경량화
④ 절삭/냉간 가공	내경(보링작업) 및 강선가공, 외경 가공(선반작업)	내경가공, 강선가공(활강포는 생략), 외경가공
⑤ 표면처리	질화법, 크롬도금법, 라이닝삽입법	포신 내벽의 내마멸성, 내부식성 향상

① 포신의 형상 제작은 포신 재료를 용융시켜 원통형 포신형상으로 주조하거나 판형 소재를 특수용접법을 이용하여 포신형상으로 제작하는 단계이다.

② 제작된 포신은 포신 재료의 특성을 향상하려고 열처리를 하게 된다. 포신의 열처리 방법은 포신의 조직을 균일하게 할 수 있는 불림normalizing과 경도를 높이기 위한 담금질quenching 그리고 내충격이나 인성을 향상하기 위한 뜨임tempering 열처리 방법이 있다.

③ 포신의 두께를 얇게 하기 위한 예압처리를 하는 단계이다. 이 과정은 포신의 내압 강도를 증가시킴으로써 포신을 가볍게 하기 위한 가공단계이며, 주로 자긴가공법을 많이 사용한다.

④ 절삭 및 냉간 가공 단계이다. 이 과정은 예압처리된 포신 내의 최종 설계 형상대로 안지름 또는 바깥지름을 가공하는 단계이다.

⑤ 최종 가공단계인 표면처리 단계이다. 이 과정은 포신 내벽을 탄자에 의한 마찰과 고온 추진가스의 열에 견딜 수 있도록 표면처리를 하는 과정이다.

(1) 일반주조법

포신은 19세기 전반까지 철이나 황동구리+아연 또는 청동구리+주석을 사용한 일반주조법으로 제작하였다. 이 주조법은 포신을 제작하기 쉬웠으나 높은 압력을 견딜 수 없었다. 이 때문에 포신을 두껍게 제작해야 했으며 길이가 짧은 포신만 제작할 수 있었다. 그리고 포신의 정밀도가 낮아서 포신의 수명이 짧고 명중도가 낮았다.

(2) 원심주조법

20세기 초에 개발된 원심주조법은 〈그림 3.8〉에서 보는 바와 같이 원통형 주형을 모터를 이용하여 약 900~1,800rpm 회전시키면서 용융금속을 주입하면, 주입된 용융금속이 원심력에 의해 주형의 안쪽 벽에 일정한 두께로 응고시켜 중공관中空管 모양의 포신을 제작하는 방법이다. 이때 주물은 실제의 포신의 구멍보다 약간 작게 만든다. 왜냐하면, 용융금속이 응고되면서 원심력에 의해 불순물이 중심방향으로 모이며, 불순물이 응고된 부분은 기계 가공으로 제거해야 하기 때문이다.[1]

참고로 원심주조법의 장단점은 〈표 3.7〉과 같다. 이렇게 만들어진 주물은 재료의 조직을 균질화하기 위한 불림, 경도를 증가시키기 위한 담금질, 내충격성을 높이기 위한 뜨임 등의 후처리를 하여 포신구경 90~155mm을 완성한다.

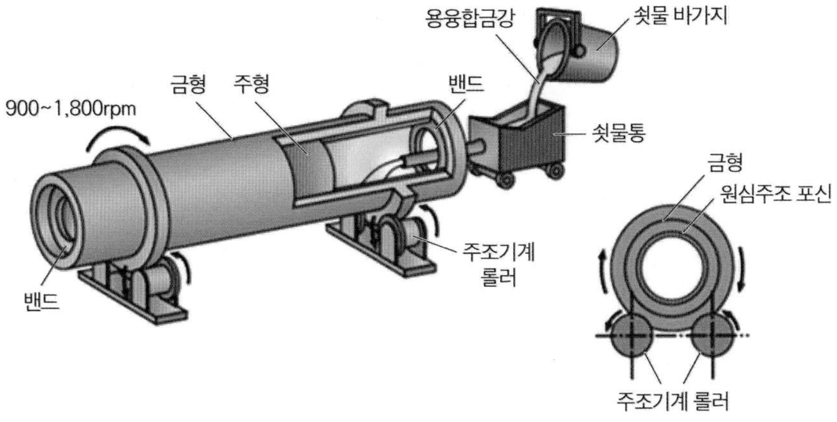

그림 3.8 | 원심주조법에 의한 포신 제작

1 F. Trieb, et al., "AUtofrettage - Basic Information And Practical Application On Components For Water Jet Cutting," JTA American Water jet Conference, 2005. 8.

표 3.7 | 원심주조법의 장점과 단점

장 점	단 점
• 주형 제작 시 코어(core)가 필요 없기 때문에 포신과 같이 길이가 긴 파이프형상 제작에 적합하다. • 큰 원심력의 작용 하에서 재료가 응고하기 때문에 금속조직이 치밀하고 강도가 크다. • 주조 후 기포(氣泡)가 거의 발생하지 않는다. • 응고 중 수축을 억제하는 것이 없기 때문에 잔류응력이 거의 없다.	• 주형을 회전시키기 위한 별도의 장치가 필요하다. • 주물의 내측부에 불순물이 포함되기 쉽기 때문에 후처리 가공이 필요하다.

(3) 예압처리

1 자긴가공법

화포는 사격 시에 추진가스 압력이 작용하여 포신의 원주 방향으로 인장 응력을 유발한다. 따라서 포신은 이 응력에 견딜 수 있도록 제작해야 한다. 이때 포신의 인장강도를 증가시키는 방법인 자긴가공법autofrettage process method을 활용한다.

예를 들어 포신과 비슷한 모양을 갖는 재료를 사용한 자긴가공법의 원리를 살펴보면 다음과 같다. 먼저 〈그림 3.9〉 ❶에서 보는 바와 같이 내압 P_i를 가해서 내벽에는 소성변형을 발생시키고, 외부에는 탄성변형을 가해 그림 ❷와 같이 항복응력과 탄성응력을 가한다. 그다음 내압을 제거하면 그림 ❸과 같이, 포신 내부에 잔류응력을 형성시켜 내압 강도를 높이는 방법이다.

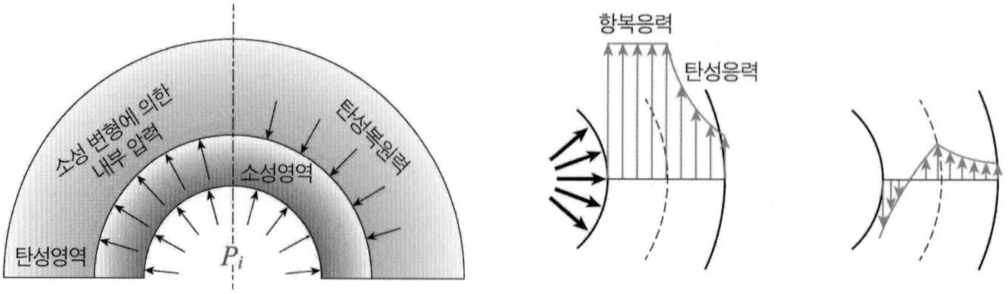

❶ 자긴가공 시 내부 압력과 변형 영역
❷ 내부 압력에 작용 시 응력 분포
❸ 자긴가공 후 잔류응력 분포

그림 3.9 | 포신의 자긴가공의 원리

그림 3.10 | 자긴가공한 포신의 응력 분포

자긴가공한 포신은 사격 시 추진가스 압력에 의해 높은 내부 압력에 의해 인장응력이 가해지는데 그 분포는 〈그림 3.10〉 ❶과 같다. 하지만 자긴가공에 의해 확보된 압축 잔류응력그림 3.9 ❸이 확보된 포신은 실제 작용하는 응력은 〈그림 3.10〉 ❷와 같이 내부와 외부에 응력이 비슷하게 작용한다. 즉 실제 포신에 가해지는 인장 응력이 낮아서 포신의 내압 강도와 피로 수명이 좋아지게 되는 것이다.

한편 실제 포신의 자긴가공의 방법을 살펴보면 다음과 같다. 먼저 포신을 가열하지 않은 상태에서 포신 내부에 탄성한계까지 유압을 작용시켜 팽창하게 한다. 이때 포신 외부에 후프hoop나 재킷jacket을 사용하여 포신의 중심방향으로 압축응력을 작용시킨다. 이와 같은 가공을 하게 되면 총열이나 포신은 내압 강도

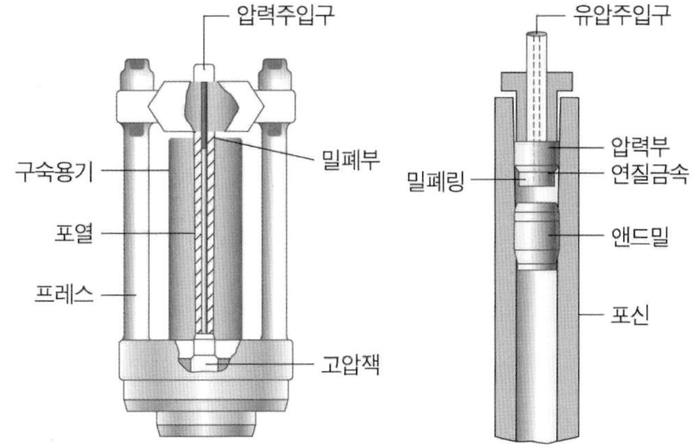

그림 3.11 | 개방단식(왼쪽)과 스웨이징(오른쪽) 자긴가공법

가 크게 높아지게 만든다. 참고로 소구경 총열은 이 가공법으로 약 1.75배 이상 최대작용 압력을 증가시킬 수 있다.

2 끼워맞춤법

끼워맞춤법shrinkagefitting은 높은 압력을 받는 약실의 외부에 라이너를 끼워 맞춤으로써 포신의 중심방향으로 압축응력을 발생시켜 내압강도를 높일 수 있다.

이 방법은 재킷의 안지름을 포신의 바깥지름보다 약간 작게 제작한 후, 재킷jacket에 유도전류를 인가시켜 발생된 열로 가열시켜 재킷을 팽창시킨 후 포신의 외부에 맞게 끼운다. 포신이 냉각되면 재킷이 포신을 압축시키게 된다. 그 결과 포신 내면에 내압 강도를 향상하여 더 높은 추진가스 압력에 견딜 수 있다. 이 방법은 주로 6~8inch 포, 280mm 포 등에 적용하고 있다.

3 압축띠사용법

압축띠사용법은 포신의 길이가 짧은 포신에 주로 적용하고 있다. 이 방법은 로켓 발사기의 최대압력이 작용하는 포신 부위에 띠를 감아서 포신이 원주 방향으로 팽창하는 것을 방지하는 데 적합하다.

(4) 열처리와 표면처리

포신은 포강 내벽과 탄자와의 마찰로 인하여 마모되기 쉽다. 그러나 포신은 내마모성이 커야 해서 특별한 방법으로 제작해야 한다. 예를 들어 질화법과 표면처리법 그리고 라이너 사용법이 있다.

질화법은 포신형상으로 가공된 재료를 어떤 용기 속에 넣은 후 밀폐시킨다. 그리고 이 용기 속에 질소가스를 주입한 상태에서 고주파 유도열을 이용하여 500~550℃ 가열시킨 후 물이나 기름으로 급격히 냉각시키면, 표면은 경화가 되지만 내부는 열처리 전의 상태를 그대로 유지할 수 있다. 그 결과 포신의 표면 경도가 약 64HRc 정도로 매우 단단해져서 내마모성이 크게 향상하게 되는 것이다.

표면처리법은 포신 내벽을 공업용 크롬도금을 하여 내마모성을 높이는 방법이다. 이 방법은 대구경 화기뿐만 아니라 소구경 총열에도 많이 적용하고 있으며, 공업용 크롬도금 또는 라이너 등이 있다.

라이너사용법은 엔진의 실린더 라이너와 같이 포신 내부에 높은 니켈 또는 망간합금으로 만든 내마멸성 라이너를 삽입하는 방법이다. 이 방법은 포신이 마모되어도 라이너만 교체하면 계속 사용할 수 있다. 이러한 장점 때문에 주로 기관총 총열을 제작할 때 많이 적용하고 있다.

제4절 강내탄도학

강내탄도학은 추진제의 연소로 발생한 추진가스의 힘을 받는 동안 강내腔內에서 움직이는 탄자의 운동 특성을 연구하는 응용역학의 한 분야이다. 강내탄도학에서는 추진제, 추진가스에 의한 탄자의 운동에 미치는 영향, 추진가스의 효율적인 에너지변환방법 등에 관한 연구를 하고 있다.

1. 주요 명칭

화포의 주요 명칭은 〈그림 3.12〉와 같으며, 이를 구체적으로 살펴보면 〈표 3.8〉과 같다. 소총과 같이 구경을 강선포는 강선등과 강선등 사이의 거리, 활강포는 포신의 안지름의 크기라고 정의하고 있다.[2]

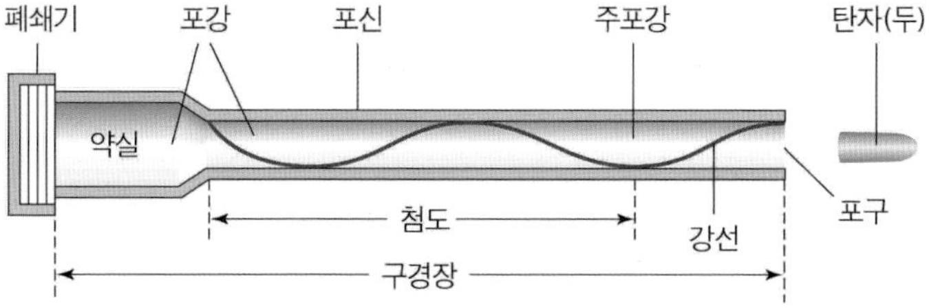

그림 3.12 | 화포의 주요 명칭

2 육군종합군수학교 출판부, 《화포학》(제2판), 육군종합군수학교, 2005.

표 3.8 | 화포의 주요 명칭

주요 명칭	정 의
구경장 (캘리버)	구경의 크기로서 포신길이를 표시할 경우에 사용하는 용어 예) 52구경장 155mm 화포의 포신길이는 8.06m (= 0.155m × 52)임
약 실	고정식 탄약은 탄피와 추진제가 차지하는 공간이고, 분리장전식 탄약은 추진제를 넣을 수 있는 포강의 일부분을 뜻함
포 강	약실로부터 포구까지의 원통형 내부 공간
주포강	약실을 제외한 포강(강선포는 강선이 파인 포강)
첨 도	강선이 1회전한 직선거리

2. 강내에서 추진가스의 작용

(1) 추진가스의 압력과 탄자 속도

탄자는 순간적으로 작용하는 추진가스의 압력에 의해 가속된다. 이때 작용하는 추진가스 압력을 약실에서 측정해보면, 〈그림 3.13〉과 같은 선도를 그릴 수 있다. 그림에서 약실 압력^{p}은 시간^{t}이 경과함에 따라서 압력이 초기에는 급격히 상승하다가 최고 압력^{Pmax}에 도달한 후 급격히 감소하는 현상이 나타난다. 이때 화포의 약실 압력^{p}–탄자 이동거리^{x}곡선은 소화기의 $p-x$곡선과 상사성similarity이 있다. 단, 소화기는 추진가스의 최대압력이 화포인 경우보다 더 일찍

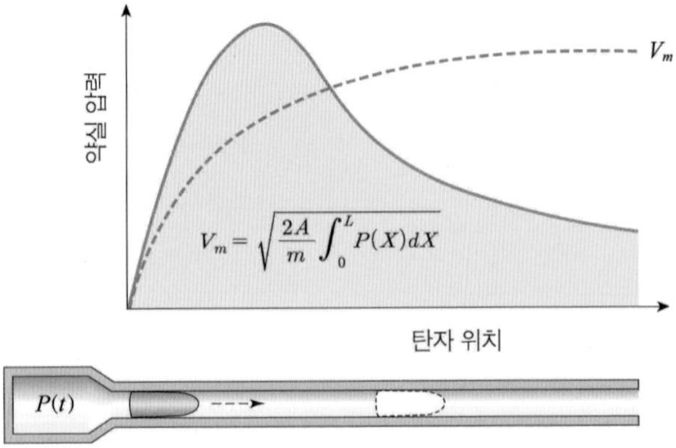

그림 3.13 | 추진가스 압력과 탄자 속도의 관계

도달한다. 왜냐하면, 포탄보다 소화기 탄자가 가볍기 때문이다.

이러한 약실 압력-탄자 이동거리 곡선의 밑면적과 포구 속도 V_m의 관계를 나타내면 식 [3-1]과 같이 된다. 여기서 m은 탄자 질량, A는 탄저 단면적, L은 탄자 이동거리이다.

$$V_m = \sqrt{\frac{2A}{m}\int_0^L p(X)dx} \quad \cdots\cdots [3\text{-}1]$$

식 [3-1]에서 살펴본 바와 같이, 탄자 속도는 $p-x$곡선의 밑면적이 넓은 경우 V_m을 크게 할 수 있다. 이 곡선은 포신 두께를 결정하는 데 중요하다. 참고로 $p-x$곡선을 결정할 수 있는 주요 영향요소는 추진제의 성분, 형태, 크기이다.

(2) 화포와 가솔린 엔진의 유사성

화포는 구조적인 측면은 물론이고, 작동과정이 가솔린 엔진과 매우 유사하다. 따라서 화포와 엔진을 살펴보면 〈그림 3.14〉와 같다. 먼저 구조적 측면에서 엔진과 화포를 비교해보면, 엔진에서 실린더는 화포의 포신, 피스톤은 탄자, 피스톤의 압축링은 회전대, 점화플러그는 뇌관과 비슷하다. 따라서 이들 기계는 그 작동과정이 매우 유사하다. 즉, 엔진은 공기-연료 혼합물이 연소할 때 생기는 다량의 연소가스 압력에 의해 피스톤을 구동시킨다. 반면에 화포는 추진제가 연소하면서 생긴 다량의 추진가스 압력에 의해 탄자를 가속하여 발사하는 방식이다.

가솔린 엔진은 〈그림 3.14〉 ❶과 같이 크게 압축, 폭발/팽창, 배기, 흡입의 네 가지 과정을 끊임없이 순환하면서 작동한다. 이들 작동과정을 살펴보면 다음과 같다.

첫째, 피스톤이 하사점Bottom Dead Center에서 상사점Top Dead Center 쪽으로 움직이면서 밀폐된 연소실에 있는 공기-연료 혼합물을 순간적으로 압축하여 상태 ⓓ가 된다. 이 압축과정은 매우 짧은 시간에 일어나기 때문에 이상기체의 상태

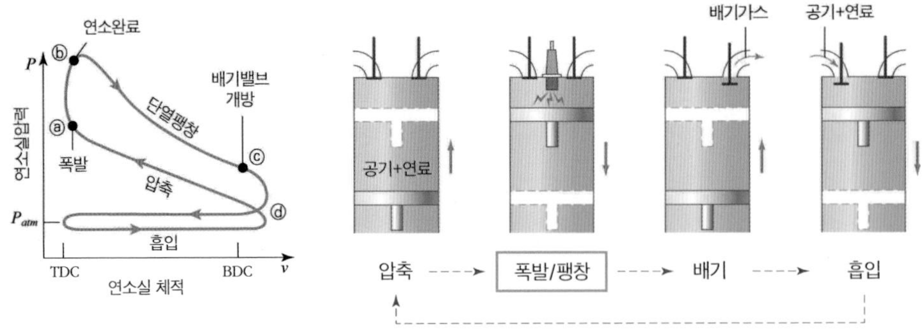

❶ 가솔린 엔진

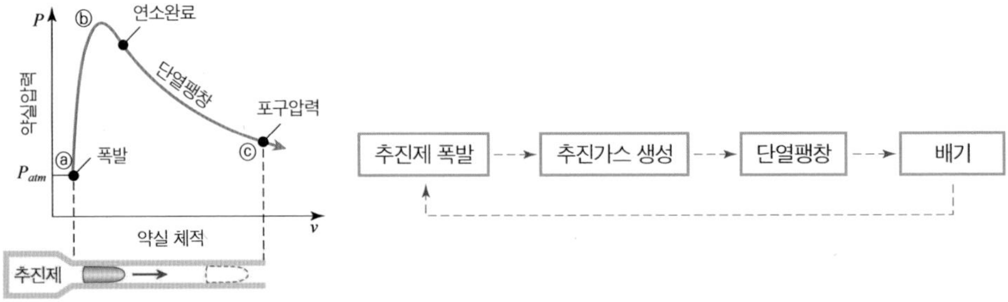

❷ 포(총)

그림 3.14 | 가솔린 엔진과 화포의 유사성 비교

변화 중에서 단열 압축과정과 비슷한 현상이다[상태 ⓓ→상태 ⓐ].

둘째, 상태 ⓐ의 공기-연료 혼합물은 점화플러그에 의해 점화되어 폭발하게 된다. 그 결과 공기-연료 혼합물이 상태 ⓐ에서 상태 ⓑ가 되면서 연소실의 압력과 온도를 급격히 상승시킨다. 이 때문에 연소가스 압력에 의해 피스톤은 상사점에서 하사점으로 움직이면서 급격히 팽창해 상태 ⓒ가 된다. 이 과정을 폭발/팽창과정[상태 ⓐ→상태 ⓑ→상태 ⓒ]이라 한다. 이때 폭발과정은 체적이 일정한 상태로 압력이 상승하는 등적과정, 그리고 압축과정은 단열압축 과정과 거의 비슷하다.

셋째, 배기가스가 팽창된 후 온도와 압력이 떨어진 상태 ⓒ에 도달하기 직전에 배기밸브를 개방시키면 연소실의 압력은 급격히 감소한다. 이 과정을 배기과정[상태 ⓒ→상태 ⓓ]이라 부르고 있다.

넷째, 배기가 완료된 후, 흡기밸브는 열리고 배기밸브는 다시 닫힌다. 동시에 피스톤이 상사점에서 하사점으로 움직이면서 연소실 내 압력이 대기압보다 낮아지면서 공기-연료 혼합물이 연소실로 유입된다. 이 과정을 흡입과정이라[상태ⓓ→상태ⓐ] 하며, 엔진은 이들 네 가지 과정을 반복하면서 작동하게 된다.

화포는 〈그림 3.14〉 ❷에서 보는 바와 같이 뇌관에 의해 약실 속에 충전된 추진제가 폭발[ⓐ→ⓑ]하면 다량의 추진가스가 생성된다. 그 결과 약실 압력이 급격히 상승하며, 이 압력에 의해 탄자가 포구 쪽으로 움직이면서 추진가스가 팽창[ⓑ→ⓒ]한다. 이 팽창압력으로 탄자가 포신을 빠져나가면서 약실에 있던 추진가스가 포신 밖으로 배출된다. 이 과정은 수m/s 이내의 짧은 시간 내에 발생하기 때문에 이 팽창과정을 단열팽창이라 간주할 수 있다. 그리고 화포의 발사과정은 가솔린 엔진과 거의 유사한 $p-x$곡선을 그릴 수 있다.

(3) 단순화된 화포의 열역학적인 해석

〈그림 3.15〉는 총이나 화포의 구조를 단순화한 단면도이다. 그림에서 m_p는 추진가스의 질량, m은 탄자의 질량, l은 약실의 길이, d는 포[총]강의 지름, L은 포[총]열의 길이, x는 탄자의 위치이다. 이때 추진가스는 이상기체라고 가정한다면 이상기체 상태방정식을 적용할 수 있다. 따라서 추진가스의 압력 $p[Pa]$, 비체적 $v[\mathrm{m}^3/kg]$, 온도 T, 밀도 ρ의 관계는 보일-샤를의 법칙에 따라 식 [3-2]로 표현할 수 있다. 이때 기체상수 $R[kJ/kg\cdot\mathrm{K}]$은 일반 기체상수 R_U(=8.314 $[kJ/kmol\cdot\mathrm{K}]$)에 분자량 M $[kmol]$을 나눈 값이다.[3]

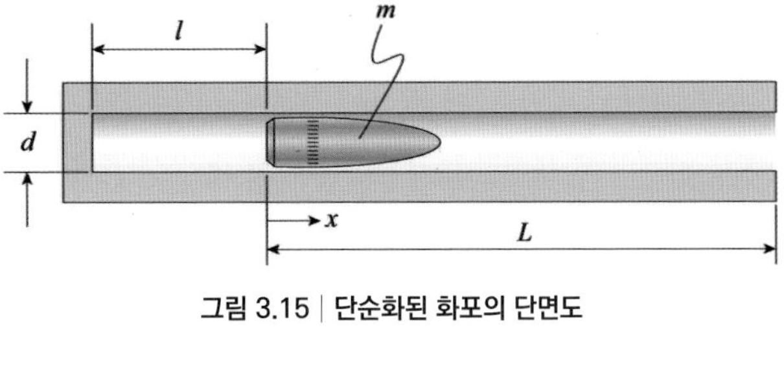

그림 3.15 | 단순화된 화포의 단면도

3 Donald, E. et al., "Ballistics", CRC Press, 2014.; Wark, K., "Thermodynamics," McGraw-Hill, 1988.; Cengel, Y. A., "Thermodynamics and Engineering Approach," McGraw-Hill, 2002.

$$pv = RT \text{ 또는 } pV = m_g RT \text{ 또는 } p = \rho RT \quad \cdots\cdots [3\text{-}2]$$

화포의 발사 시 추진가스의 열량 $Q[kJ]$와 일의 양 $W[kJ]$, 추진가스의 내부에너지의 변화량 $\Delta U[kJ]$ 그리고 탄자의 마찰손실 등 손실에너지 $E_{loss}[kJ]$의 관계는 열역학 제1법칙에 따라 식 [3-3]과 같이 나타낼 수 있다.

$$Q - W = \Delta U + E_{loss} \quad \cdots\cdots [3\text{-}3]$$

여기서 화포[총]에 장전된 탄약이 격발된다면, 탄자는 수ms 이내에 추진가스의 압력을 받아 포구를 빠져나가게 된다. 따라서 추진제가 폭발하면서 발생하는 열에너지가 탄자의 운동에 미치는 영향은 거의 없다고 가정할 수 있다. 만일 마찰손실 등을 무시하면 식 [3-3]은 열역학적으로 이상기체의 단열 압축adiabatic compression 과정으로 간주할 수 있다. 따라서 식 [3-3]은 식 [3-4]와 같다.

$$0 - W = \Delta U + 0 \text{ 또는 } 0 = \Delta U + W \quad \cdots\cdots [3\text{-}4]$$

여기서 추진가스가 탄자에 가한 일 W는 식 [3-5]와 같다.

$$W = \int_0^L pA\,dx = \int_{V_c}^{V} p\,dV \quad \cdots\cdots [3\text{-}5]$$

식 [3-5]에서 V는 임의의 시간에서 추진가스의 체적이고, $V_c(=A \cdot l)$는 약실 내 추진가스의 체적, $A(=\frac{\pi d^2}{4})$는 포강의 단면적이다. 한편 식 [3-2]에서 $p = \frac{m_g RT}{V}$을 식 [3-5]에 대입하면 식 [3-6]과 같이 나타낼 수 있다.

$$W = \int_{V_c}^{V} m_g RT \frac{dV}{V} \quad \cdots\cdots [3\text{-}6]$$

$k(=\dfrac{C_p}{C_v})$는 추진가스의 비열비이고, C_v는 추진가스의 정적비열, C_p는 정압 비열이다.

한편 추진가스의 온도 T와 추진가스의 부피 V 그리고 비열비 k의 관계는 가역 단열과정[등엔트로피 과정]이며, 이들 관계는 식 [3-7]과 같다. 여기서 T_i 는 초기 추진가스의 온도이다.

$$T= T_i\left(\frac{V_c}{V}\right)^{(k-1)} \quad \text{[3-7]}$$

만일 식 [3-7]을 식 [3-6]에 대입하면 추진가스가 탄자에 가한 일은 식 [3-8]과 같이 쓸 수 있다.

$$W= m_g\, RT_i V_c^{(k-1)} \int_{V_c}^{V} V^{-k} dV \quad \text{[3-8]}$$

이때 식 [3-8]에서 추진가스의 질량 m_g와 가스 상수 R, 비열비 k, 그리고 가스의 초기온도 T_i, 약실 체적 V_c은 알 수 있는 값이다. 따라서 탄자의 위치변화에 따른 추진가스의 일 W를 계산하려면 탄자의 위치 x와 관계식으로 나타내면 식 [3-9], [3-10]과 같다.

$$W= m_g\, RT_i(Ai)^{(k-1)} \int_0^L [A(l+x)]^{-k}(Adx) \quad \text{[3-9]}$$

$$\therefore\ W= m_g\, RT_i i^{(k-1)} \int_0^L (l+x)^{-k} dx \quad \text{[3-10]}$$

식 [3-10]에서 $l+x=\beta$로 치환하여 적분하면 식 [3-11]과 같다. 이때 $x=0$인 경우 $\beta=l$, $x=L$인 경우 $\beta=l+L$이다.

$$W = m_g RT_i i^{(k-1)} \int_0^L \beta^{-k} dx = m_g RT_i i^{(k-1)} \left[\frac{\beta^{(1-k)}}{1-k} \right]^{(l+L)_l} \quad \cdots\cdots \quad [3\text{-}11]$$

$$W = m_g RT_i i^{(k-1)} \left[\frac{(l+L)^{(1-k)}}{1-k} - \frac{l^{(1-k)}}{1-k} \right] \quad \cdots\cdots \quad [3\text{-}12]$$

식 [3-12]의 우변의 괄호에서 $1-k$를 정리하면 식 [3-13]과 같이 된다.

$$\therefore \quad W = \frac{m_g RT_i i^{(k-1)}}{1-k} [(l+L)^{(l-k)} - l^{(1-k)}] \quad \cdots\cdots \quad [3\text{-}13]$$

결론적으로 식 [3-13]에서 보는 바와 같이 약실의 길이 l과 주포강의 길이 L을 측정하면 추진가스의 일 W를 계산할 수 있다.

한편 추진가스가 포강 내$^{x=l\sim L}$에서 일[work] W는 포구에서의 탄자의 운동에너지 E_p와 같으므로 이를 식으로 표현하면 다음 식과 같다.

$$W = E_p \text{ 또는 } W = \frac{1}{2} m_p V_m^2 \quad \cdots\cdots \quad [3\text{-}14]$$

여기서 V_m은 $x = L$에서 탄자의 속도, 즉 포구 속도를 의미한다. 식 [3-14] 좌변에 식 [3-13]을 대입하고 V_m에 대해 풀이하면 식 [3-15]와 같다.

$$\therefore \quad V_m = \sqrt{2 \frac{m_g}{m_g} \frac{RT_i i^{(k-1)}}{1-k} [(l+L)^{(l-k)} - l^{(1-k)}]} \quad \cdots\cdots \quad [3\text{-}15]$$

또한, 탄자의 위치 x_p에 따른 추진가스의 일과 속도는 식 [3-16], [3-17]과 같이 나타낼 수 있다.

$$W(x_p) = m_g RT_i i^{(k-1)} \int_0^{x_p} (l+x)^{-k} dx \quad \cdots\cdots \text{[3-16]}$$

$$V(x_p) = \frac{\pi d^2}{4}(l+x_p) \quad \cdots\cdots \text{[3-17]}$$

3. 포병 탄약

포병 탄약[포탄]이란 구경이 20mm 이상인 곡사포와 평사포에 사용되는 탄약이다. 이 탄약은 소총탄에는 없는 약협과 작약 그리고 신관이 있으나 그 작동원리와 구조는 비슷하다.[4]

(1) 탄약의 구조

소총탄은 크게 탄자, 탄피, 뇌관, 추진제로 구성되어 있다. 반면에 포탄은 대부분이 소총탄보다 사거리가 길고 표적에 충돌할 때 종말속도[terminal velocity]는 더 느리다. 이러한 특성이 있어서 대구경 포탄은 소총탄보다 추진제의 양이 더 많이 충전되어 있으며 표적에 도달하면서 탄자가 폭발되도록 설계한다. 물론 전차포탄 중에서 운동에너지탄은 탄자가 폭발하지 않는 경우도 발생한다.

일반적으로 포탄은 〈그림 3.16〉에서 보는 바와 같이 크게 탄자, 탄피, 점화장약, 신관, 뇌관으로 구성되어 있다.

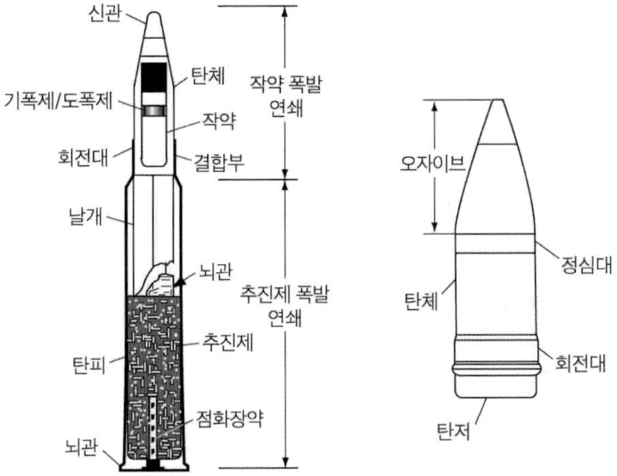

그림 3.16 | 대구경 탄약의 주요 구성품

4 육군종합군수학교 출판부, 《탄약구조》, 육군종합군수학교, 2005.

(2) 탄자[5]

탄자는 비행 시에 공기저항을 최소화하기 위한 오자이브ogive 그리고 탄자와 포신 내벽 사이의 마찰을 줄이기 위한 정심대가 있다. 또한 탄자가 회전력을 얻고 추진가스가 누출되지 않도록 하기 위한 회전대rotating band가 있으며, 추진가스의 열과 충격으로부터 탄자 속에 있는 작약bursting charge을 보호하기 위한 탄저부가 있다.

그리고 탄자가 표적에 도달하여 미리 정해진 시간에 작약을 폭발시키기 위한 점화장치인 신관이 있다. 신관은 탄자의 성능을 극대화할 수 있는 중요한 부품이다. 이러한 신관은 순발신관, 지연시관, 시한신관, 접근시관 등 그 종류가 매우 다양하다.

작약은 화학적 분해속도가 매우 빠른 고성능 폭발물이다. 현재 사용되고 있는 작약은 TNT, RDX, 콤퍼지션 B 등의 고성능 폭약이다. 이들 대표적인 작약의 종류와 특성을 살펴보면 〈표 3.9〉와 같다. 여기서 폭발물의 민감도는 0.02g의 폭발물을 용기에 넣고 2kg 무게의 물체를 그 위에 낙하시켜 폭발시켰을 때 낙하물의 최소높이를 인치inch로 나타낸 것이다.

TNT는 모든 군용화약에 대한 폭발 강도를 나타내는 기준 화약이다. 이 화약의 색깔은 황색이고 충격이나 마찰에 둔감하며, 화염으로 점화시키면 서서히 폭발한다. 특히 공기 중에 노출된 상태에서는 폭발하지 않고 검은 연기를 내면서 서서히 연소한다. 그러나 밀폐된 용기에 충전한 후 점화시키면 급격히 폭발한다. 따라서 폭발속도가 매우 빠른 화약을 기폭제로 사용하지 않으면 폭발하지 않는다. 이 화약은 습기가 있으면 구리, 황동과 반응하여 금속을 약간 부식시키나 특수강이나 알루미늄합금 등은 부식되지 않는다. 오늘날 TNT는 곡사포탄, 무반동총탄, 수중폭약, 뇌관화약 혼합체, 수류탄, 지뢰 등에 많이 사용하고 있다.

2차 세계대전 중에 개발된 RDX는 TNT보다 폭발 강도가 약 1.6배 더 높으며, 폭발속도가 더 빠르다. 이 폭발물은 개발 당시에는 우수한 폭발물로 인정받았으

5 D. W. Leeming, "The Application of an Innovative Grenade Warhead to Defeat Combat Body Armour", NDIA International Infantry & Small Arms Section Symposium, 1999.

표 3.9 | 대표적인 작약의 종류와 특성

구 분	TNT (trinitrotoluene)	RDX(research department explosive)	콤퍼지션 B
성분	$C_6H_2CH_3(NO_2)_3$	$(CH_2)_3N_3(NO_2)_3$	RDX 60% + TNT 40%
폭발강도	1.0(군용 표준화약)	1.62	1.35
민감도 (낙하시험)	14inch	7.0inch	11inch
폭발속도	6,900m/s	8,700m/s	7,800m/s
용융점	80.2℃	200~203.5℃	85~100℃
색깔	황색	흰색	황갈색
안정성	매우 높음	양호 (85℃에서 10개월간 안정)	양호 (65℃ 이상 저장 금지)
금속과의 반응	흡습 시 구리, 황동을 약간 부식	흡습 시 니켈, 아연, 구리, 황동 약간 부식	구리, 황동을 부식
용도	곡사포탄, 무반동총탄, 수중 폭약, 뇌관화약 혼합체, 수류탄, 지뢰	대전차지뢰, 폭파용 뇌관	전차포탄(HEAT), 곡사포탄, 무반동총탄, 로켓탄, 유탄

나 용융점이 높고 충격에 민감하다. 이러한 특성이 있어서 주로 발파용 뇌관으로 사용하고 있다.

콤퍼지션 B는 폭발 강도가 높은 RDX를 60% 그리고 충격에 둔감한 TNT를 40% 혼합한 고성능 폭발물이다. 이 화약은 TNT보다 폭발 강도가 약 1.4배 더 높다. 하지만 충격에는 더 둔감하며, 구리 또는 황동과 반응한다. 주로 곡사포탄 또는 전차포탄 등의 작약용으로 많이 사용하고 있다.

(3) 탄피

탄피는 소총탄과 같이 주로 구리합금으로 되어 있으며, 통상 구경이 150mm 이상일 경우에는 탄피가 없는 분리장전식이다. 그러나 최근 구경 120mm 이상의 탄약은 소진 탄피combustible cartridge case를 많이 사용하고 있다. 소진 탄피는 2차 세계대전 말경에 금속 탄피의 수요부족에 대처하기 위해 독일군이 개발에 착수하였다. 오늘날 우리나라를 비롯한 여러 나라에서 일부 대구경 포탄의 금속 탄피

그림 3.17 | 소진 탄피를 사용하는 120mm 대전차 고폭탄(HEAT탄)

나 약포를 대체한 소진 탄피를 사용하고 있다.

소진 탄피는 솜cotton과 유사한 모양을 가진 나이트로셀룰로스nitrocellulose 섬유, 천연 펄프, 합성섬유, 수지, 결합제binder, 포신마모 감소제 등으로 만든다. 이 탄피는 기계적인 충격이나 온도 및 습도와 같은 환경에 취약하여 전차포 탄약그림 3.17이나 박격포 탄약 또는 155mm 곡사포 탄약 등에 제한적으로 적용하고 있다. 하지만 기술발전과 비용 문제가 해결되어 점차 사용 분야가 확대될 전망이다. 왜냐하면, 소진 탄피는 사격 후에 탄피를 처리할 필요가 없다. 또한, 탄피 대신에 추진제를 추가시킬 수 있다. 그리고 약실 내벽의 마모가 없어서 포신의 수명을 증가시킬 수 있으며, 탄약의 무게를 크게 줄일 수 있기 때문이다.

(4) 점화장약

포탄은 추진제의 양이 많아서 소량의 뇌관화약으로는 추진제를 일시에 점화시키기 어렵다. 이 때문에 뇌관화약이 연소하면서 발생한 불꽃이 더 커질 수 있도록 점화장약을 사용한다. 그 결과, 점화장약이 연소하면서 생긴 불꽃에 의해 추진제를 거의 동시에 점화시킬 수 있다.

점화장약은 〈그림 3.16〉에서와 같이 원주 방향으로 구멍이 뚫린 파이프 형태의 점화관 속에 장입시켜서 불꽃이 이들 구멍을 통해 분사되면서 점화관의 주위에 있는 추진제를 거의 동시에 점화시킬 수 있다. 이러한 점화장약은 주로 흑색화약을 사용하고 있다.

(5) 뇌관

고정탄약은 탄피와 탄자가 결합되어 탄피 속에 있는 추진제의 양을 임의로 조절할 수 없다. 그러나 분리장전식 탄약은 탄자, 추진제, 뇌관을 분리하여 장전할 수 있게 되어 있어서 추진제의 증감에 따라 사거리 조절이 가능해서 뇌관과 점화장약이 분리되어 있다.

(6) 추진제

추진제는 탄자를 가속하기 위한 고성능 폭발물보다 연소속도가 느린 저성능 폭발물이며 통상 입자grain 형태로 되어 있다. 오늘날 사용되고 있는 추진제는 수백 년 동안 사용되었던 흑색화약 대신에 무연화약無煙火藥을 주로 사용하고 있다. 흑색화약은 연소 시에 연기가 많이 생기지만 무연화약은 연기가 거의 발생하지 않는다.

1 종류 및 주요 특성

● 흑색화약

흑색화약은 7세기 중국에서 발명된 화약으로서 1242년 영국의 로저스 베이컨Rogers Bacon이 그 조성을 기록하였다. 그 후 19세기 후반 다이너마이트와 무연화약이 발명되기 전까지 거의 유일한 폭발물이었다.

흑색화약은 질산칼륨KNO_3 또는 질산나트륨$NaNO_3$ 약 75%와 목탄을 약 15% 그리고 유황을 약 10%를 분말상태로 혼합한 후 압축하여 성형한다. 이때 질산칼륨과 질산나트륨은 산화제이고 목탄과 유황은 연소물질로 작용한다. 특히 이 화약은 원료가 풍부하고 제조과정이 단순하여 생산비가 적다. 이러한 장점이 있어서 아직도 포탄의 점화기, 예포 또는 공포탄의 장약, 연습탄 장약, 도화선, 휴대용 신호탄의 추진제 등에 사용하고 있다. 그러나 흑색화약은 연소율을 조정하기 곤란하고, 높은 흡습성이 있어서 저장이 어렵다. 그리고 흑색화약은 폭발 강도가 낮고 연기와 섬광이 많으며, 연소 후 잔류물이 많이 생기는 단점이 있다. 따라서 오늘날에는 포탄이나 소총탄 등의 추진제로 거의 사용하지 않는다.

● 무연화약

포탄의 추진제로 사용되고 있는 무연화약은 크게 단기추진제, 복기추진제, 삼기추진제가 있으며, 이들 추진제의 특성은 〈표 3.10〉과 같다.

단기추진제는 질산섬유소nitrocellulose에 각종 유기질 첨가제를 혼합시켜 만든 추진제이다. 대구경 포탄과 같이 추진제를 다량으로 사용하는 경우에는 흑색화약을 점화장약으로 사용하고 있다. 단기추진제는 흑색화약보다 흡습성이 작다. 그러나 일단 습기를 흡수하면 점화온도까지 가수분해를 촉진시켜 점화온도에 도달하여 폭발할 가능성이 있어서 취급에 주의해야 한다. 이러한 특성이 있어서 소총탄이나 일부 포탄에서만 사용하고 있다.

복기추진제는 단기추진제에 나이트로글리세린nitroglycerin을 혼합하여 연소속도를 증가시킨 화약이다. 나이트로글리세린은 민감도, 화염 온도, 연소율을 증가시키는 특성이 있다. 그리고 화염 온도가 높아지면 연기나 잔재물이 증가하고, 부식성도 증가한다. 따라서 이들 성분과 다양한 첨가제를 사용함으로써 이러한 문제점을 최소화하였다. 복기추진제는 소총탄, 박격포탄, 로켓탄약, 포탄 등에 사용하고 있다.

삼기추진제는 복기추진제의 경우보다 화염 온도가 낮고 연기가 적게 발생하는 화약이다. 복기추진제의 성분과 가격이 비싼 나이트로구아니딘nitroguanidine을

표 3.10 | 추진제의 종류와 특성

구 분	단기추진제 (monopropellant)	복기추진제 (bipropellant)	삼기추진제 (triplepropellant)
성 분	나이트로셀룰로스(질산섬유소)+유기질 첨가제	단기추진제+나이트로글리세린($C_3H_5(ONO_2)_3$)	복기추진제+나이트로구아니딘($CH_4N_4O_2$)
특 성	• 높은 점화에너지 • 흑색화약보다 흡습성이 작음 • 습기를 흡수하면 점화온도까지 가열되어 자연폭발	• 나이트로글리세린의 첨가량을 증가시키면 민감도, 화염온도, 연소율이 증가하여 폭발성이 증대됨 • 화염온도가 증가되면 연기나 잔재물이 증가하고 부식성이 증가됨	• 화염온도가 낮아 포신의 부식이나 섬광이 적게 발생함 • 나이트로구아니딘의 원료 가격이 비싸고 구하기 어려움
적 용	소총탄, 일부 포탄	소총탄, 박격포탄, 로켓탄약, 일부 포탄	각종 포탄

혼합하여 제조한 것으로 오늘날 각종 포탄의 추진제로 사용하고 있다.

2 추진제의 연소특성과 입자 형태

고체추진제는 화학성분에 따라서 연소속도가 차이가 있을 뿐만 아니라 입자粒子의 형태와 크기 그리고 온도에 따라서 영향을 받는다. 이 때문에 분리장전식 포탄을 사용할 경우, 사격 직전에 추진제의 온도를 측정하여 탄도 계산에 반영시켜야 한다.

● 추진제의 연소과정

연소란 열을 생성하거나 열과 빛을 동시에 생성하는 빠른 산화, 혹은 빛과 열을 거의 생성하지 않는 느린 산화반응이다. 그리고 폭발이란 연소의 한 형태로 연소속도가 매우 빠른 현상을 말한다.[6] 일반적으로 연소는 화염flame 방식과 비화염nonflame 방식으로 구분할 수 있다. 화염 방식과 비화염 방식의 차이는 〈그림 3.18〉에서 보는 바와 같이, 가솔린 엔진에서 노킹의 발생 여부에 따라 비교하면 쉽게 이해할 수 있다.

〈그림 3.18〉의 왼쪽 그림과 같이 점화플러그에 의해 압축된 연료와 공기혼합물이 이미 연소가 된 기연가스burned gases 영역과 아직 연소가 일어나지 않은

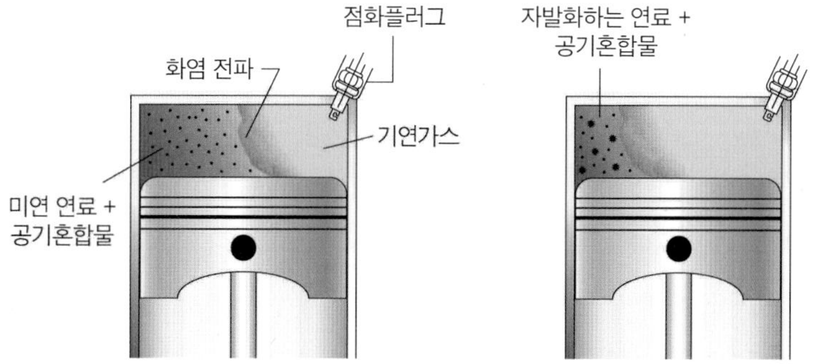

그림 3.18 | 가솔린 엔진에서의 화염 방식(왼쪽)과 비화염 방식(오른쪽)의 연소 예

6 Stephen R. Turns, *An introduction to combustion*, McGraw-Hill Inc., 1999.

미연가스^unburned gases^ 영역 사이에 화학반응이 격렬하게 일어나는 좁은 영역이 존재하며, 이를 화염이라 한다. 이 화염은 기연가스 영역에서 미연가스 영역으로 전파되며, 이 속도를 화염 전파속도라 한다. 화염이 전파하면 미연가스가 기연가스로 되면서 온도와 압력이 급격히 상승하며, 이 연소과정을 화염 방식 연소라 한다. 또한, 추진제가 연소하는 경우에 화염 방식과 비슷한 연소 현상이 나타난다. 반면에 비화염 방식 연소과정은 〈그림 3.18〉의 오른쪽 그림에서 보는 바와 같이, 연료와 공기혼합물의 압축비가 매우 높은 경우에는 화염이 전파되기 전에 미연가스 중 일부가 갑자기 자발화^autoignition^되어 폭발 현상과 같이 격렬한 화학반응이 일어난다. 이러한 비화염 방식의 연소를 노킹^knocking^ 현상이라 하며, 탄자 속에 충전되어 있는 작약이 폭발할 때와 유사하다. 즉, 고성능 폭발물인 작약은 화염 방식 연소보다 연소속도가 훨씬 더 빠른 비화염 방식 연소이기 때문에 폭발속도가 매우 빠르다.

● 추진제의 입자 형태

밀폐된 용기 속에서 추진제가 연소할 경우, 온도와 압력이 높을수록 연소율도 증가한다. 또한, 추진제 입자의 모양과 크기에 따라서 연소율이 다르며, 연소율과 연소 표면적에 따라서 〈그림 3.19〉와 같이 누감연소, 중성 연소, 누진연소로 구분할 수 있다. 여기서 연소율이란 연소하기 전의 추진제의 무게와 연소한 추진제의 무게의 비^比^를 %로 나타낸 것이다.

누감연소는 추진제가 연소하면서 연소 표면적이 감소하는 경우이다. 연소 초기에는 연소가 급격히 진행되면서 다량의 추진가스를 생성하기 때문에 압력이 급격히 증가하게 된다. 그러나 점차 연소 표면적이 감소하면, 연소율이 감소하여 추진가스의 발생량이 줄어들게 된다. 따라서 소총탄이나 소구경 대공포 탄약과 같이, 가벼운 탄자를 순간적으로 가속하는 경우에는 누감연소가 적합하다. 이 연소형태는 연소 전에 연소 표면적을 크게 할 수 있도록 크기가 작은 구형, 판형, 세장형, 봉형 모양의 입자 형태로 성형하여 사용한다.

중성 연소는 추진제가 연소하면서 연소 표면적을 거의 일정하게 유지하는 연소형태이다. 따라서 추진제가 연소하면서 거의 일정하게 추진가스가 생겨서

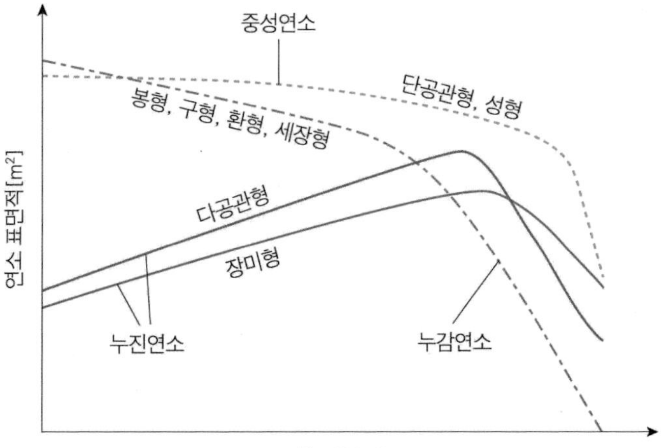

그림 3.19 | 추진제의 연소율과 연소 표면적의 관계

탄자가 비행 탄도를 수정해야 하는 로켓이나 유도탄에 적합하다. 실제 유도탄의 추진체에는 추진제를 완전히 충전하지 않고 〈표 3.11〉에서 보는 바와 같이 성星형 모양의 빈 공간을 만든다. 왜냐하면, 추진제가 최장 시간 동안 일정한 연소율을 유지하도록 함으로써 탄도 제어를 쉽게 할 수 있기 때문이다.

표 3.11 | 연소형태에 따른 추진제 입자의 특성 비교

구 분	누감연소	중성연소	누진연소
정 의	연소 시 연소 표면적이 점차 감소하는 연소형태	연소 시 연소 표면적이 거의 일정하게 유지하는 연소형태	연소 시 연소 표면적이 점차 증가하는 연소형태
입자형태	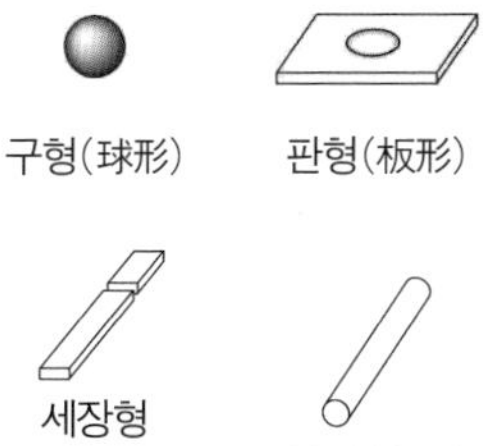 구형(球形) 판형(板形) 세장형(細長形) 봉형(棒形)	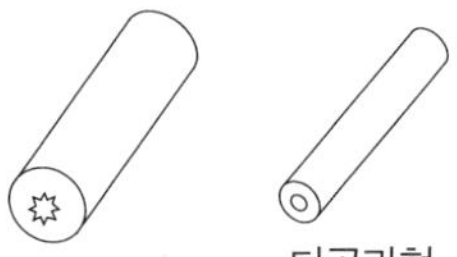 성형(星形) 단공관형(單空管形)	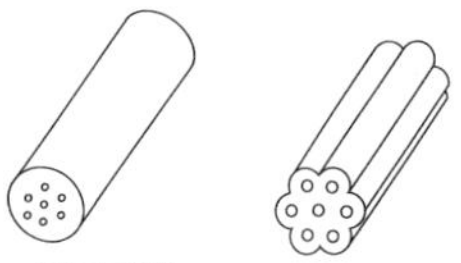 다공관형(多空管形) 장미형
적 용	소총탄(구형), 박격포탄(판형), 대공포탄(봉형)	로켓탄약(단공관형), 유도탄(성형)	대구경 포탄(다공관형)
		105mm 포탄(단공관형+다공관형)	

누진연소는 추진제가 연소하면서 연소 표면적이 점차 증가하는 연소형태이다. 누진연소는 주로 탄자의 무게가 무거워서 발사 초기에 정지 관성력과 마찰저항이 큰 경우에 적합하다. 왜냐하면, 무거운 탄자를 가속하려면, 초기에는 추진가스압력을 증가시키다가 탄자가 일정 속도에 도달할 때 최대압력으로 가속해야 하기 때문이다. 대구경 화포에서는 누진연소가 적합하며, 이를 위해서는 추진제 입자를 다공관형 또는 장미형 형태로 만들어야 한다. 지금까지의 추진제의 연소형태에 따른 추진제 입자의 특성을 요약하면 〈표 3.11〉과 같다.

3 $p-x$ 곡선의 결정에 미치는 영향

● $p-x$ 곡선의 모양

추진제는 입자의 화학적 성분, 입자의 형태, 입자의 크기, 입자의 온도 등의 요소에 따라서 연소율이 다르다. 그 결과 이들 영향요소는 약실 압력^{p}과 탄자의 위치^{x}곡선의 기울기와 압력이 〈그림 3.20〉과 같이 구간별로 다르다. 그림에서 실선은 소화기small arms인 경우이고, 점선은 대구경 화기이다.

〈그림 3.20〉에서와 같이, 약실 압력은 추진제가 연소하면서 초기에는 압력이

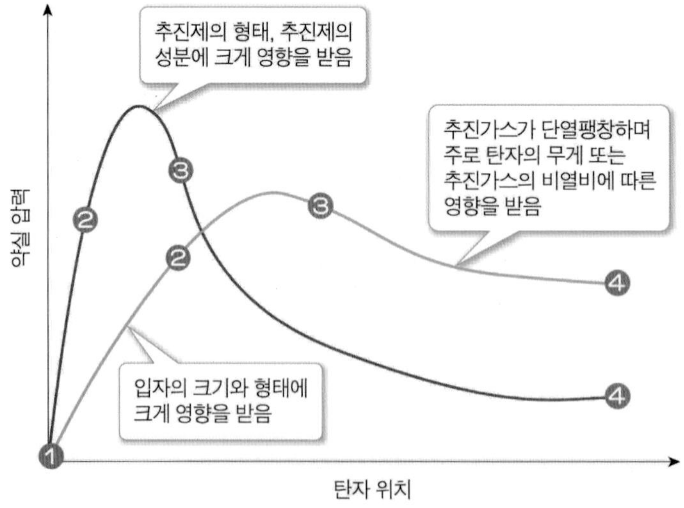

그림 3.20 | 약실 압력-탄자 위치 곡선에 미치는 영향요소

급격히 상승하다가 감소하며, 그 과정은 크게 세 가지 구간으로 구분할 수 있다.

첫째, ①~② 구간은 추진제의 연소 초기 단계로서 입자의 형태와 크기에 따라서 그 곡선의 기울기를 결정하는 요인이다.

둘째, ②~③ 구간은 연소의 중기 및 말기 단계로서 입자의 형태뿐만 아니라 추진제의 성분에 따라서 크게 영향을 받는다.

셋째, ③~④ 구간은 연소가 종료된 후 이미 생성된 추진가스가 단열 팽창하게 된다. 이 구간의 곡선의 기울기는 추진가스의 비열비rate of specific heat와 탄자의 무게에 의해 영향을 받는다.[7]

● 추진제의 입자 크기와 공간거리에 따른 영향

추진제는 연소 시에 입자 크기에 따라서 연소속도가 매우 다르다. 예를 들어 통나무를 톱밥 형태로 만들어 불꽃으로 점화시키면 초기에는 연소 표면적이 커서 발화가 잘된다. 그리고 톱밥은 빠른 속도로 연소하지만, 통나무를 그대로 연소시키면 초기에 발화가 잘되지 않는다. 이러한 연소 현상은 추진제의 연소과정에서도 볼 수 있다.

만일 동일한 추진제를 각기 다른 형태의 입자로 연소시켰을 경우, 약실 압력은 〈그림 3.21〉과 같이 각기 다른 $p-x$곡선을 얻을 수 있다. 이때 추진제의 입

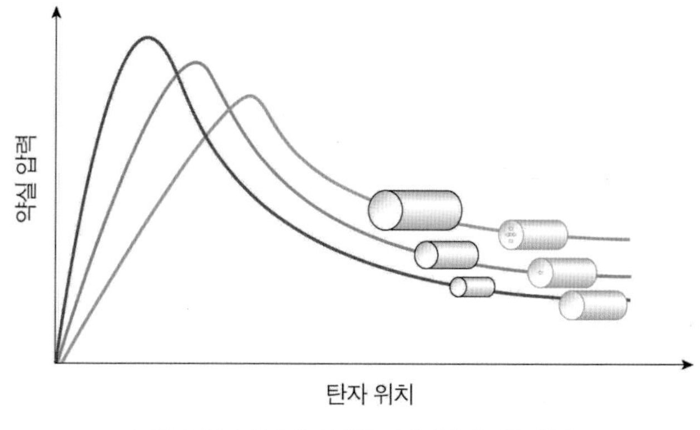

그림 3.21 | 입자의 크기와 공간거리에 따른 영향

7 김광렬 · 노수영, 《연소공학》, 도서출판 동화기술, 1995.; 오선, 《열역학》, 양서각, 2006.

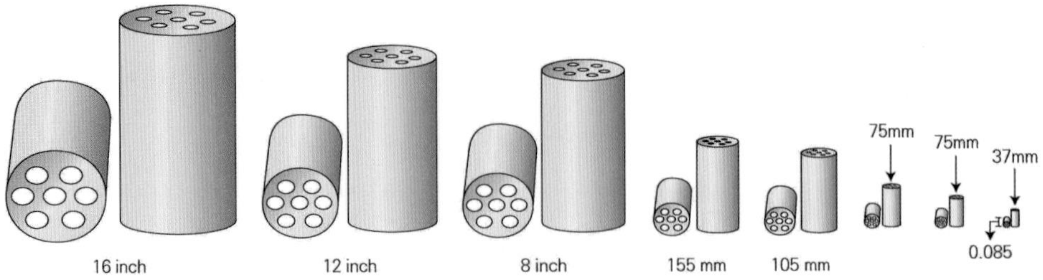

그림 3.22 | 대표적인 중 · 대구경 화포의 추진제

자를 크게 하거나 입자의 공간거리를 증가시키면, 포[총]구 쪽으로 더 치우친 곳에서 약실 압력이 최대가 된다. 여기서 공간거리란 추진제 입자의 연소표면 사이의 거리를 의미하며, 공간거리가 클수록 연소시간이 길어진다. 대부분 중 · 대구경 화포의 추진제는 〈그림 3.22〉와 같이 구경이 클수록 입자가 크다.

4. 화포의 효율

열역학적 측면에서 보면, 총이나 화포는 추진가스의 압력에너지를 탄자의 운동에너지로 변환시키는 에너지 변환시스템의 일종이다. 따라서 이들 시스템은 약실 압력^{p}–탄자의 이동 위치^{x} 곡선을 갖고 효율을 계산할 수 있다. 그리고 화포의 효율은 피에조 효율piezometric efficiency과 탄도 효율ballistic efficiency로 나타낼 수 있다.

(1) 피에조 효율

피에조 효율$^{\eta_p}$은 약실의 최대 압력$^{P\max}$에 대한 평균 약실 압력$^{\overline{P}}$의 비율[比]이며, 식 [3-18]과 같이 정의한다.

$$\eta_p = \frac{\overline{P}}{P_{\max}} \times 100(\%) \quad \text{[3-18]}$$

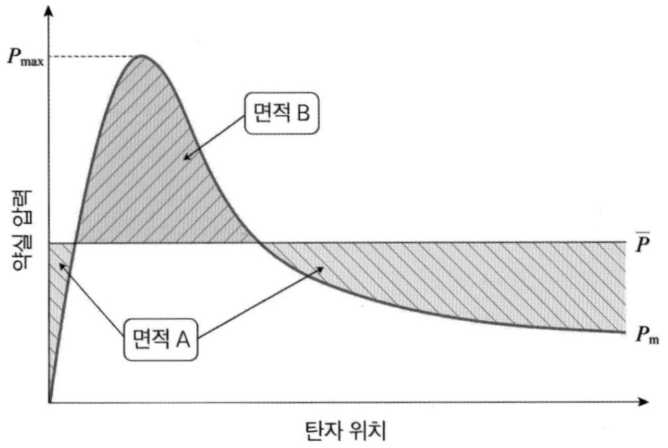

그림 3.23 | $p-x$ 곡선과 피에조 효율의 관계

피에조 효율은 〈그림 3.23〉에서 보는 바와 같이 $p-x$곡선의 평탄도를 나타내며, 포신이나 총열의 두께를 결정하는 데 중요한 고려요소 중 하나이다. 그림에서 $\overline{P}$는 $p-x$곡선의 밑면적에 탄자가 포신 내에서 이동한 거리 L로 나눈 값으로 식 [3-19]와 같다. 따라서 $p-x$곡선에서 면적 A와 면적 B는 같다.

$$\overline{P} = \frac{1}{L}\int_0^L p(x)dx \qquad [3\text{-}19]$$

만일 〈그림 3.23〉에서 포신의 길이를 짧게 설계하면, 피에조 효율이 높아진다. 그 결과 포신 내에서 추진가스 압력이 더 균일하게 작용하게 됨으로써 길이에 따라서 포신 두께를 균일하게 제작할 수 있다. 그러나 포구 압력^{P_m}이 높아져서 포구에서 포구 폭풍muzzle blast이 더 커지는 단점이 있다.

일반적으로 피에조 효율은 무반동총이 75% 정도로 가장 높으며, 곡사포에 비해 짧은 포신을 사용하는 전차포는 60% 정도이다.

(2) 탄도효율

탄도효율η_b은 추진제의 퍼텐셜 에너지potential energy에 대한 포^{총}구에서의 운동에너지의 비^{比}로서 식 [3-20]과 같이 정의한다. 즉 추진제의 에너지의 이용도를 나타낸다. 그리고 추진제의 퍼텐셜 에너지는 추진제를 완전히 연소시켰을 때 발생시킬 수 있는 총 에너지total energy이다.[8]

$$\eta_B = \frac{\frac{1}{2} m V_m^2}{\text{추진제의 퍼텐셜에너지}} \times 100(\%) = \frac{\frac{1}{2} m V_m^2}{m_g R T_0/(k-1)} \times 100(\%)$$

.... [3-20]

여기서 T_0는 추진가스의 단열 화염온도adiabatic flame temperature, m은 탄자의 질량, k는 추진가스의 비열비specific hate ratio, R은 가스 상수gas constant, m_g는 추진가스의 질량이다.

식 [3-20]에서 탄도효율이 크다는 의미는 추진제의 에너지가 탄자의 운동에너지로 많이 변환되었다는 것을 의미한다. 일반적으로 소총의 탄도효율은 약 35~40%이고 기관총은 50~60% 그리고 대구경 화기는 40~50% 정도이다.

5. 탄자 속도^V-탄자 위치^{X}의 곡선

(1) 약실 압력 측정방법

화포나 소화기의 약실 압력은 주로 피에조 센서piezoelectricity transducer sensor를 이용하여 측정한다. 물론 화포와 소화기의 압력 측정은 그 방법과 해석방법이 거의 같다.

---

8 Robbins, F., *Interior Ballistics Course Notes*, Self Published, Aberdeen, MD, 2002.; Panton, R. L., *Incompressible Flow*, 2nd ed., John Wiley & Sons, New York, 1995.; Currie, I. G., *Fundamental Mechanics of Fluids*, 2nd ed., McGraw-Hill, New York, 1993.; Corner, J., *Theory of the Interior Ballistics of Guns*, John Wiley & Sons, New York, 1950.

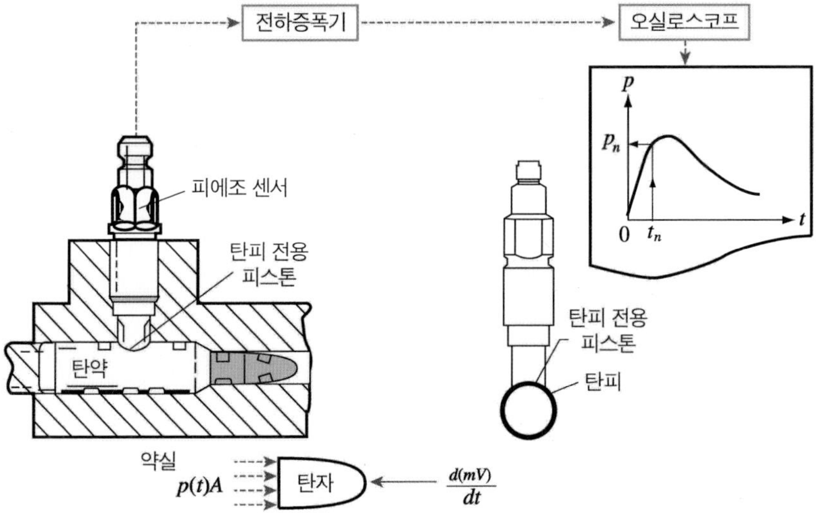

그림 3.24 | 약실 압력 측정시스템 개념도

〈그림 3.24〉는 소화기의 시간에 따른 약실 압력을 측정할 수 있는 측정시스템이다. 그림에서 보는 바와 같이 약실 내에 장전된 상태에서 소총탄이 격발되면 순간적으로 고압 추진가스가 발생한다. 그 결과 탄자는 총구 쪽으로 움직이고, 탄피는 팽창하면서 약실 벽면과 피에조 센서에 연결된 피스톤을 밀게 된다. 이때 피에조 센서는 입력압력에 비례하는 정전하static electrical charge가 발생하게 되고, 이 정전하를 전하증폭기charger amplifier로 증폭시킨 후 오실로스코프oscilloscope로 기록하게 된다. 그리고 오실로스코프에서 측정된 전압은 입력압력과 비례하므로 전압–시간 곡선을 압력^P–시간^t 곡선으로 환산할 수 있다.

(2) 탄자 속도^V – 탄자 위치^x 곡선 결정

〈그림 3.24〉와 같은 측정시스템으로 얻어진 압력–시간의 곡선은 총열이나 포신 설계에 매우 중요한 자료이다. 이 곡선만 있으면 수학적 해석방법을 통하여 압력-탄자 위치의 곡선과 탄자 속도–탄자 위치의 곡선을 구할 수 있기 때문이다. 이 계산과정을 살펴보면 다음과 같다.

먼저 뉴턴의 운동 법칙을 탄자의 운동에 적용하면, 〈그림 3.24〉의 하단에 있는 그림과 같이 나타낼 수 있다. 추진가스 압력에 의한 힘 $p(t)A$가 탄자에 작용하면, 탄자는 $d(mV)/dt$만큼의 운동량이 변하게 된다. 이때 m은 탄자의 질량, A는 탄자 단면적이다.

만일 강내에서 탄자가 운동할 때 질량이 일정하고, 마찰과 공기저항이 없다고 가정하면, 약실 압력p과 탄자 속도V의 관계식은 식 [3-21]과 같이 나타낼 수 있다.

$$pA = \frac{d(mV)}{dt} = m\frac{dV}{dt} \qquad [3\text{-}21]$$

따라서 임의시간 t_n이 지난 후에 탄자 속도 V_n은 식 [3-5]를 적분하여 구할 수 있다. 즉, 식 [3-21]에서 dt와 m을 좌변으로 이항시킨 후 좌변과 우변을 적분하면, 각각 식 [3-22]와 식 [3-23]이다.

$$\frac{A}{m}\int_0^{t_n} p(t)dt = \int_0^{V_n} dV \qquad [3\text{-}22]$$

$$\therefore V_n = \frac{A}{m}\int_0^{t_n} p(t)dt \qquad [3\text{-}23]$$

식 [3-23]의 우변에 있는 $\int_0^{t_n} p(t)\,dt$ 값은 $p-t$곡선에서 t가 0에서 t_n까지 구간의 밑면적을 구하면 V_n을 구할 수 있다.

따라서 이 구간에 대한 〈그림 3.25〉 ❶의 $p-t$곡선을 도식적圖式的 적분을 하거나, $p=f(t)$ 식을 식 [3-6]에 적용하면 V_n을 구할 수 있다. 그리고 이러한 과정을 반복하면 〈그림 3.25〉 ❶과 같이, $V-t$곡선을 구할 수 있다.

한편, 탄자 속도 V는 식 [3-24]와 같이 시간에 따른 탄자 위치의 변화율로 정의할 수 있다.

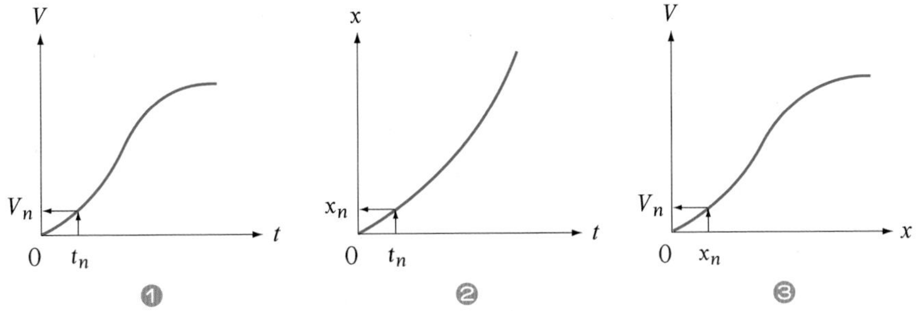

그림 3.25 | ❶ 탄자 속도-시간, ❷ 탄자 위치-시간, ❸ 탄자 속도-위치 곡선

$$V = \frac{dx}{dt} \quad \text{[3-24]}$$

식 [3-24]에서 정지한 탄자가 가속되어 임의시간 t_n이 지났을 경우, 탄자의 위치 x_n은 식 [3-25]와 같이 표현할 수 있다.

$$x_n = \int_0^{t_n} V(t)dt \quad \text{[3-25]}$$

x_n은 식 [3-23]으로부터 구한 $V-t$곡선의 밑면적과 같으며, 이를 식 [3-25]에 적용하면 〈그림 3.25〉 ❷와 같이 $x-t$곡선을 구할 수 있다.

또한 $V-t$곡선과 $x-t$곡선에서 각각 V_n, x_n, t_n을 알 수 있으므로 〈그림 3.25〉 ❸과 같이 $V-x$곡선을 구할 수 있다. 여기서 $V-x$곡선은 포신이나 총열의 길이를 결정하기 위한 실험데이터로 활용될 수 있다.

(3) 약실 압력^p – 탄자 위치^x 곡선의 결정

실험을 통해 구한 $p-t$곡선과 식 [3-25]로부터 구한 $x-t$곡선[그림 3.26 ❷]을 갖고 〈그림 3.26〉 ❸과 같이 $p-x$곡선을 얻을 수 있다.

예를 들어 임의시간 t_n에 해당하는 약실 압력 p_n과 탄자의 위치 x_n은 각각

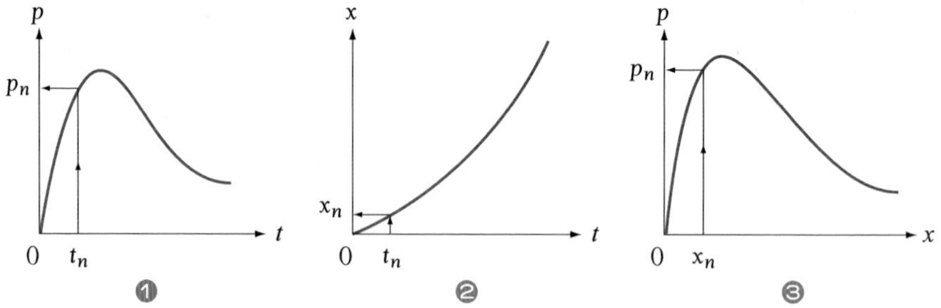

그림 3.26 | ❶ 압력-시간, ❷ 탄자 위치-시간, ❸ 약실 압력-탄자 위치 곡선

〈그림 3.26〉 ❶과 ❷를 통해서 알 수 있다. 그리고 이들 값으로 ❸과 같이 $p-x$ 곡선을 구할 수 있다.

총이나 포의 $p-x$곡선은 포신이나 총열의 두께나 재질을 결정할 수 있는 중요한 설계데이터로 활용될 수 있다.

제5절 대구경 탄약

1. 곡사포탄

(1) 고폭탄

고폭탄HE탄, High Explosive Munition은 〈그림 3.27〉에서 보는 바와 같이, 탄자의 대부분이 작약으로 충전되어 있다. 그리고 탄이 발사되면 신관이 작동되어 보조작약을 폭발시키게 되어 있다. 이때 생긴 충격파로 고성능 폭발물인 작약이 폭발하면서 폭풍과 파편을 발생시켜 인원을 살상하거나 물자를 파괴할 수 있는 탄약이다.

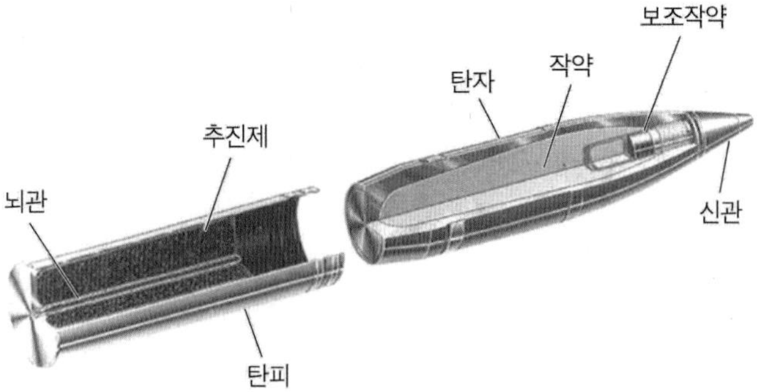

그림 3.27 | 고폭탄

(2) 대인 개량탄

대인 개량탄ICM탄, Improved Conventional Munition은 〈그림 3.28〉과 같이 탄체에 여러 개의 자탄이 장입된 탄약이다. 이 탄약은 발사된 후 목표지역 상공 250~350m에서 시한신관time fuse이 작동하여 방출배제 장약을 폭발시켜 탄체 속에 있는 자탄을 탄저에서 방출시킨다. 이렇게 포탄에서 방출된 자탄은 공중에서 분산낙하 후 지면과 충돌함으로써 폭발한다. 이 탄약은 폭발 시에 약 600개의 파편이 비산하기 때문에 대인 살상능력이 좋다. 그리고 지면과 충돌한 후 지상으로부터 1~2m 도약한 후 공중에서 폭발하기 때문에 참호 속에 있는 숨어 있는 인원도 살상시킬 수 있다.

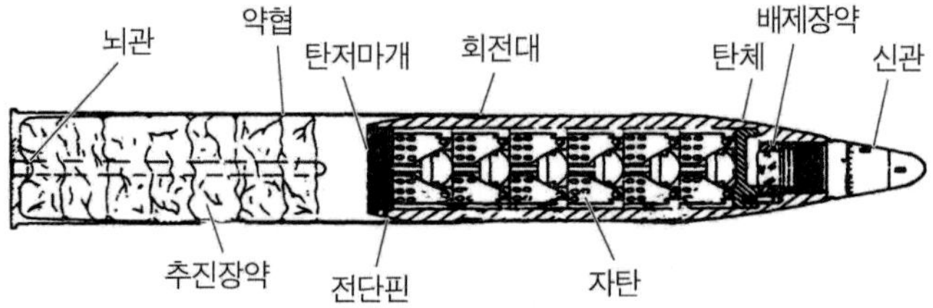

그림 3.28 | 대인 개량탄

(3) 이중목적 고폭탄

이중목적 고폭탄DPICM: Dual Purpose Improved Conventional Munition탄은 비교적 넓은 지역에 흩어져 있는 인원을 살상하거나 장갑차 등을 파괴할 목적으로 개발된 탄약이다. 주요 구성품은 〈그림 3.29〉에서 보는 바와 같이, 탄자 속에는 약 40~60여 발의 자탄이 들어 있다. 이 탄약은 탄자가 발사되어 일정 시간 동안 날아가다가 발사 전에 설정한 시간이 경과 후 신관이 작동되면 방출장약을 점화시킬 수 있게 되어 있다. 그리하여 방출장약이 연소하면서 생긴 가스의 힘으로 탄저 마개가 열리면서 자탄을 표적의 상공에 방출할 수 있게 되어 있다. 방출된 자탄은 표적에 충돌하면서 성형 작약으로 장갑을 관통약 7cm 정도하거나 인원을 살상할 수 있게 되어 있다.

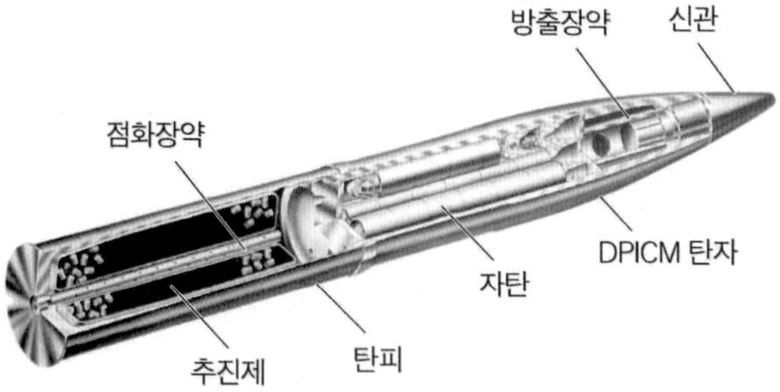

그림 3.29 | 이중목적 고폭탄

(4) 로켓보조 고폭탄

로켓보조 고폭탄HERA탄, High Explosive Rocket Assisted은 주로 구경 105mm 또는 155mm 곡사포탄에서 사용하고 있으며 사거리를 연장하고자 개발되었다. 이 탄약은 로켓보조 추진탄Rocket Assisted Projectile이라고도 부르며 〈그림 3.30〉에서 보는 바와 같이 탄약은 탄자의 후미에 로켓추진제가 충전되어 있어서 포탄이 발사되면, 일정한 시간10~20초이 지난 후에 약 2~3초 동안 로켓추진제가 연소한다. 그 결과 탄자가 추가로 추진력을 얻기 때문에 사거리를 증가시킬 수 있다. 이 탄약은 기존의 화포에 장착된 포신을 그대로 사용하면서도 사거리를 기존의 탄약보

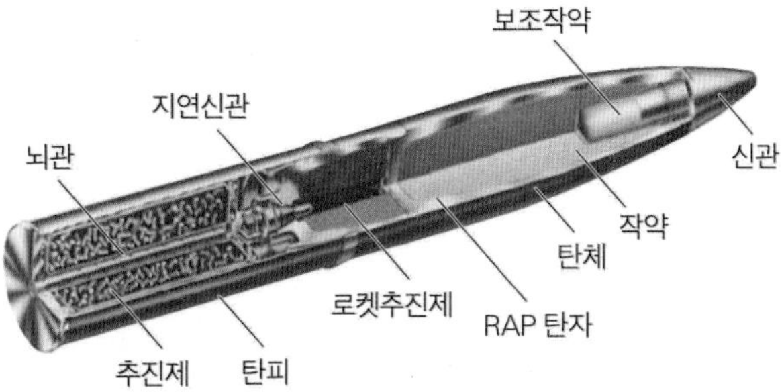

그림 3.30 | 로켓보조 고폭탄

다 20~50% 정도 연장할 수 있다. 그러나 로켓추진제가 차지하는 공간만큼 작약을 충전하지 못하므로 탄의 위력이 저하되는 단점이 있다.

(5) 탄저연소탄

보통 탄자가 고속으로 날아갈 때 탄자의 후미는 진공 또는 저압 상태가 된다. 이 때문에 탄자의 앞쪽과 후미 부근의 공기압력 차가 클수록 항력이 커진다. 따라서 탄저연소탄BB(Base Burning)탄은 항력을 감소시키기 위해 항력 제거용 추진제를 서서히 연소시켜 탄자의 후미 부근의 압력을 상승시켜 저항력을 감소시킨 탄약이다. 그 결과 기존의 탄약에 비해 사거리를 10~25% 정도 상승시킬 수 있다.

(6) 감응식 장갑파괴탄

최근 전차는 여러 겹의 장갑으로 이루어진 적층 장갑, 장갑판 사이가 비어 있는 중공 장갑, 또는 장갑판 사이에 세라믹과 같은 고강도 재료를 넣은 초밤chobham 장갑 등으로 덮여 있다. 그 결과 기존의 성형작약탄HEAT으로 전차를 공격하는 경우에 효과가 크게 낮아졌다. 이것을 보완하기 위하여 새로 개발된 탄이 바로 감응식 장갑파괴탄SADARM탄, Sense And Destroy ARMor projectile이다.

SADARM의 작동과정을 요약하면 〈그림 3.31〉에서 보는 바와 같이 크게 여덟 단계로 구분된다. ❶ 화포에서 발사된 탄이 목표 상공에 도달하며 발사된다. ❷ 상공에서 신관이 작동해 여러 개의 자탄이 탄의 후미로 방출된다. ❸ 낙하산

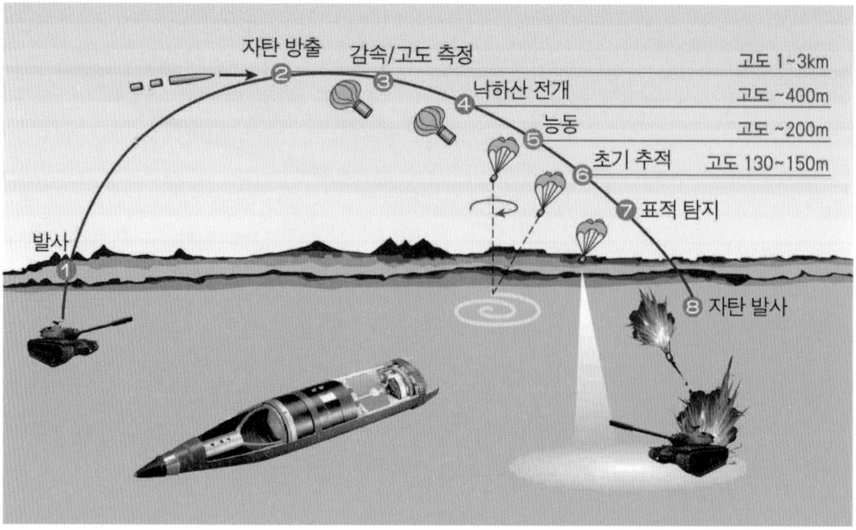

그림 3.31 | 감응식 장갑파괴탄의 작동과정

이 펴지면서 탄의 낙하속도가 감속되며 이때 고도를 측정한다. ❹ 낙하산이 완전히 전개되고 자탄들이 각각 낙하산에 매달려 빙글빙글 돌면서 서서히 낙하한다. ❺ 자탄에 부착된 능동센서가 적 지역에 있는 전차나 장갑차 등 목표물을 포착한다. ❻ 표적을 추적하기 시작한다. ❼ 목표물을 감응한 자탄은 목표 상공 130~150m에서 표적을 탐지한다. ❽ 자탄이 발사되면서 '자기 단조 파편'을 만들어 전차나 장갑차의 상부 등을 관통시킨다. 이때 일부 자탄들은 목표물을 포착하지 못하여 지면에 떨어지게 되는데, 이것들은 지뢰처럼 작동하게 된다. 따라서 SADARM이 적 지역에서 전차나 장갑차를 공격하지 못했을 경우도 기능을 유지할 수 있다.

SADARM 자탄이 목표를 포착할 때 사용하는 센서는 적외선이나 밀리미터파를 사용하는 센서인데, 목표물을 중심으로 ±30°의 각도로 탐색하면서 낙하한다.

자기 단조 파편SFF: Self Forging Fragment이란 '스스로 단조되는 파편'이란 뜻인데, 이것이 단조forging 현상이 일어나는 과정을 알아보자그림 3.32. SADARM 자탄이 목표 상공 약 130m 지점에서 목표물을 감응하면 자탄 속에 들어 있는 원판 모양의 금속판이 수백 m/s의 속도로 발사된다. 이때 원판은 높은 열과 높은 압력을 받

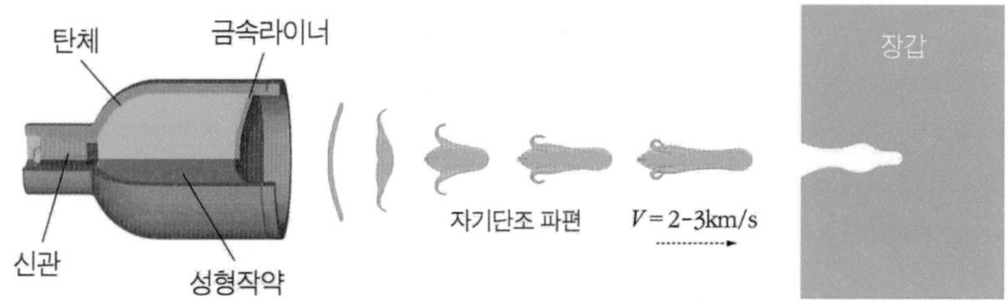

그림 3.32 | 자기단조파편탄의 관통 원리

아 그 형태가 원뿔형으로 변하면서 단조된다. 이 금속판이 표적을 향해 돌진하면서 끝이 더욱더 뾰족하게 단조된다. 그리고 이렇게 단조된 탄은 다른 일반 탄자에 비해 약 20배의 위력을 갖는 탄자로 바뀐다. 이때 단조된 파편의 형상은 금속판의 재질, 두께, 지름, 만곡도 등에 의해 원뿔형, 구형, 봉형 등 임의의 형상으로 변형시킬 수 있다.

(7) 유도 포탄

유도 포탄CLGP: Cannon Launched Guided Projectile은 기존 포탄의 탄두에 레이저 유도 키트를 부착하여 원하는 목표로 유도할 수 있게 되어 있다. 예를 들어 공군의 주요 임무 중의 하나는 지상목표 파괴에 있다. 그러나 그 임무달성에는 두 가지 어려움이 있다. 목표식별이 곤란하다는 점과 사격이 부정확하다는 점이다. 그러나 레이저에 의한 목표지시 및 유도방법은 이러한 문제점을 해결할 수 있다.

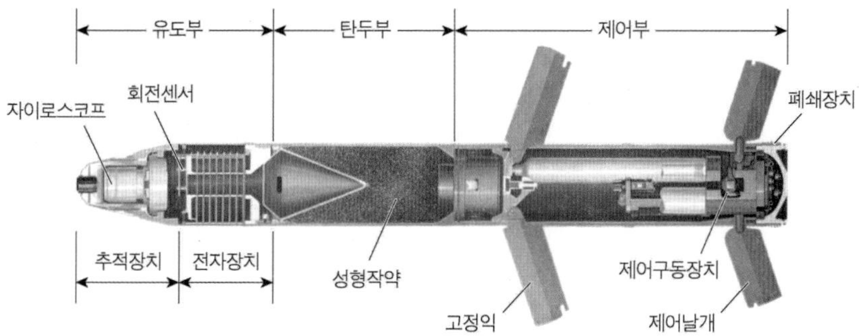

그림 3.33 | CLGP의 주요 구성품

특히 레이저빔을 표적에 비추어 지상을 공격 중인 아군 전투기가 표적을 지시해 주면 조종사는 표적을 찾는 노력을 줄일 수 있다. 또한, 위장된 진지를 공격하거나 야간폭격 시에 표적을 볼 수 없어도 정확히 공격할 수 있다. 이때 표적에 대한 레이저빔의 조사는 관측소OP에 있는 관측자에 의하여 이루어지며 장차 무인항공기를 이용하여 조사시킬 수 있다. 현재 미 육군에서는 155mm 자주포용 M109Copper Head라는 CLGP를 개발하여 사용하고 있다.

CLGP의 유도과정은 〈그림 3.34〉에서 보는 바와 같이 포의 사격 방향을 전혀 변경할 필요가 없으며, 기존 탄약과 CLGP탄을 모두 발사할 수 있다. 이 탄약의 유도원리를 살펴보면 다음과 같다. 첫째, 전방의 관측병이나 유인 또는 무인항공기로부터 대전차 공격 또는 점 표적 공격의 임무를 받으면 CLGP를 선택한다. 둘째, 탄두에 있는 레이저탐지기를 레이저빔조사기의 파장 및 펄스 코드에 맞추고 탐지기 타이머를 작동시킨다. 셋째, CLGP는 표적 근방으로 발사되어, 처음에는 기존 탄의 탄도를 따라 날아가다가 꼬리날개공력 날개를 작동시켜 궤도를 수정할 수 있다. 이처럼 기존 탄약과 달리 표적을 선택하여 정밀공격을 할 수 있는 특수탄약이다. 따라서 이 탄약이 포병 전술을 근본적으로 변화시킬 것이다.

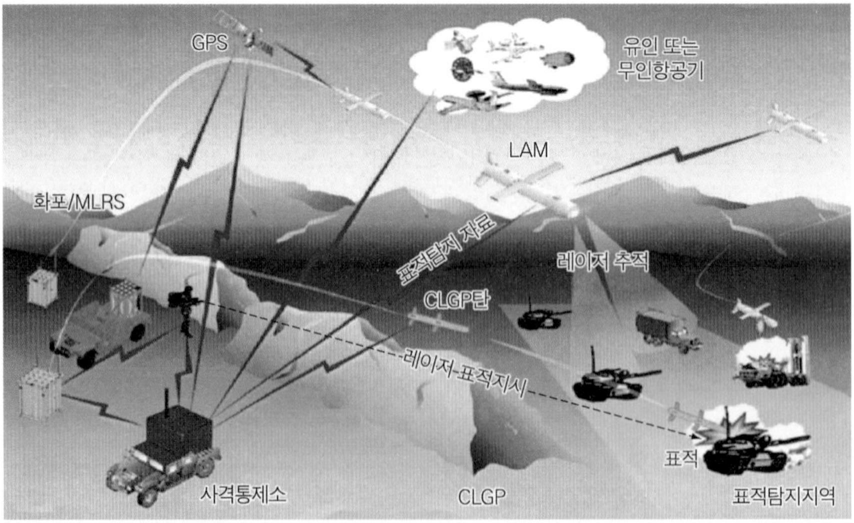

그림 3.34 | CLGP탄의 동작원리

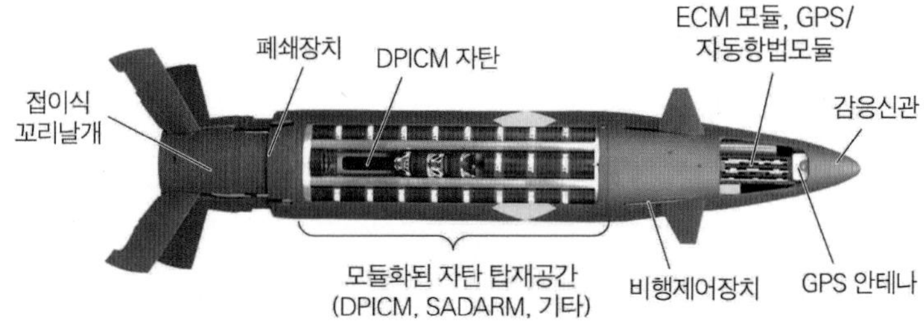

그림 3.35 | 모듈형 유도포탄

즉 지금과 같은 복잡한 사격절차가 필요 없을 것이다. CLGP를 사용하면 표적 부근까지 날아간 포탄은 전방관측자가 레이저빔을 비추는 표적을 그대로 명중시킬 수 있다. 그 결과 단번에 효력사격을 할 수 있어 기습효과를 높일 수 있다.

최근에는 〈그림 3.35〉와 같이 표적의 종류에 따라서 탄자 속에 DPICM 자탄이나 SARDARM 자탄 등과 같이 특수탄약을 탑재할 수 있는 다기능 탄약이 개발되었다. 이 탄약은 포에서 발사된 후 관성 비행하면서 GPS Global Positioning System에서 위치정보로 획득하여 정밀유도가 가능하다.

(8) 전자포탄

전자포탄은 탄체 내에 전자장치 및 안테나를 끼워 넣어 지뢰 포탄과 같이 공중에서 방출되어 지면에 박힌 후, 땅속의 진동을 감지해 병력이나 차량의 이동을 탐지할 수 있는 탄약이다. 최근에는 〈그림 3.36〉과 같이 탄체 내에 여러 개의 전자방해 장치 Electronic Counter-Counter Measures가 있는 자탄을 넣어 필요한 시기에 필요한 장소에 투발하여 적의 통신기능을 방해할 수 있는 탄약도 개발되었다.

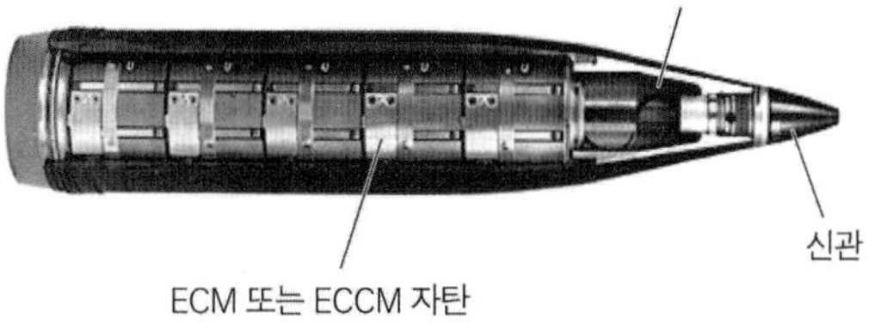

그림 3.36 | 구경 155mm 전자포탄

2. 박격포탄

(1) 박격포의 구조 및 작동원리

박격포는 〈그림 3.37〉 ❶에서 보는 바와 같이 포판을 통하여 주퇴력을 지면에 직접 전달하는 포이다. 이 화포는 대부분이 포탄을 포구로 장전하는 포구 장전식이면서 포신에는 강선이 없는 활강식 포이다. 그리고 〈그림 3.37〉 ❷와 같이 포탄에 날개를 달아 날아가는 동안 안정시킨다. 박격포탄은 대구경 곡사포탄과 마찬가지로 고폭탄, 성형작약탄, 연막탄, 소이탄 등 다양한 종류가 있으며, 그 구조는 곡사포탄과 비슷하다.

탄자의 몸체는 스핀들 형상 또는 긴 타원형 형상이고 드물게는 원통 모양도 있다. 그리고 몸체의 가장 두꺼운 부분에는 홈이 가공되어 있어 추진가스의 누출을 막기 위한 밀폐기능을 한다. 날개 결합체는 6~12개의 날개를 가지고 있으며, 일반적으로 알루미늄합금을 압출시켜 제작한다. 속이 비어 있는 날개 결합체의 축은 알루미늄으로 되어 있고, 추진제와 뇌관이 있다. 〈그림 3.37〉에서 보

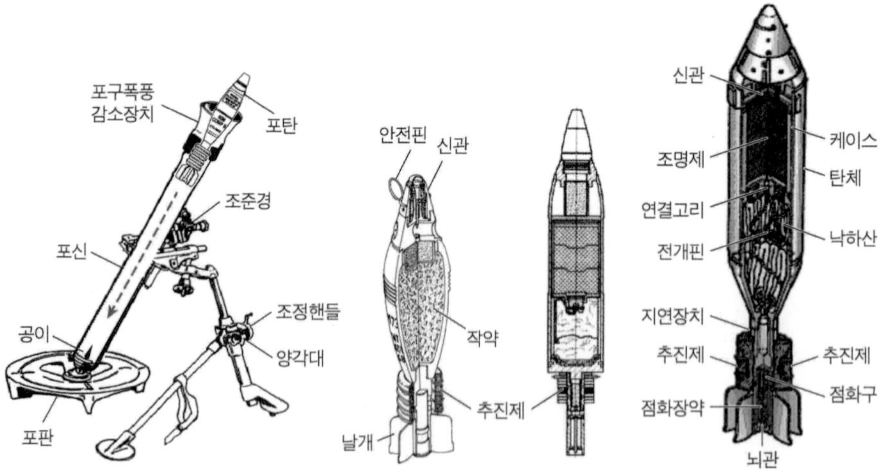

〈81mm 고폭탄〉 〈4.21inch 조명탄〉 〈120mm 조명탄〉

❶ 박격포 ❷ 박격포탄의 구조

그림 3.37 | 박격포와 박격포탄의 개략도

는 바와 같이 짧은 활강 포열을 가진 가장 간단한 구조의 화기이다. 일반적으로 구경은 40~130mm이고, 포구에서 장입시키는 포구 장전식이며 45° 이상의 고각 사격이 가능하다.

박격포는 야포와 비교해 볼 때 구조가 간단하고, 고각사격이 가능하다. 이 때문에 지형이 험한 곳에서도 운용할 수 있고, 포탄의 살상위력이 크다. 그러나 명중도가 낮고, 기상조건에 취약하며 사거리가 짧다.

(2) 박격포탄의 특징

박격포탄은 폭발 시에 〈표 3.12〉에서 보는 바와 같이, 일반 곡사포탄보다 파편효과가 더 크다. 특히 비슷한 구경의 탄약으로 사격했을 경우, 곡사포탄보다 살상면적이 더 넓다.

곡사포탄보다 박격포탄이 살상 또는 관통 효과가 더 좋은 이유는 두 가지 요인이 있다.

첫째, 박격포탄은 포열 내에서 압력을 적게 받기 때문에 포탄 두께를 포병용 포탄보다 얇게 할 수 있다. 그리고 구경이 작은 박격포는 파편효과를 높이기 위하여 탄자에 V자 모양으로 만든 일종의 홈인 노치notch를 만들어 놓기도 한다. 또한, 대인 살상용 포탄의 파편효과를 결정하는 데 적용되는 일반적인 법칙은 대략 질량이 1g인 파편을 최대로 많이 얻도록 설계한다. 이것은 탄두 외벽의 두께와 폭약의 양에 관계되며, 외벽의 두께를 얇게 하거나 폭약의 양이 많을수록 파

표 3.12 | 박격포탄과 곡사포탄의 살상면적 비교

구 분	구 경	탄 종 (고폭탄)	살상면적(m^2)	
			지상폭발	2m 공중폭발
박격포	4.2인치(107mm)	M329	552	838
	120mm	M44V1	720	1,244
포병 포탄 (곡사포)	105mm	HE M1	415	650
	155mm	HE M107	500	816

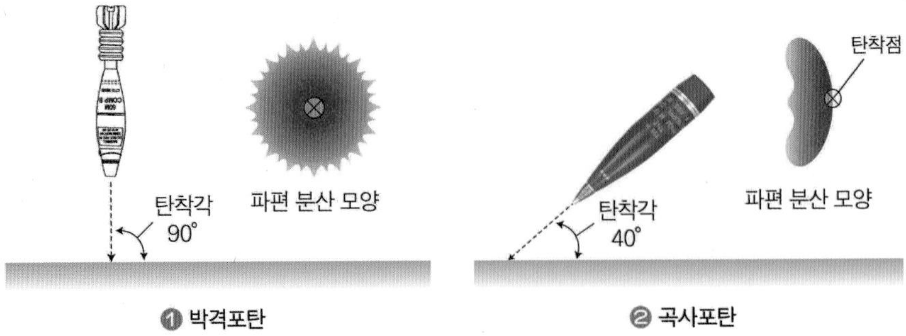

그림 3.38 | 박격포와 곡사포의 파편의 분산 비교

편효과는 커진다. 극단적으로 두꺼운 용기 내에 적은 양의 폭약을 넣어 폭발시키면 용기는 여러 조각으로 파괴되지 않는다. 반면에 얇은 용기 내에 많은 폭약을 넣으면 그 용기를 산산조각으로 만들 수 있다. 그러나 두께가 너무 얇은 탄은 사격 시에 추진가스 압력에 의해 포열 내부에서 폭발할 가능성이 있어 주의해야 한다. 실제로 매우 얇은 두께로 탄을 설계하기 어렵다.

둘째, 고각사격 때문에 포탄은 땅에 떨어질 때 수직에 가까운 각도를 이루게 된다. 만일 탄착각이 90°가 되면, 파편은 거의 원 모양으로 흩어진다. 이에 비해 낮은 각도로 떨어지는 곡사포탄은 파편이 완전한 원을 이루지 못하는 하트heart 모양처럼 흩어진다. 또한, 곡사포탄은 파편이 땅속으로 파고 들어가기 때문에, 〈그림 3.38〉에서 보는 바와 같이 박격포탄보다 살상면적이 좁다.

(3) 박격포의 설계 시 고려사항

박격포를 설계할 경우, 포탄과 포열 사이의 간격이 매우 중요하다. 그 주된 이유는 박격포탄을 포열에 장전시킬 때 어느 정도 간격이 있어야 하기 때문이다. 이 간격이 너무 좁으면 포탄과 포열 사이의 마찰이 커서 포탄이 천천히 내려가 공이에 닿기 때문에 사격속도가 저하된다. 그리고 극단적인 경우에는 포탄을 발사할 수 없게 된다. 이와 반대로 추진제가 연소한 후에는 포탄과 포열이 잘 밀폐되어야 추진가스 압력을 최대로 전달하여 포구 속도를 높일 수 있다. 이러한 문제를 해결하기 위하여 포탄이 장전될 때 공기가 배출되도록 포열의 하부에 밸브를 사용하려는 시도가 있었으나 밸브가 막히거나 달라붙는 문제가 발생하였다.

또 다른 방법은 포미 장전식 박격포를 사용하는 것인데, 이 경우 포의 구조가 복잡하게 되어 박격포의 장점이 없어진다. 결국, 포탄 주위에 원형의 밀폐링을 만들어 포구를 통하여 장전 시에는 밀폐링이 축소되어 쉽게 장전되도록 하고, 발사 시에는 추진가스의 힘으로 밀폐링을 확대하여 포신 벽에 밀착되도록 하여 이러한 문제를 해결하였다.

3. 전차포탄

(1) 종류 및 특징

전차포탄은 〈표 3.13〉과 같이 탄자가 표적에 가하는 에너지의 형태에 따라서 운동에너지 탄약, 운동 및 화학에너지 탄약, 화학에너지 탄약으로 분류할 수 있다. 또는 탄자가 표적과의 충돌 직전에 작약이 폭발하여 생긴 운동에너지를 이용하는 비관성 탄자와 관성에너지만으로 표적에 운동에너지를 가하는 관성 탄자로 구분할 수도 있다.

표 3.13 | **대(對)장갑 탄약의 종류 및 특징**

구 분		탄자의 단면도		구조 및 특징	주요 표적
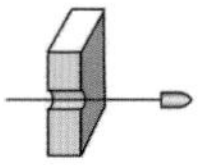 운동에너지탄	관성탄자	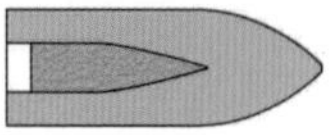 AP파편탄 (Armor Piercing Shell)	비감소 구경탄	• 탄체 속에 작약이 장입되어 있음 • 장갑 관통 후 작약이 폭발하여 장갑 내부에 피해를 줌 	밀폐 장갑
		 APC탄(Armor Piercing Capped)		• 연성재질의 탄두모자가 있음 • 장갑충돌 시 미끄러짐을 최소화할 수 있음	경사진 장갑
		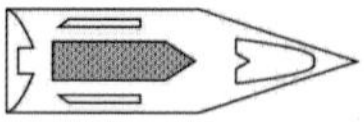 APCR탄(Armor Piercing Composite Rigid)		• 탄심(core)을 제외한 다른 구성품은 경량의 재질로 구성됨 • 탄저단면적은 증가시키고 작은 탄심을 사용하여 포구 속도를 증가시킴	근거리 경(輕)장갑
		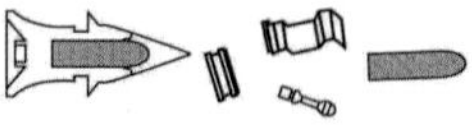 APDS탄(Armor Piercing Discarding Sabot)	감소 구경탄	탄자가 포구를 이탈하면서 공기저항을 이용하여 이탈피와 탄심을 분리시킨 후 탄심만 표적에 고속으로 충돌함	세라믹 복합 장갑 (전차)
 운동/화학 에너지탄	비관성탄자	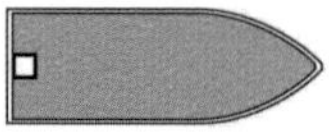 HESH탄(High Explosive Squash Head)		탄체 내에 원추형 금속라이너	콘크리트 구조물 (방호벽, 참호)
		 SFF탄(Self Forging Fragment)	비감소 구경탄	• 성형작약의 전면에 오목한 그릇모양의 금속라이너가 있음 • 성형장약의 폭발력에 의해 파편이 탄자형상으로 단조(forging) 되어 2~3km/s의 속도로 장갑에 충돌하여 관통시킴	적층장갑, 유격장갑
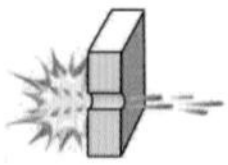 화학에너지탄		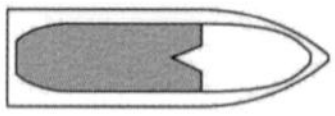 HEAT탄(High Explosive Anti Tank)		원추형 마개의 표면으로부터 용융된 금속(플라스마)이 빠른 속도로 분사되어 장갑판에 열 및 압력에너지를 가하여 관통시킴	금속장갑 (전차, 장갑차 등)

(2) 관성탄자

1 보통 철갑탄

철갑탄은 탄자가 표적에 충돌하면서 운동에너지를 전달하여 장갑을 관통시키는 탄약이다. 이러한 탄약에는 〈그림 3.39〉에서 보는 바와 같이, 탄자의 구조와 재질에 따라서 크게 네 가지로 구분할 수 있다.

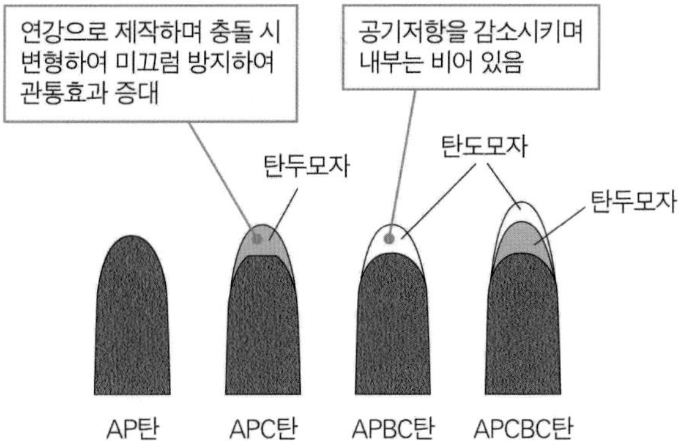

그림 3.39 | 각종 철갑탄의 탄자

첫째, AP(Armor Piercing Shell)탄은 탄저에 신관과 탄체 속에 충전된 작약이 장갑을 관통한 후 장갑내부에서 폭발하여 피해를 줄 수 있다. 이 탄약은 밀폐된 장갑을 공격할 때 효과적인 탄약이다.

둘째, APC(Armor Piercing Capped)탄은 탄자에 연성 재질의 탄두모자가 있어서 장갑과 충돌 시에 미끄러짐을 최소화할 수 있다. 특히 〈그림 3.40〉에서 보는 바와 같이 연강으로 만든 탄두모자에 의해 충돌 시에 탄착각을 90°에 가깝게 장갑을 관통시킨다. 그 결과 경사진 장갑과 충돌하는 경우에 관통력이 크게 높아질 수

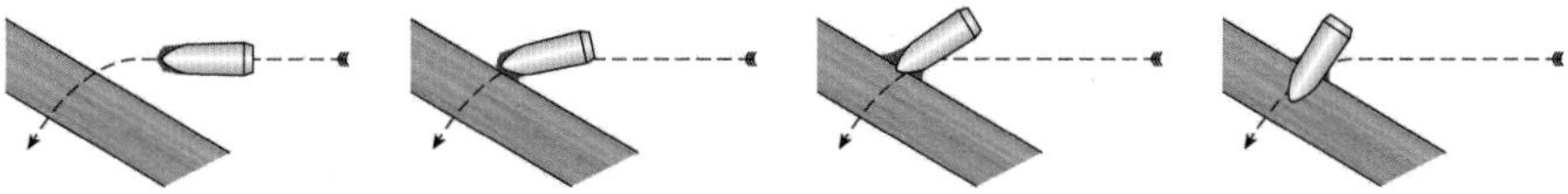

그림 3.40 | APC탄의 관통 원리

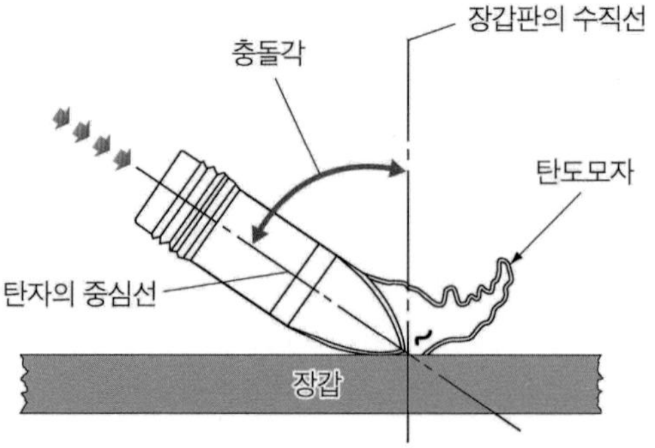

그림 3.41 | APBC탄의 장갑관통 원리

있다.

셋째, APBC[Armor Piercing Ballistic Capped]탄은 AP탄에 비행 시에 공기저항을 줄이기 위해 알루미늄합금과 같이 가벼운 재질로 만든 속이 비어 있는 탄도모자가 있는 탄약이다. 이 탄약은 〈그림 3.41〉에서 보는 바와 같이 장갑판에 충돌 시에 탄도모자는 장갑판의 관통에 거의 영향을 주지 못한다. 즉 탄도모자는 단지 탄자의 공기저항을 감소시키는 기능을 한다. 그리고 경사각이 작을수록 장갑판에 작용하는 탄자에 의한 충격에 의한 응력이 크기 때문에 관통 효과가 크다.

넷째, APCBC[Armor Piercing Capped Ballistic Capped]는 APC탄과 APBC탄의 장점을 합친 탄약이다.

2 경심 철갑탄

경심 철갑탄[APCR: Armor Piercing Composite Rigid]탄은 〈그림 3.42〉에서 보는 바와 같이, 탄심[core]을 제외한 다른 구성품을 가벼운 재질로 만든 탄약이다. 그리하여 탄자가 발사 시에 탄저 단면적을 증가시킴으로써 포구 속도를 증가시켜서 관통력을 높인 탄약이다. 주로 근거리 경[輕]장갑을 공격할 때 사용하고 있다.

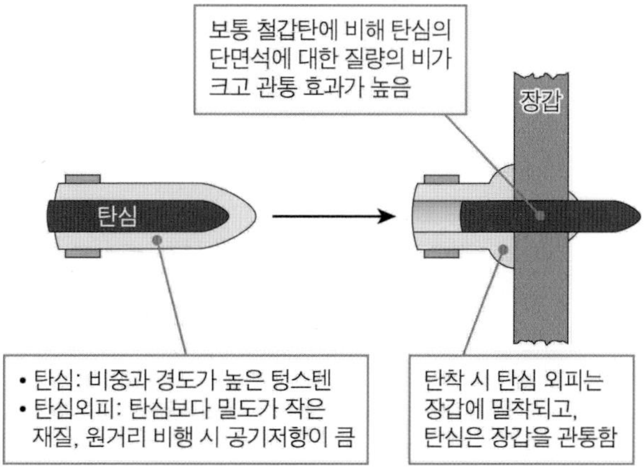

그림 3.42 | 경심 철갑탄의 관통원리

3 날개안정 감소구경탄(APDS)

날개안정 감소구경탄APFSDS: Armored Piercing Fin Stablized Discarding Sabot은 발사 후 포탄 측면에 부착된 이탈피가 분리되고 송곳처럼 뾰족한 관통자탄심만 빠르게 비행하여 두꺼운 장갑을 관통한다. 즉 운동에너지를 이용하여 장갑을 관통시키기 때문에 포구 속도가 빠를수록 관통 효과가 크다. 따라서 포구 속도를 높이기 위해 탄자를 포신 내에서 추진가스 압력을 많이 받도록 〈그림 3.43〉에서 보는 바와 같이 이탈피를 부착하였다. 이탈피는 포탄이 포구를 빠져나온 후 일정 시간이 지나면 공기저항을 적게 받기 위하여 두 쪽으로 분리되어 떨어져 나간다. 그리고 고밀도 · 고강도 텅스텐또는 열화우라늄 재질로 된 관통자만 표적을 향하여 날아갈 수 있게 되어 있다. 다시 말하면 포신 내부에서는 추진압력을 더 크게 받을 수 있도록 이탈피를 부착하여 포구 속도를 높이고, 일단 탄자가 포구를 빠져나가면 이탈피를 제거하여 관통자의 공기저항을 감소시킨 탄약이다.

APFSDS탄은 운동에너지를 이용하여 두꺼운 장갑을 관통하게 되는데, 이 포탄의 관통력은 운동에너지의 크기에 의하여 좌우된다. 이때 운동에너지를 크게 하기 위해서는 탄자의 질량과 포구 속도를 증대시켜야 한다. 관통자의 질량을 증가시키기 위해서는 관통자의 길이를 길게 만들어야 해서 모양이 송곳과 같은 형태를 띠게 된다. 이렇게 탄자의 지름의 크기에 비해서 길이가 긴 탄자일 경우, 탄자의 안정을 위해서 반드시 날개fin를 달아야 한다. 참고로 연구결과에 의하면,

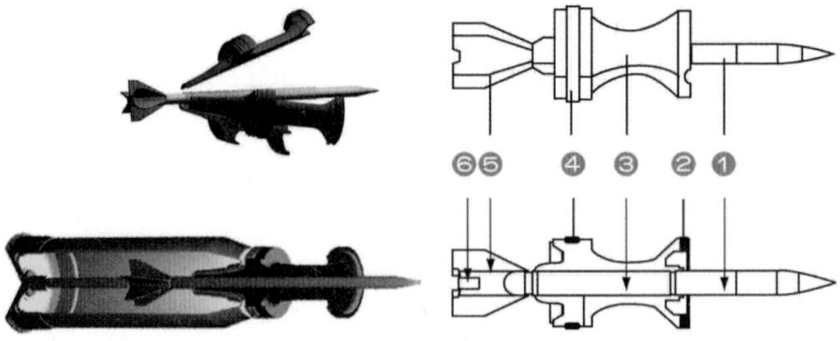

그림 3.43 | APDS탄의 구성부품과 명칭

일반적으로 탄자의 길이 대 지름 비율이 6 : 1 이상이면 날개를 부착해야 안정된 탄도를 유지할 수 있다.

현대 전차포는 강선포보다 활강포를 채택하는 경우가 많다. 이는 포구 속도를 증가시켜 탄자가 갖는 운동에너지를 증대시키기 위해서이다. 우리나라의 K1A1 전차, 미국의 M1 전차나 소련의 T72, T80 전차, 독일의 레오파드 II 전차 등은 모두 활강포를 장비하고 있다. 그러나 우리나라의 K1 전차나 영국의 챌린저 전차는 강선포를 장착하고 있어서 APFSDS탄을 사격하려면 강선의 영향을 받지 않도록 탄자를 헛돌게 하는 회전링rotating ring을 끼워야 한다.

관통자의 재질로는 밀도가 큰 재료인 텅스텐 합금이 사용된다. 이 포탄의 포구 속도는 약 1.5km/s이며, 발사 시에 약실 압력은 63,000psi에 이르고, 약 48cm의 장갑판을 관통시킬 수 있다. 최근 우리나라K1A1, K2 전차를 포함한 선진 각국에서는 전차의 주포를 120mm로 크게 하고 있는데, 120mm APFSDS탄을 사격할 경우 포구 속도가 약 1.7km/s이다. 이 포탄은 발사 시에 탄피도 연소하는 소진 탄피를 사용하기 때문에 전차의 내부공간이 넓어지는 장점을 갖고 있다.

4 분산 탄약[9]

분산 탄약canister은 〈그림 3.44〉에서 보는 바와 같이, 탄두 속에 지름 약 1cm인 텅스텐 볼ball이 약 1,100여 개가 내장되어 있으나 신관은 없다. 이 탄약은 〈그

9 www.globalsecurity.org/military

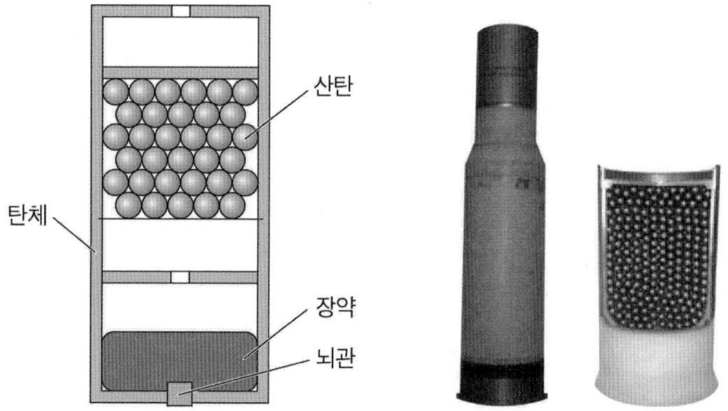

① 주요 구성품 ② 120mm 분산탄

그림 3.44 | 분산탄의 주요 구성품

그림 3.45 | 분산탄에 의한 공격 개념도

림 3.45〉와 같이 탄자가 포구에서 약 1.4km/s로 빠져나오면서 일정한 거리까지는 관성에 의해 직선운동을 한다. 그러나 텅스텐 볼은 공기저항과 중력에 의해 분산되면서 표적에 충돌하거나 관통한다. 그 결과 약 200~500m 이내의 거리에 있는 대전차 로켓 포대, 다목적차량, 철조망, 경[輕]장갑차, 보병 등의 표적에 피해를 줌으로써 전차의 생존 가능성을 높일 수 있다.

〈그림 3.46〉은 최근 개발되고 있는 분산탄의 작동 개념도를 나타낸 그림이다. 그림에서 보는 바와 같이 전자신관으로 작동되는 분산탄을 전차나 장갑차에 탑재된 포에서 발사시킬 수 있다. 사수가 표적에 조준하여 표적 제원을 입력한 후 포탄을 발사시키면, 탄자가 포구를 이탈하면서 포에 장착된 사격통제장치에 의해 탄자의 포구 속도와 표적 제원[사거리, 지연시간 등]을 자동으로 전기신관에 입력하

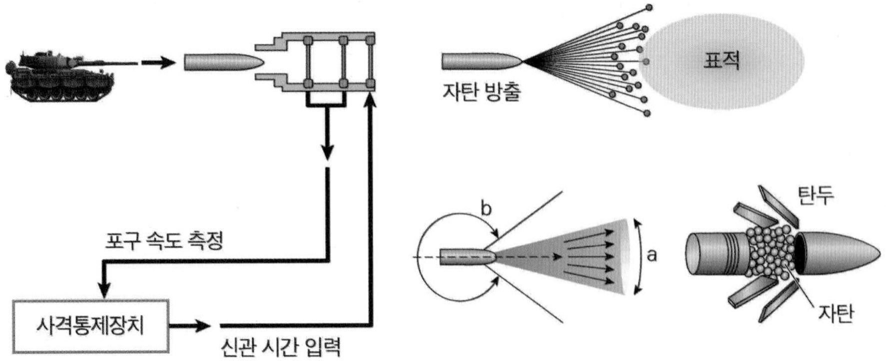

그림 3.46 | 신형 분산탄의 작동개념도

게 되어 있다. 그 결과 일정한 거리를 비행한 후 탄두에서 자탄이 비산하여 밀집 또는 분산된 인원이나 장비에 치명적인 피해를 줄 수 있다. 그리고 자탄은 운동에너지 효과를 극대화하기 위해서 〈그림 3.46〉의 오른쪽 아래에 있는 그림과 같이 원뿔형 모양으로 흩어지도록 설계되어 있다.

(3) 비관성 탄자

1 점착탄

점착탄HESH탄, High Explosive Squash Head은 2차 세계대전 중에 벙커와 같은 콘크리트 구조물을 파괴할 목적으로 개발되었으며, 장갑 공격에도 효과적인 탄약이다. 이 탄약은 취성이 약한 장갑을 파괴할 때 유용하다. 점착탄은 장갑에 강한 충격파를 가하여 장갑을 파괴한다. 이때 충격파를 이용한 장갑의 파괴원리는 매우 간단하다. 〈그림 3.47〉에서 보는 바와 같이, 점착포탄은 탄자가 진흙 덩어리처

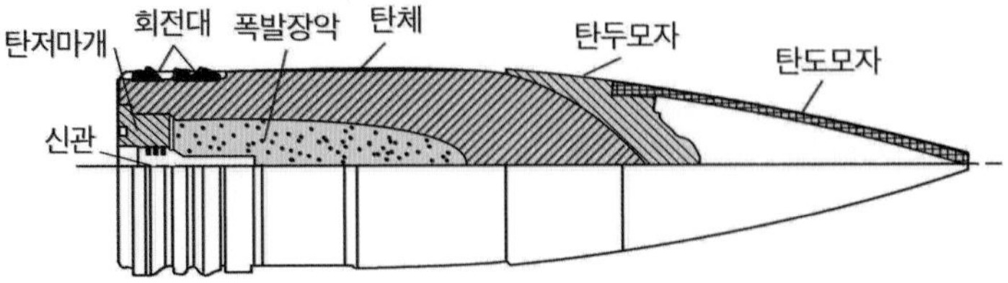

그림 3.47 | 점착탄의 탄두 구조

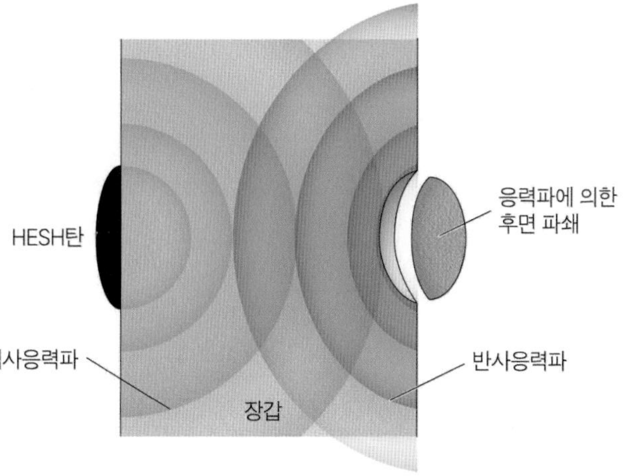

그림 3.48 | 점착탄의 후면 파쇄

럼 매우 연한 재질로 되어 있다. 이 탄약은 말랑말랑한 폭발작약이 장갑판에 붙어 폭발하면서 발생된 충격파가 파동의 형태로 장갑의 내부에 전파된다. 그리하여 〈그림 3.48〉에서 보는 바와 같이, 충격파[입사응력파=입사압축파]가 장갑의 후면[자유면]에 도달하면, 장갑의 외부로 소멸하지 않고 밀도가 높은 장갑 쪽으로 다시 반사되어 반사파[반사응력파=반사인장파] 형태로 되돌아오면서 전파된다. 이때 반사 인장파는 계속해서 전파되어오는 입사압축파를 뚫고 장갑 표면으로 전파된다. 이때 반사파는 밀도가 높아진 재료를 통과하므로 입사파보다 더 빠른 속도를 갖는다. 따라서 장갑 내부의 임의 지점에서의 순간 압력은 이러한 입사파와 반사파를 더한 압력이므로 처음보다 충격파가 더 커진다. 이 순간 압력이 재료의 항복 응력을 초과할 경우, 장갑판 뒷면이 부서지는 현상인 후면 파쇄[spalling, scabbing] 현상이 일어난다. 이러한 원리가 바로 HESH탄에 적용되어 전차 내부의 승무원이나 전자 장비들은 탄이 폭발할 때 생긴 충격 및 반사파에 의하여 피해를 주는 것이다. 이것은 마치 해머로 전차의 장갑을 내리칠 때 발생하는 현상과 같으며, 〈그림 3.49〉와 같이 4단계 과정으로 장갑을 파괴한다. 대부분 취성재료는 타격이 일어나는 부위에서의 국부적인 항복 현상을 제외하고는, 반사파에 대하여 저항성이 매우 강하다. 따라서 장갑이 반사파에 의하여 관통되지는 않는다. 반면에 충격파에 대해서는 저항성이 약해서 쉽게 파쇄된다. 이는 장갑 재료의 내부에 존재

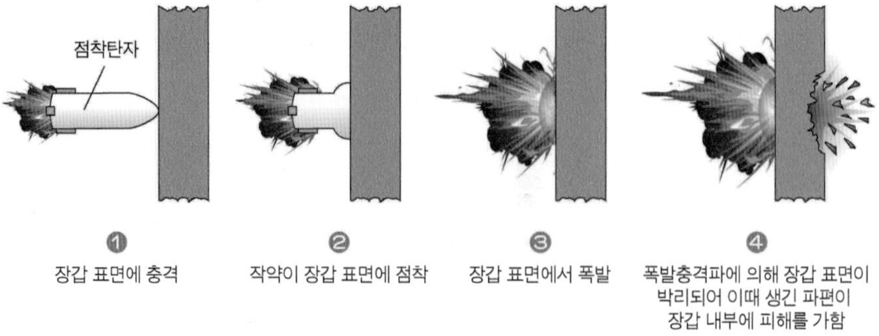

그림 3.49 | 점착탄에 의한 장갑 파괴과정

하는 불순물이나 공극 등 취약 부분이 인장 응력에 의해서 쉽게 떨어져 나가기 때문이다.

2 대전차 고폭탄

최근 전차는 여러 겹의 장갑으로 이루어진 다중장갑, 장갑판 사이가 비어 있는 유격장갑, 또는 장갑판 사이에 세라믹과 같은 고강도 재료를 넣은 초밤chobham장갑 등으로 덮여 있다. 이러한 전차의 장갑을 관통하기 위하여 고안된 탄이 바로 대전차 고폭탄HEAT탄, High Explosive Anti Tank인데, 이 탄약의 작동원리는 성형 작약 효과shaped charge effect, 즉 '먼로Munroe 효과'에 의한 것이다. 이 효과는 1880년 미 해군 어뢰창에 근무하던 찰스 먼로Charles Munroe에 의하여 연구되었다.

대전차 고폭탄은 〈그림 3.50〉에서와 같이 금속으로 된 깔때기 모양의 원추형 마개liner, 원통형 폭약, 그리고 탄저부에 위치한 신관으로 구성되어 있다. 통상 원뿔형 마개 앞쪽은 폭약이 채워지지 않고 비어 있어 이런 종류의 장약을 중공장약hollow charge이라고도 부르고 있다.

이 탄약의 동작 원리는 탄이 장갑판을 타격하면 탄저부에 있는 신관이 원통형 장약을 탄의 뒷부분으로부터 폭발시킨다. 이때 폭발파가 전방으로 이동하며 원추형 마개는 그 정점으로부터 붕괴하여 구멍이 생긴다. 원추형 마개가 붕괴하면서 길고 좁은 고온 · 고압의 폭발가스가 분사되며, 이와 동시에 원추형 마개의 표면으로부터 용융금속이 고속의 금속제트가 되어 장갑판을 관통시킨다. 그리

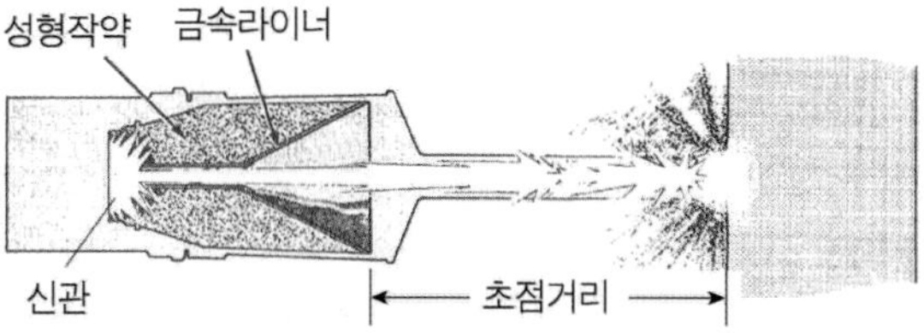

❶ 주요 구성품

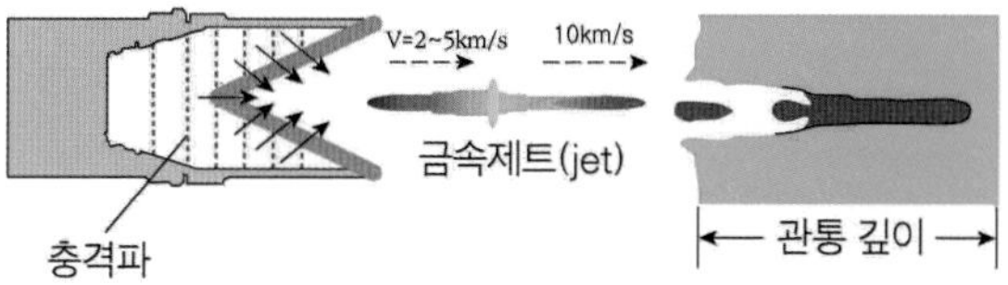

❷ 관통 원리

그림 3.50 | HEAT탄의 구조 및 작동원리

고 이 분사 물질이 장갑판의 표면을 타격할 때에 매우 높은 압력이 접촉점에서 발생한다. 이때 발생하는 분사 물질의 속도는 2~10km/s이고, 압력은 25,000at에 달한다. 이 압력으로 장갑 표면이 용융상태가 되어 장갑을 관통하게 되는 것이다.

4. 전자기 펄스탄

전자기 펄스EMP: Electronic Magnetic Pulse탄은 고출력 마이크로파high power microwaves를 발생시켜 각종 전자장비의 회로를 파괴하거나 컴퓨터에 저장된 데이터를 파괴할 목적으로 개발한 탄약이다. 이 탄약을 'e-bombs'이라고 부르기도 하며, 2003년 이라크전쟁에서 처음으로 미군이 사용한 것으로 알려져 있다.

이 탄약은 비살상 탄약으로서 순항 유도탄에 탑재시켜 목표지점 상공에서 폭발한다. 이 탄약은 〈그림 3.51〉에서 보는 바와 같이, 금속으로 된 원통형 전기자armature cylinder와 고성능 폭약 그리고 코일stator winding과 고강도 탄체로 구성되어 있다. 이때 고성능 폭약이 들어 있는 원통형 전기자와 코일 사이는 빈 공간으로 분리되어 있으며, 코일에 연결된 대용량 충전기capacitor가 있다. 또한, 이 탄약에 장착된 신관은 충전기와 코일이 연결되어 있다.

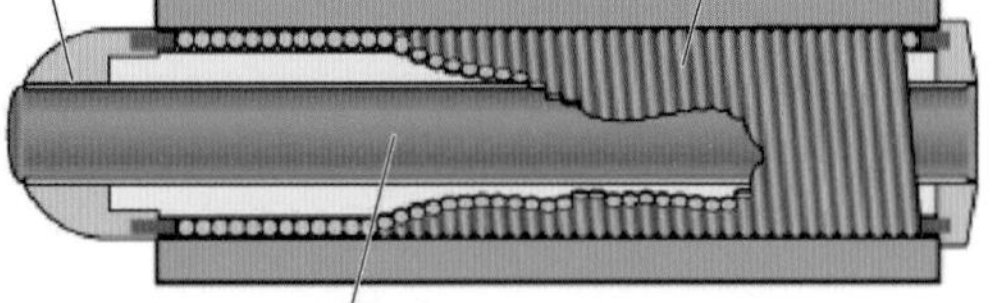

그림 3.51 | 전자기 펄스탄의 구조

전자기 펄스탄의 폭발과정을 살펴보면, 먼저 신관이 작동하게 되면 코일에 전류가 인가되면서 강력한 자기장이 발생하게 된다. 다음으로 고성능 폭발물이 폭발하면서 강력한 폭발파가 생기며, 이 폭발파는 〈그림 3.52〉에서 보는 바와 같이, 원통형 전기자의 중앙부로 전파하게 된다. 이와 동시에 폭발파는 원통형 전기자를 통과하면서 원통형 전기자와 코일을 충돌시켜 코일을 작은 파편으로 만든다. 이때 길이가 짧은 파편들이 마치 짧은 전자회로와 같은 기능을 하면서 자기장을 압축함으로써 강력한 전자기폭발을 발생시킨다. 그 결과 강력한 전자기펄스가 주위로 전파되어 전자장비에 순간적으로 과부하를 발생시켜 그 기능을 마비시키는 특수탄약이다.

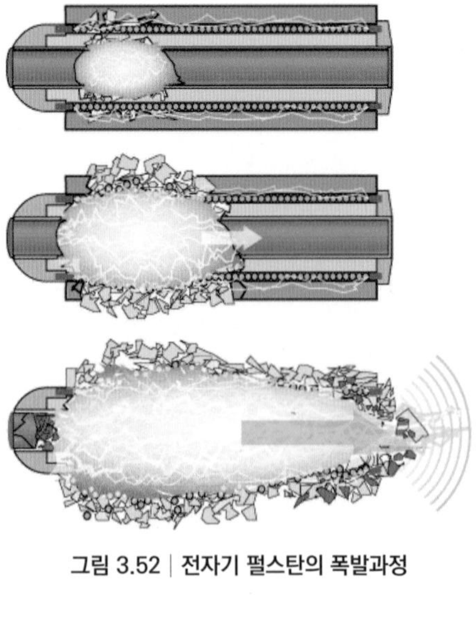

그림 3.52 | 전자기 펄스탄의 폭발과정

제6절 보호장갑[10]

장갑에 의한 방호는 주로 장갑을 두껍게 하거나 장갑 판재의 재질을 개선하고 장갑형상을 경사지게 설계함으로써 방호효과를 향상하였다. 예를 들어 1차 세계대전에서 사용하였던 전차 장갑은 두께 1.8cm의 균질 압연 강판RHA: Rolled Homogeneous Armor이었다. 그 후 대전차 무기의 성능이 향상되면서 전차 장갑의 두께도 약 25cm에서 30cm까지 증가하였다. 그 결과 전차의 중량과 크기도 증가하게 됨으로써 기동성과 생존성의 측면에서 한계에 도달하게 되었다. 특히 대전차 고폭탄HEAT탄의 출현으로 방호성능이 우수하면서 보다 가벼운 장갑이 필요하게 되었다.[11]

1. 수동형 장갑[12]

수동형 장갑passive armor은 장갑 재료의 기계적 특성, 형상 및 기하학적 배열 등을 이용하여 탄에 대한 방호성능을 발휘하도록 고려된 장갑체계로서 그 종류와 특성은 다음과 같다.

(1) 단일장갑

단일장갑monolithic armor은 가장 단순한 형태의 장갑으로 장갑 판재의 두께, 경도 등에 의해 방호효과를 발휘하며, 두께 효과를 증대하기 위해 경사진 구조로 설계하고 있다.

예를 들어 〈그림 3.53〉에서 보는 바와 같이 대전차 운동에너지탄으로 두께가 10mm인 장갑판에 같은 속도로 충돌시켰다고 가정해보자. 장갑판을 수직하게 놓았을 경우보다 60°로 기울어진 장갑판은 기하학적인 요소만 고려하더라도

10 이평수, 《방호공학》, 청문각, 2000.; 김희재, 《방탄공학》, 청문각, 2004.
11 http://www.dtic.mil/ndia
12 Jane's Defense Data, 2006.

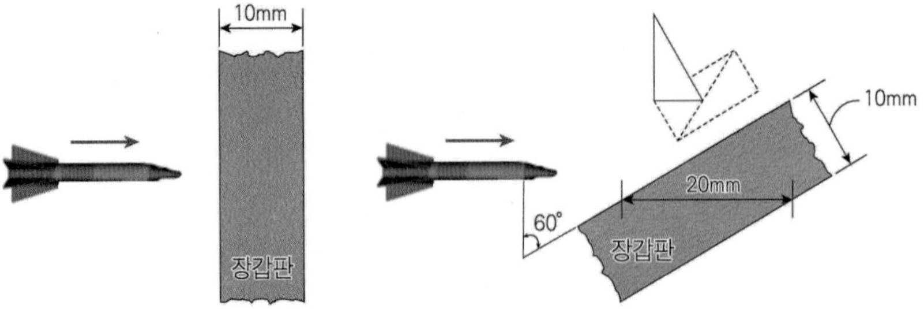

그림 3.53 | **경사진 장갑의 방호효과**

방호효과가 두 배 더 크다. 즉 두께 20mm의 수직 장갑판으로 관통시킬 경우와 같다. 그러나 경사진 장갑판은 충돌 시에 탄자의 운동방향을 바꾸어 주기 때문에 탄이 도비탄이 될 가능성이 크게 높아질 것이다. 이 때문에 전차 또는 장갑차 등의 설계 시 장갑은 예상 피탄 각도를 고려하여 경사지게 설치하고 있다.

(2) 복합장갑

복합장갑composite armor은 1976년 영국의 초밤chobham시에 있는 전차연구소에서 최초로 개발되었다. 이 장갑은 〈그림 3.54〉에서 보는 바와 같이, 같은 소재가 아닌 다른 소재를 장갑 강판 사이에 삽입하여 만든 장갑이다. 그 결과 이 장갑은 대전차 운동에너지탄과 같은 강력한 관통력을 지닌 탄을 무력화시킬 수 있다.

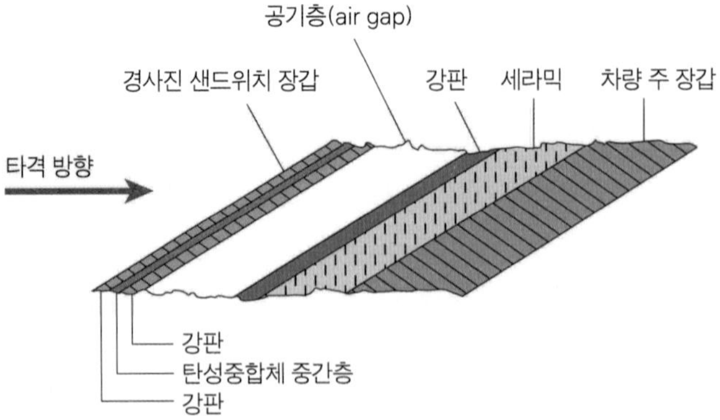

그림 3.54 | **복합장갑의 구조**

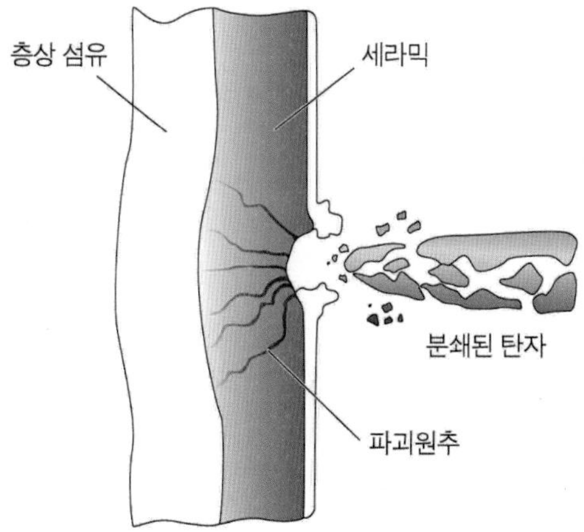

그림 3.55 | 세라믹 장갑의 관통 현상

한편 복합장갑의 구조와 방탄 원리를 살펴보면 다음과 같다. 즉, 탄자가 타격 방향으로 충돌하면 샌드위치 장갑이 1차로 충격을 흡수한다. 그 결과 탄자의 속도가 급격히 감소하며, 탄자가 공기층을 통과하면서 탄도가 바뀌어 강판에 충돌하게 된다. 만일 탄자가 강판을 관통하였을 경우, 탄자는 〈그림 3.55〉에서 보는 바와 같이 고강도 세라믹또는 열화우라늄에 의해 분쇄되면서 멈추게 된다. 그리하여 차량의 주 장갑base armor에는 일부 충격력만 전달될 수 있게 되어 있다.

현재 이러한 복합장갑은 레오파드 전차, M1 전차, 챌린저 전차 등 세계의 주력 전차Main Battle Tank에 적용하고 있다.

(3) 모듈장갑

차체 외부에 부가적으로 장갑을 장착하여 방호력을 강화할 수 있다. 일반적으로 전차가 일단 제작되면 장갑을 개조하는 일은 거의 불가능하다. 이러한 단점을 보완하기 위해 장갑을 벽돌처럼 모듈화시킨 것이 모듈장갑module armor이다.

장갑이 피탄에 의하여 손상을 입거나 방호용 신소재가 개발되었을 때, 간단하게 부착할 수 있다. 모듈장갑은 용접이나 주조로 제작된 것이 아니다. 따라서 포탑이나 차체에 볼트를 사용하여 체결할 수 있어서 야전에서도 쉽게 부착하거

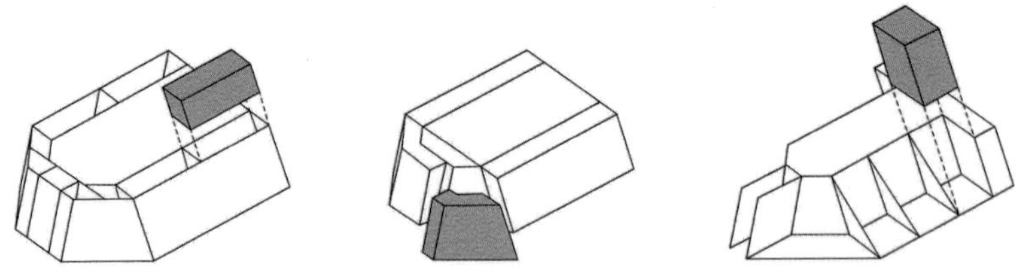

그림 3.56 | 모듈장갑의 종류

나 제거할 수 있다.

이러한 장점이 있는 모듈장갑에는 〈그림 3.56〉에서 보는 바와 같이 세 가지 종류가 있다. 첫째, 박스형box type은 직육면체의 모듈장갑을 빈 공간에 삽입하고 뚜껑을 덮는 형태이다. 둘째, 부착형은 기계적인 방법으로 기존 장갑의 외부에 부착하여 사용할 수 있는 방식이다. 셋째, 조합형은 기본구조의 칸막이로 되어 있는 격벽에 장갑을 삽입하는 방식이다.

2. 폭발형 반응장갑[13]

폭발형 반응장갑ERA: Explosive Reactive Armor은 대전차 고폭탄HEAT탄이 장갑에 충돌할 때 물리적 작용과 화학적 반응을 일으켜 관통 저항을 발생시키도록 설계된 장갑이다. 이 장갑의 구조 및 작동원리는 〈그림 3.57〉에서 보는 바와 같다. ERA의 구조는 2개의 장갑 판재 사이에 둔감화약을 장입한 상태로 금속상자에 넣은 후 주 장갑에 부착할 수 있게 되어 있다. ERA은 도시락에 샌드위치를 넣었을 때의 모양과 비슷하다.

한편, ERA는 대전차 고폭탄이 장갑에 충돌하면 다음과 같이 크게 네 단계로 작동과정을 살펴볼 수 있다. 첫 번째, 대전차 고폭탄이 ERA에 충돌하면 강력한

13 S. Bless & N. S. Brar, "Failure Waves and Their Effects on Penetration Mechanics in Glass and Ceramics", in *High Pressure Shock Compression of Solids*, Spring Verlag, in print 2006.; D. Barnette & J. Hodge, "The Effects of Spacing and Velocity on the Performance of Multiple Tungsten Rod Segments Impacting Steel Targets," Warheads & Ballistics Classified Symposium, 2005.; Kenneth Macksey, *Tank versus Tank*, Grub Street Inc., 1999.; 이평수, 《방호공학》, 청문각, 2000.

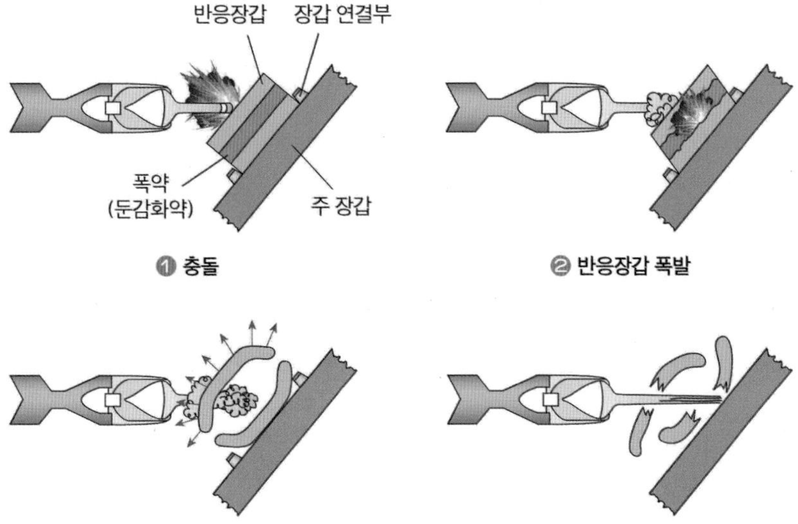

그림 3.57 | 반응장갑의 구조 및 작동원리

고온 · 고압의 금속제트를 분사시켜 장갑에 충격과 열에너지를 전달한다. 두 번째, 탄자의 충격력이 장갑에 가해져서 ERA의 두 장갑 판재를 압축시켜 내부에 있는 둔감화약을 폭발시킨다. 세 번째, 둔감화약의 폭발력에 의해 장갑 판재는 파편이 되어 〈그림 3.57〉에 표시된 화살표 방향으로 흩어진다. 그 결과 대전차 고폭탄에서 분사되는 금속제트의 유동을 방해한다. 네 번째, 장갑 파편에 의한 유동 저항 때문에 금속제트의 유동에너지가 크게 줄어서 주 장갑에 피해를 줄인다.

ERA는 〈그림 3.58〉에서 보는 바와 같이 주 장갑에 부가적으로 설치한다. 그리고 방호효과를 높이기 위해 경사진 다층장갑으로 구성되어 있다. 그림과 같이 장갑 표면으로부터 강판, 폭발물 층explosive layer, 강판, 탄성중합체 중간층, 강판 순의 다층장갑이다. 이러한 복합하이브리드, hybrid 반응장갑에 탄자가 충돌하면 2개의 강판 사이에 삽입된 둔감화약이 압축되면서 폭발하게 된다. 그리하여 〈그림 3.58〉과 같이 강판 때문에 탄자에서 분출되는 금속제트를 차단하거나 방향을 바꾸어 준다. 탄자와 둔감화약의 폭발력을 탄성중합체가 흡수하게 된다. 또 반응장갑과 주 장갑이 이격되어 있어서 관통 효과가 크게 줄어들게 되는 것이다. 참고로 ERA는 1982년 이스라엘군이 레바논을 침공할 때 M60A1 전차에 처음 적

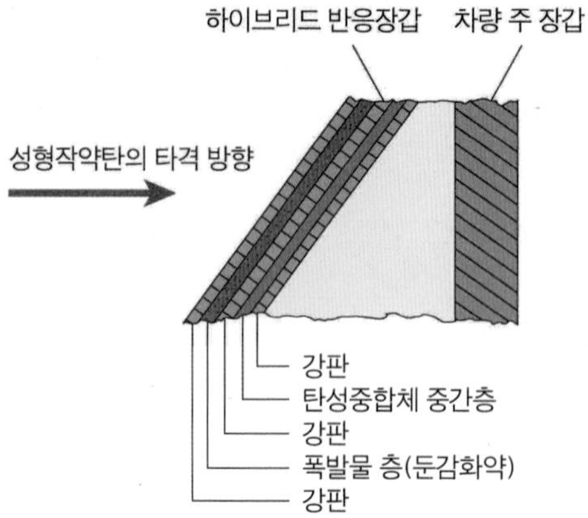

그림 3.58 | 하이브리드 반응장갑의 구조

용하였다. 그 후 1984년 구소련의 T-64, T-80, T-90에 적용하는 등 현재는 여러 나라에서 사용하고 있다.

현재 개발된 ERA는 대전차 고폭탄에 의한 관통력을 75% 이상 감소시킬 수 있는 것으로 알려져 있다. 그러나 전차나 장갑차에 설치된 ERA가 폭발하면서 차량 부근에 있는 아군 보병을 살상시킬 수 있다. 이러한 피해를 줄이기 위해서 〈그림 3.59〉에서 보는 바와 같이 미국의 브래들리 장갑차도 전면, 측면, 윗면에 장착하나 후면에는 없다. 그 이유는 적이 후면 쪽을 공격할 확률이 낮기 때문이다.

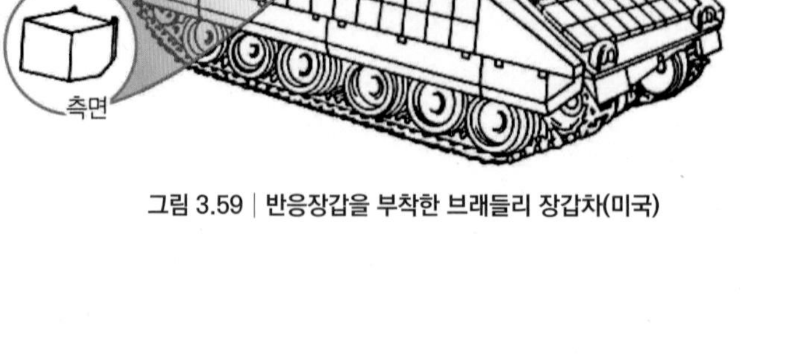

그림 3.59 | 반응장갑을 부착한 브래들리 장갑차(미국)

3. 능동형 보호장갑[14]

능동형 보호장갑active protection armor이란 장갑이 탄에 의해 피탄되기 전에 위협요소를 제거하는 장갑이다.

대표적인 능동형 장갑으로는 전자기 장갑electronic magnetic armor이 있다. 이 장갑은 〈그림 3.60〉에서 보는 바와 같이 날아오는 대전차 탄을 차체에 장착된 감지시스템으로 비행 정보를 탐지한 후, 이 신호를 제어컴퓨터에 전달하여 처리한다. 예상 피탄면이 결정되면 제어컴퓨터가 대용량 축전기에 제어 신호를 보낸다. 그리하여 예상 피탄면에 장착된 강판 발사장치에 고압의 전력을 공급시켜서 발사장치를 작동시킨다. 결국, 강판 발사장치로 발사된 고강도 강판은 날아오는 대전차 탄과 충돌하면서 운동에너지를 흡수하여 관통 효과를 감소시킬 수 있다. 이러한 장점 때문에 향후 능동형 장갑은 전차, 보병용 전투차량 등에 우선 설치될 것이다.

한편, 러시아의 T-80U 전차에 장착시킨 ARENA 방호체계가 있다. 이 시스템은 포탑에 설치된 다기능 밀리미터파 레이더MMR로 미사일이나 로켓을 탐지한

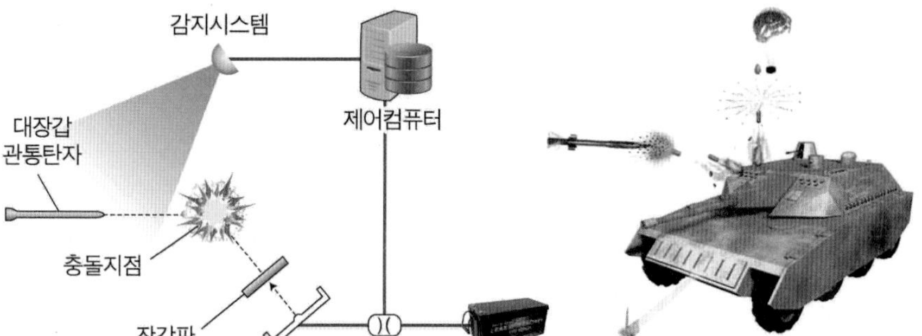

그림 3.60 | 전자기 장갑의 작동원리

14 J. L. Hodge, D. L. Littlefield, A. Short, S. Bless, & B. Pedersen, "Novel Kinetic Energy Penetrators for Electromagnetic Guns", 24th Army Science Conf, Orlando, FL, No. 29 - December 1, 2004.; D. Littlefield, J. Hodge, A. Short, S. Bless, & B. Pedersen, "Penetration Mechanisms of Rod- Tube Projectiles", 2005 Warheads & Ballistics Classified Symp., August 15-18, 2005.

후, 포탑 주위에 설치된 발사대에서 대응탄을 발사시켜 이를 요격한다. 이때 1개의 위협을 탐지하여 요격하기까지 약 0.07초가 소요된다. 그리고 시스템을 재설정하는 데 약 0.2~0.3초가 걸린다. 이 시스템은 표적이 전차로부터 50m 이상 떨어져 있거나 전차에서 멀어지는 경우 작동을 멈추는 안전장치가 있다. 그리고 표적의 크기가 소구경탄 정도로 작으면 작동하지 않는다.

제7절 주퇴장치

1. 발전과정

탄자가 추진되는 동안 탄자에 작용하는 힘과 같은 크기의 반동력이 화포에 작용한다. 그 결과 이 반동력 때문에 화포는 탄자와 반대 방향으로 움직이게 된다. 이처럼 포신과 부속장치 등이 탄자와 반대 방향으로 운동하는 것을 주퇴 운동recoil movement이라고 하고, 주퇴 운동하는 포신과 부속장치 등을 주퇴부라고 부른다.

화포는 사격 간에 포와 포신을 지지하고 있는 포가에 미치는 주퇴력을 적절히 제어해야 안정성을 유지할 수 있다. 이 때문에 현대 화포는 주퇴력을 흡수 또는 소산하거나 저장하고 포를 최초의 사격 위치로 복귀시킬 수 있는 주퇴장치가 있다.

주퇴장치는 1888년 독일의 하우스너Haussner에 의해 발명되었지만, 1897년에 프렌치French 75포프랑스에 처음 적용하였다. 그 결과 종전의 화포에 비해 사격속도와 명중도가 크게 향상되었다. 그러나 모든 화포에 이 장치를 적용한 것은 1차 세계대전 이후이다.

(1) 주요 구성품과 그 기능

주퇴장치는 〈표 3.14〉에서 보는 바와 같이 주퇴제동기와 복좌기 그리고 복

표 3.14 | 주퇴장치의 구성품과 기능

포신의 운동		구성품	주요 기능	종 류
주퇴 ↓		주퇴제동기 (recoil brake)	• 주퇴부를 일정한 거리 내에서 정지시킴 • 주퇴력 흡수(주퇴제동력)	스프링식, 유압식
복귀 ↓	↑ 사격	복좌기 (recuperator)	• 주퇴부를 원위치로 복귀시킴 • 주퇴 시 주퇴에너지 저장 ⇒ 복좌에너지	스프링식, 가스식(질소)
정지 ↓		복좌완충기 (counter-recoil buffer)	• 주퇴부가 복좌기에 의하여 원위치로 복귀하여 정지할 때 완충작용 • 복좌에너지 흡수(복좌완충력)	유압식, 유·공압식

좌완충기로 구성되어 있다. 이들 구성품은 서로 연결되어 있으며 그 주요 기능은 다음과 같다.

첫째, 주퇴제동기는 주퇴부를 일정한 거리 내에서 정지시키기 위한 장치이다. 이 장치는 포의 반동력을 스프링이나 가스의 압축을 이용하여 주퇴제동력을 발생시킨다.

둘째, 복좌기는 탄자의 반동력에 의해 주퇴되어 있는 주퇴부를 원위치로 복귀시키는 장치이다. 이 장치는 주퇴 시에 스프링 또는 가스[질소]의 압축을 이용하여 주퇴에너지를 저장할 수 있게 되어 있다. 그리고 주퇴제동기에 의해 주퇴부가 정지하였을 때, 스프링 또는 가스가 팽창하면서 생기는 힘으로 포신과 주퇴부를 원래 위치로 복귀할 수 있도록 하는 장치이다.

셋째, 복좌완충기는 주퇴부가 복좌기에 의하여 원위치로 복귀하여 정지할 때 완충작용을 한다. 이 장치가 없다면 주퇴부의 관성력에 의해 화포가 앞쪽으로 넘어지는 등 포의 안정성이 감소할 것이다. 현재 사용하고 있는 대부분의 복좌완충기는 유압식 또는 유·공압식이다.

(2) 대구경 화포의 주퇴장치

〈그림 3.61〉은 대구경 화포의 포신과 주퇴장치를 나타낸 그림이다. 그림에서 보는 바와 같이 주퇴장치는 포신 연결쇠로 포신에 연결되어 있어서 포신과 이들 구성품은 함께 움직이게 되어 있다.

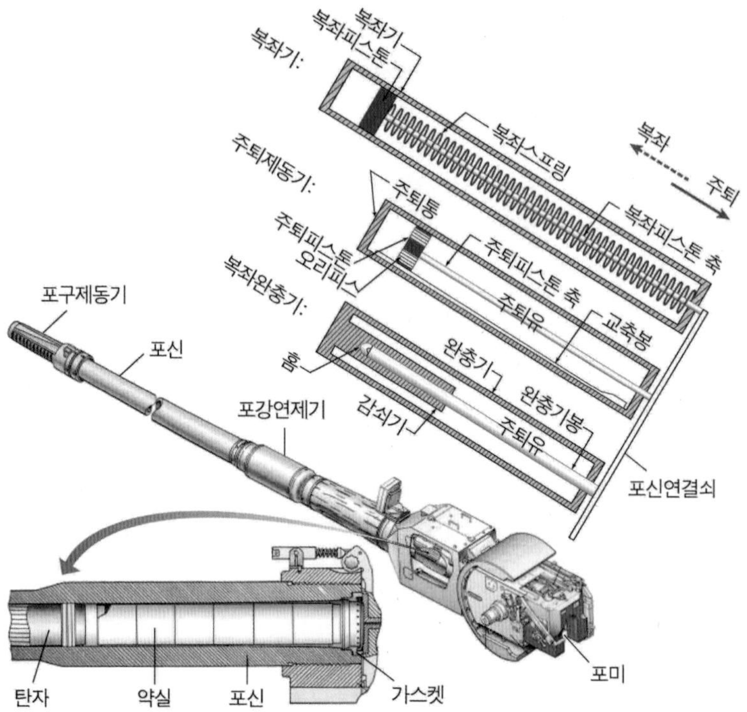

그림 3.61 | 포신의 구조 및 주퇴장치

따라서 포신이 탄자의 반동력에 의해 뒤로 밀리면서 주퇴피스톤의 축도 같은 방향으로 이동하게 된다. 이에 따라 주퇴피스톤의 오른쪽 실린더에 있던 점도가 높은 주퇴유가 오리피스orifice를 통과하여 왼쪽 실린더로 흐르게 된다. 그 결과 오른쪽 실린더의 유압이 급격히 증가하면서 주퇴제동력을 발생시켜 포신을 제동시키게 된다.

이와 동시에 복좌기는 복좌피스톤 축이 포신과 함께 뒤로 밀리면서 복좌용 수철을 압축시키게 된다. 그리하여 주퇴에너지 일부를 복좌 에너지로 저장하여 주퇴제동기에 의해 포신이 뒤쪽으로 더 밀리지 않을 때, 드디어 복좌스프링은 팽창을 시작한다. 복좌기는 주퇴작용에 의해 뒤로 밀렸던 포신을 신속하게 원래의 위치로 복귀시키는 장치이다. 따라서 주퇴장치에 복좌완충기가 없으면, 포신은 원래 위치에서 정지할 때 관성력에 의해 충격을 받게 된다. 특히 무거운 포신은 포가 앞쪽으로 넘어지는 등 포에 큰 충격을 가하게 된다. 복좌완충기는 이러한 문제를 줄이기 위한 장치이다. 이 장치는 포신이 일정한 거리까지 복좌될 때까지 거의 저항력이 발생하지 않는다. 그러다가 복좌가 거의 끝나는 시점에서 완충기 봉이 감쇄기의 홈 속으로 삽입되면서 감쇄기의 내부 압력이 상승하게 되어 포신이 안정하게 멈춘다.

2. 주퇴작용

(1) 자유 주퇴속도

〈그림 3.62〉는 사각이 θ인 포에서 탄자가 발사될 때, 힘과 운동량momentum의 관계를 나타낸 그림이다. 그림에서 m은 탄자의 질량, V는 탄자의 속도, m_r은 주퇴부의 질량, V_r은 주퇴부의 속도, m_p는 추진가스의 질량, V_p는 추진가스의 속도, $\overline{F}_{recoil}$은 평균 주퇴제동력, X_r은 총 주퇴거리를 나타낸 것이다.

만일 포신이 주퇴 시에 아무런 저항력이 없다고 가정한 이상적인 경우의 주퇴부의 속도, 즉 자유 주퇴속도 V_{free}는 간단히 구할 수 있다. 즉, 포에서 탄자가

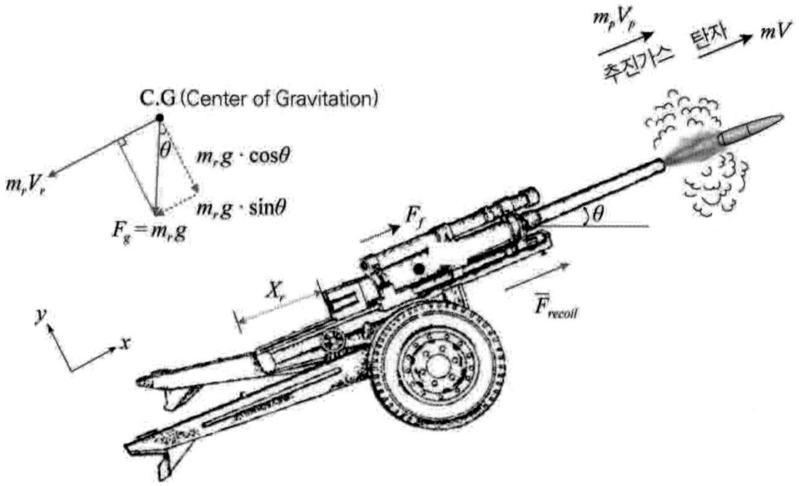

그림 3.62 | 화포에 작용하는 힘

발사되면서 포에 미치는 운동량은 뉴턴newton의 운동량 보존법칙을 적용하면, 식 [3-26]과 같이 표시할 수 있다.

$$mV + m_p V_p = m_r V_{free} \quad \text{[3-26]}$$

식 [3-26]에서 보는 바와 같이 탄자의 운동량^{mV}과 추진가스의 운동량^{mpVp}의 합은 주퇴부의 운동량^{mrVfree}과 같다.

탄자가 포구를 이탈하는 순간에 추진가스의 속도는 탄자 속도와 같다. 그러나 그 속도가 점차 감소하면서 마지막으로 포신을 빠져나오는 추진가스의 입자는 속도가 거의 영zero이 된다. 따라서 대략적으로 계산할 경우, 추진가스의 평균 속도를 탄자 속도의 절반$^{V \fallingdotseq 0.5Vp}$으로 간주하기도 한다. 그러나 이러한 경험적인 방법보다는 실험 및 계산 결과를 고려한 준-경험적 방법semi-empirical method을 더 많이 사용하고 있다.

한편 탄자가 포구를 이탈해도 일정 시간 동안 포구에서 팽창하는 추진가스의 압력에 의해 포신을 밀게 되며, 이를 포구 효과after effect라고 부른다. 그리고 포구 효과를 포함한 추진가스의 운동량 I_{af}은 식 [3-27]과 같이 계산할 수 있다.

$$I_{af} = \beta \cdot m_p \cdot V \quad \text{[3-27]}$$

여기서 $\beta(=(\sqrt{V+10^6})/V)$는 준-경험 상수semi-empirical constant이다.

운동량 보존 방정식을 다시 정리하면 식 [3-26]을 식 [3-28]로 쓸 수 있으며, 그 결과 자유 주퇴속도 V_{free}는 식 [3-29]와 같다.

$$mV + \beta \cdot m_p V = m_r V_{free} \quad \text{[3-28]}$$

$$\therefore \ V_{free} = \frac{(mV + \beta \cdot m_p V)}{m_r} \quad \text{[3-29]}$$

식 [3-29]에서 보는 바와 같이 자유 주퇴속도 V_{free}는 주퇴부의 질량, 탄자의 질량, 추진가스의 질량 그리고 탄자 속도에 의해 계산할 수 있다. V_{free}는 탄자의 질량과 포구 속도 또는 추진가스 질량에 따라 비례하지만, 주퇴부의 질량과는 반비례의 관계이다.

3.1 exercise

탄자의 질량 16kg, 주퇴부의 질량 750kg, 포구 속도 460m/s, 추진제의 질량 1.3kg인 105mm 곡사포의 주퇴장치를 설계하고자 한다. 만일 주퇴 시에 공기저항과 마찰저항이 없다고 가정한다면 주퇴부의 속도는 몇 m/s인가?

풀이 식 〔3-27〕에서 준-경험 상수 $\beta = (\sqrt{V+10^6})/V = (\sqrt{460+10^6})/460 = 2.17$이다. 따라서 자유 주퇴속도는 식 〔3-29〕를 이용하여 구할 수 있다.

$$V_{free} = \frac{(mV + \beta \cdot m_p V)}{m_r} = \frac{(16 \times 460) + (2.17 \times 1.3 \times 460)}{750}$$

$$\therefore \ V_{free} = 11.55\text{m/s}$$

(2) 평균 주퇴제동력

〈그림 3.63〉에서 보는 바와 같이 주퇴장치에 의한 평균 주퇴제동력 $\overline{F}_{recoil}$는 주퇴 방향$^{x\text{축의 '}-\text{' 방향}}$에 대한 힘의 평형 관계를 식 [3-30]으로 나타낼 수 있다. 이때 F_f는 포신과 포가 사이의 마찰계수를 μ인 경우의 마찰력$^{=\mu \cdot m_r g \cos\theta}$이고, F_g는 중력에 의한 x축 '−' 방향에 작용하는 힘$^{=m_r g \sin\theta}$이다. 그리고 X_r은 총 주퇴거리이고, V_{free}는 최대 주퇴 속도이다.

$$\sum F_x = 0 \ ; \ \overline{F}_{recoil} = \frac{\frac{1}{2} m_r V_{free}^2}{X_r} + F_g - F_f \quad \text{[3-30]}$$

만일 주퇴장치의 설계 시에 개략적인 평균 주퇴제동력을 구하기 위해 마찰력 F_f를 무시하면, 식 [3-30]은 식 [3-31]과 같이 쓸 수 있다.

$$\therefore \ \overline{F}_{recoil} = \frac{\frac{1}{2} m_r V_{free}^2}{X_r} + F_g \quad \cdots\cdots \text{[3-31]}$$

식 [3-31]은 주퇴장치의 최초 설계 시에 주퇴거리와 주퇴제동력을 계산할 때 적용할 수 있다.

3.2 exercise

〈예제 3.1〉과 같은 곡사포를 사각을 30°로 사격을 하였을 때 주퇴장치에 필요한 평균 주퇴제동력은 얼마나 필요하겠는가? 단, 포신과 포가 사이의 마찰력은 0.3이고, 최대 주퇴거리는 1.5m이다.

풀이 〈예제 3.1〉의 계산 결과 V_{free}는 11.55m/s이다. 따라서 포신에 작용하는 마찰력 F_f와 중력에 의한 주퇴방향의 힘 F_g를 계산하면 다음과 같다.

$F_f = \mu \cdot m_r g \cos\theta = 0.3 \times 750 \times 9.8 \times \cos 30° = 1909.6$N이고,

$F_g = m_r g \sin\theta = 750 \times 9.8 \times \sin 30° = 3675.0$N이다.

따라서 평균 주퇴제동력을 식 [3-30]을 이용하여 계산할 수 있다.

$$\overline{F}_{recoil} = \frac{\frac{1}{2} m_r V_{r,\max}^2}{X_r} + F_g - F_f = \frac{\frac{1}{2} \times 750 \times (11.55)^2}{1.5} + 3675 - 1909.6$$

$$\therefore \ \overline{F}_{recoil} = 3.5116 \times 10^4 \, \text{N}$$

(3) 지연 주퇴 속도

주퇴부가 저항을 받으면서 주퇴할 때의 속도 즉, 지연 주퇴 속도 V_r은 운동량과 역적impulse의 관계로부터 구할 수 있다. 실제 화포에서는 주퇴 작용 시에 탄자와 추진가스에 의한 반동력, 포신의 마찰력^{Ff}, 주퇴부의 중력^{mrg} 등이 존재한다. 따라서 이들 힘과 운동량의 관계를 알아보면 다음과 같다.

예를 들어, 질량이 m_s이고 속도가 v_s인 어떤 물체가 있다고 가정하자. 그리고 이 물체에 정지 또는 운동하고 있을 때 외력 F만큼 가하는 경우, F는 식 [3-32]와 같이 쓸 수 있다.

$$F = \frac{d(m_s v_s)}{dt} \quad \therefore \; Fdt = d(m_s v_s) \quad \cdots\cdots \text{[3-32]}$$

외력 F가 작용하기 전에 이 물체의 질량과 속도를 각각 m_i, v_i이라 하자. 그리고 외력 F가 t_F시간 동안 가해진 후, 이 물체의 질량과 속도를 m_f, v_f라고 가정하면, 식 [3-32]는 식 [3-33]과 같이 표시할 수 있다.

$$\int_0^{t_F} Fdt = \sum m_f v_f - \sum m_i v_i \quad \cdots\cdots \text{[3-33]}$$

즉, 식 [3-33]과 같이 역적은 운동량의 변화와 동일하다. 따라서 만일 t_F시간 동안 주퇴 작용을 하였을 경우, 탄자 및 추진가스의 운동량과 주퇴력의 관계는 식 [3-34]와 같다.

$$\int_0^{t_F} (\overline{F}_{recoil} + F_f + F_g)\, dt = m_r V_r - (m V + \beta \cdot m_p V) \quad \cdots\cdots \text{[3-34]}$$

식 [3-34]의 좌변에 있는 $(\overline{F}_{recoil} + F_f + F_g)$는 총 주퇴저항력 R이라 할 수 있다. 따라서 임의의 T시간 후에 주퇴 속도 V_r은 식 [3-35]와 같이 표시할 수 있다.

$$V_r = \frac{(m + \beta \cdot m_p)V}{m_r} + \frac{R \cdot T}{m_r} \quad \cdots\cdots \text{[3-35]}$$

3. 포구제동기와 포강제연기(배연기)

소총 사격 시에 반동력을 감소시키기 위한 총구제동기와 유사한 장치가 대부분의 대구경 화포에도 포구제동기[muzzle brake]가 있다. 이 장치는 〈그림 3.63〉에서 보는 바와 같이, 포신의 끝부분에 추진가스를 누출시켜 포신의 반동력을

그림 3.63 | 포구제동기와 포강제연기

감소시켜 준다. 또한, 승무원이 밀폐된 공간에서 사격해야 하는 자주포나 전차 등에 탑재된 포신에는 사격 후 잔류가스를 잘 방출하기 위한 포강제연기bore evacuator가 있다. 참고로 이 장치는 '포강배연기'라고 부르기도 한다.

(1) 포구제동기

포구제동기는 사격 시에 포구 전방으로 팽창하는 추진가스의 일부를 〈그림 3.64〉와 같이 조절판baffle으로 유동 방향을 바꾸어 분출시킴으로써 이때 생긴 반동력으로 주퇴력을 감소시키는 장치이다.

❶ 포구제동기 작동 모습

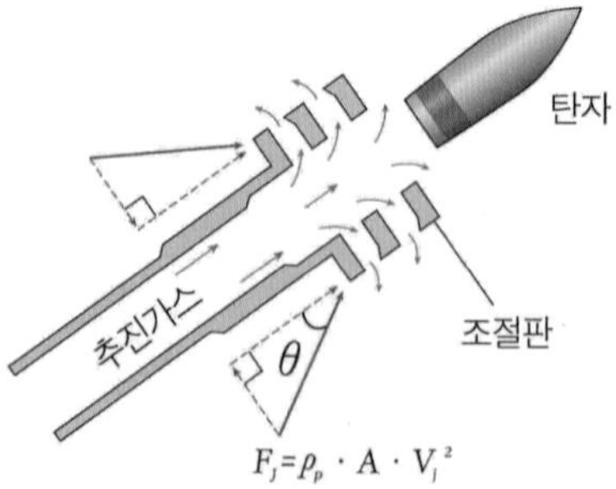

❷ 작동원리

그림 3.64 | 포구제동기의 작동원리

예를 들어 조절판 구멍으로부터 분출되는 분사되는 가스의 분출 단면적이 A_J이고, 추진가스의 밀도와 분출속도가 각각 ρ_p, V_J 이라고 하면, 분출 가스에 의한 반동력 F_J는 식 [3-36]과 같다.

$$F_J = \rho_p \cdot A_J \cdot V_J^2 \quad \text{[3-36]}$$

따라서 추진가스의 반동력에 의하여 포신에 작용하는 주퇴저항력 F_R은 식 [3-37]과 같다.

$$F_R = F_J \cdot \cos\theta \quad \text{[3-37]}$$

그러나 이 장치는 포신의 끝부분에 장착되어 있어서 무게로 인하여 포신에 굽힘 모멘트bending moment가 발생한다. 그 결과 포신이 변형되기 쉬워서 기동 시에는 포신을 고정하는 것이 좋다. 현재 개발된 포구제동기는 주물, 단조, 조립 또는 용접하여 제작하며 그 제작방법에 따라서 〈그림 3.65〉에서 보는 바와 같다.

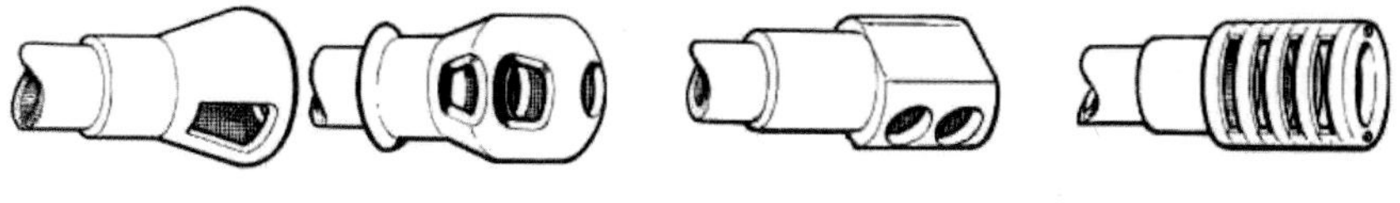

그림 3.65 | 포구제동기 종류

포구제동기는 사격 시에 주퇴제동력을 발생시킬 뿐만 아니라 탄자가 포구를 빠져나가는 순간 발생하는 포구 열폭풍muzzle glow과 섬광flash을 감소시킨다. 만일 포구에 포구제동기와 같은 조절판baffle이 없다면 〈그림 3.66〉에서 보는 바와 같이, 탄자가 포구를 빠져나올 때 강력한 열폭풍과 섬광 그리고 고온의 추진가스의 입자가 팽창하는 현상이 발생하게 된다. 이때 열폭풍은 마치 입으로 풍선에 바람을 불어 넣었을 때의 풍선처럼 충격파가 전파되면서 강력한 폭발음이 생기

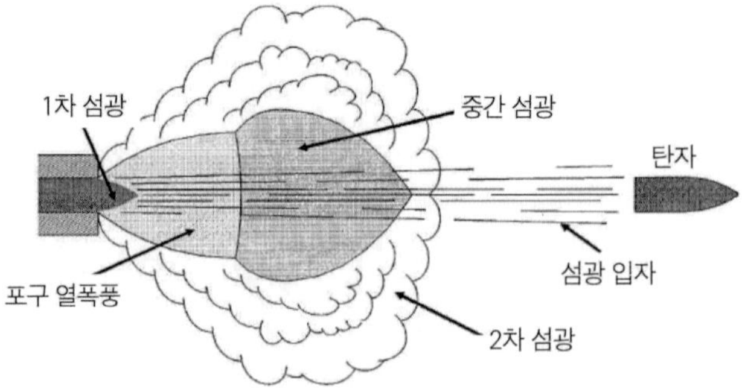

그림 3.66 | 포구에서의 열폭풍과 섬광

게 된다. 그러나 포구제동기가 장착된 포신은 포구압력을 감소시켜 폭발음과 섬광 그리고 열폭풍을 분산한다.

3.3 exercise

구경 105mm 전차 포신에 추진가스가 수직 방향과 150° 방향으로 분출되도록 설계된 T자형과 V자형 포구제동기를 장착하였다. 이들 유형의 포구제동기의 주퇴제동력 F_J을 계산한 후 그 결과를 비교하시오. 이때 탄자의 포구속도는 750m/s이고, 추진가스의 밀도는 0.457kg/m^{3}이다. 그리고 추진가스의 유동은 정상 유동이며, 탄자가 포구제동기를 통과하는 순간 추진가스는 평판에 충돌하고 있다고 가정하자.

풀이 주퇴제동력 F_J는 아래 그림 ❶, ❷와 같이 간략히 나타낼 수 있다. 그림에서 추진가스의 밀도 ρ_p는 0.457kg/m^3, 분출속도 V_J는 750m/s, 그리고 추진가스의 유동단면적 A는 $A=\pi d^2/4=\pi(0.105m)^2/4$이므로 0.008659m^{2}이다.

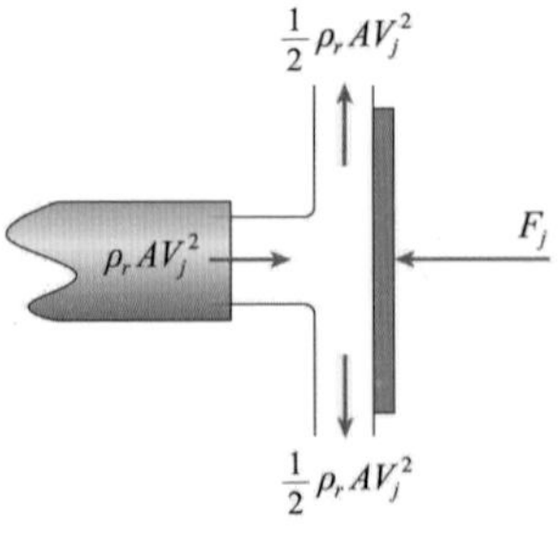

❶ T자형 포구제동기

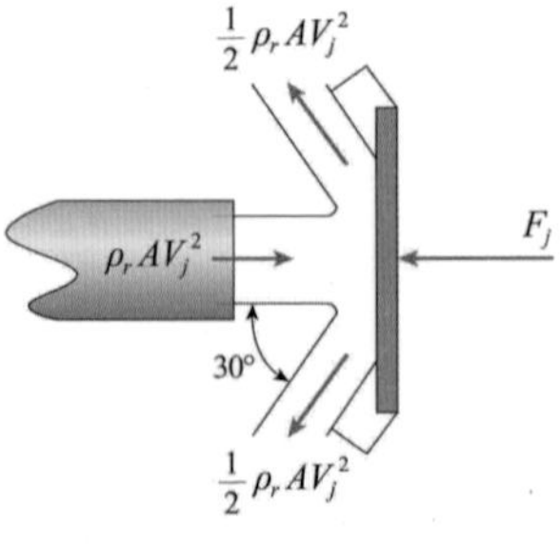

❷ V자형 포구제동기

① T자형 포구제동기는 추진가스는 운동량이 수직 방향이므로
F_J 는 추진가스의 운동량에
또한, 정상 유동steady state flow의 운동량 방정식을 적용하면 추진가스의 운동량에 의해 발생하는 주퇴제동력 F_J 는 다음과 같다.
즉, $F_J = \rho_p A V_J^2 = 0.457 \times 0.008659 \times 750^2 = 2,225.9kN$

② V자형 포구제동기는 주퇴 방향으로
$F_J = \rho_p A V_J^2 + 2 \times [\frac{1}{2} \rho_p A V_J^2 \times \cos\theta]$
$\therefore \ F_J = \rho_p A V_J^2 + \rho_p A V_J^2 \cos\theta = 4,153.5kN$

(2) 포강제연기

포강제연기는 〈그림 3.67〉과 같이 포신의 약 2/3 지점에 결합되어 사격 시 발생하는 추진가스 일부를 일시적으로 압축시켰다가 포탄이 포구를 떠난 후에 축적된 가스를 분출시키는 장치이다. 그 결과 포강 내에 잔류한 가스가 포구에서 역류하여 포탑 내부로 유입하는 상황을 방지한다.

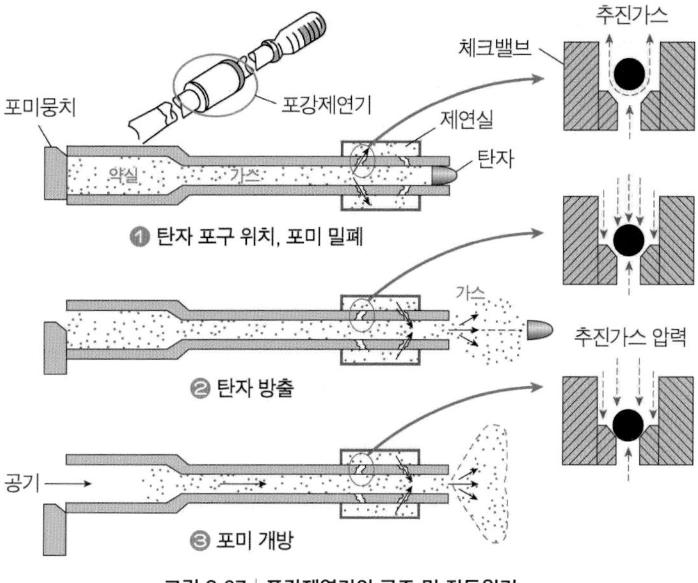

그림 3.67 | 포강제연기의 구조 및 작동원리

사격 시에 포탄 후미가 포강제연기의 입구 밸브 볼valve ball 부위를 통과하면 압력에 의해 볼이 튀어 오르면서 구멍이 개방되고, 연소가스는 제연실로 밀려 들어간다. 포탄이 포구를 떠나면 포신 내의 가스압력은 내려가고, 포강제연기의 입구에 있는 밸브 볼 구멍은 밸브 링valve ring에 의해 폐쇄되며, 제연실에서 압력을 받고 있던 가스는 끝부분에 있는 오리피스orifice 구멍을 통해 분출된다. 이후 포미 뭉치가 완전히 개방되면 포미 후방의 공기와 함께 포신 내의 잔여 연소가스는 포구 쪽으로 분출된다. 즉, 이 장치는 사격 시에 발생하는 추진가스를 잘 배출시키기 위한 장치이다. 포강제연기가 없는 화포는 사격 후 폐쇄기를 개방하면 추진가스가 포미 쪽으로 일부 배출된다. 이 때문에 포미로 추진가스가 누출되어 자주포나 전차포와 같이 밀폐된 포탑 내부의 승무원들의 호흡 장애나 소음 등 많은 문제점이 있다. 그리하여 포강제연기는 주로 자주포나 전차의 포신에 장착하고 있다.

제8절 최종탄도학

1. 폭풍형 탄자[15]

폭풍형blast type 탄자란 탄자 속에 있는 작약이 폭발하면서 순간적으로 높은 동압dynamic pressure과 열이 발생하여 표적에 작용하도록 제작된 탄자를 말한다.

만일 이 탄자가 반지름 r인 구형球形이라고 가정하면, 폭발가스의 압력 P과 가스의 체적 v의 관계는 식 [3-38]과 같다.

$$Pv^k = const(일정) \qquad [3\text{-}38]$$

여기서 k는 비열비$=C_pC_v$로서 정압비열과 정적비열의 비율이며, 폭발가스의

15 해군사관학교 기계공학과, 《무기체계공학》, 연경문화사, 1996.

$k \fallingdotseq 1$이다. 그리고 구의 체적 $v = 4\pi r^3/3$이므로 식 [3-38]은 식 [3-39], [3-40]과 같이 된다.

$$P(\frac{4}{3}\pi r^3) = const \quad \text{[3-39]}$$

$$\therefore \ P = \frac{const}{r^3} \quad \text{[3-40]}$$

식 [3-39]에서 보는 바와 같이, 폭풍형 탄자가 폭발 시에 폭발가스의 압력은 거리의 세제곱에 반비례한다.

2. 파편형 탄자[16]

파편형fragmentation type 탄자 속에 있는 작약의 폭발에너지를 주로 금속 파편을 가속하여 표적에 파편이 흩어져 날아가면서 손상을 주기 위해 만든 탄두이다.

(1) 파편의 밀도

파편형 탄자가 반지름이 r인 구형으로 가정하면, 단위면적당 파편수 ρ''은 식 [3-41]과 같다.

$$\rho'' = \frac{N_f}{4\pi r^2} \quad \text{[3-41]}$$

식 [3-41]로부터 파편형 탄자의 위력의 기준이 되는 파편의 밀도 ρ''은 거리의 제곱에 반비례함을 알 수 있다.[17]

16 Commander, Naval Ordinance Systems Command, "Weapons Systems Fundamentals", *NAVORD OP 3000*, Vol. 2, 1st Rev., Washington, D. C.: GPO, 1971.

17 Departments of the Army and Air Force, "Military Explosives", Washington, D. C.: GPO, 1967.; Weapons and Systems Engineering Department, *Weapons systems Engineering*, Third Edition, Annapolis, Md., U.

(2) 파편의 속도

파편형 탄자가 폭발할 때에 파편은 일정한 속도로 표적에 충돌하면서 손상을 가한다. 이때 흩어져 날아가는 파편은 그 질량에 따라서 다르다. 이 때문에 이들 파편 중에서 표적에 손상을 줄 수 있는 파편 질량의 분포를 알아야 한다. 실제 파편의 질량분포는 모래 속에 탄자를 넣은 상태에서 폭발시킨 후 파편의 숫자를 세어보면 알 수 있다.

표적에 충돌하는 순간에 파편의 속도를 계산하려면, 먼저 탄자의 형태$^{r=ro}$에 따른 파편의 초기속도 V_o를 알아야 한다. 〈그림 3.68〉에서 보는 바와 같이, 1943년 거니[Gurney]가 제안한 길이^{L}가 무한히 긴 원통형 폭발물의 모델에서 V_o는 $r=R$인 곳에서 금속용기의 반지름 방향 속도이다. 만일 원통형 폭발물이 폭발하였다면 총 화학에너지 E_{total}는 식 [3-42]와 같이 표시할 수 있다.

$$E_{total} = \pi r_o L \rho E'' \quad \text{[3-42]}$$

여기서, r_o는 원통형 금속용기 속에 있는 폭발물의 반지름, L은 금속 통의 길이, ρ는 작약의 밀도, E''는 단위 질량당 에너지[=3×106J/kg로 가정]이다. 따라서 $E_{total} = m_e \times E''$으로 쓸 수 있다. 이 식에서 $m_e (= \pi r_o L \rho)$은 금속용기에 들어 있는 폭발물 질량이다.

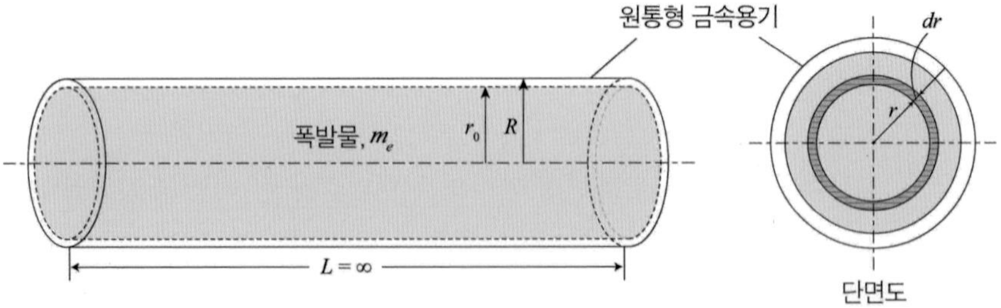

그림 3.68 | 무한 원통형 폭발물의 모델

S. Naval Academy, 1975.

〈그림 3.68〉에 표시된 무한 원통형 폭발물이 폭발할 때에 원통의 중심으로부터 r만큼 떨어진 곳에서의 팽창속도 V는 다음과 같은 두 가지 가정에 의해 구할 수 있다.

첫째, 금속용기에 들어 있는 폭발물이 폭발하면 순간적으로 모든 폭발물이 원통형의 고온 기체로 변한다고 가정한다. 둘째, 폭발 시에 발생하는 모든 화학에너지는 가스와 금속용기의 운동에너지로 변환된다고 가정한다. 이들 두 가지 가정을 만족한다면 V는 식 [3-43]과 같다.

$$V = (\frac{r}{r_o})\, V_o \quad \text{[3-43]}$$

한편 〈그림 3.68〉에서 폭발물의 미소 체적 dv에서 기체의 운동에너지를 계산하면 다음과 같다.

폭발물이 폭발할 때 발생하는 가스의 총 운동에너지 $K.E_{gas}$는 미소 폭발물의 질량 dm_e에서 발생하는 운동에너지의 총합과 같다. 따라서 이를 식으로 표현하면 식 [3-44]와 같다.

$$d(K.E_{gas}) = \frac{1}{2}(dm_e)\, V^2 = \frac{1}{2}(2\pi r dr L\rho)(\frac{r}{r_o}\, V_o)^2 \quad \text{[3-44]}$$

식 [3-44]를 반지름 r에 대해 적분하면 식 [3-45]와 같다.

$$\int_0^{K.E_{gas}} d(K.E_{gas}) = \int_0^{r_0} \frac{1}{2}(2\pi r L\rho)(\frac{r}{r_o}\, V_o)^2 dr \quad \text{[3-45]}$$

결국, 모든 가스의 총 운동에너지 $K.E_{gas}$는 다음과 같다.

$$K.E_{gas} = \frac{\pi L\rho\, V_o^2}{r_o^2}\int_0^{r_o} r^3 dr = \frac{\pi L\rho r_o\, V_o^2}{4} = \frac{m_e\, V_o^2}{4} \quad \text{[3-46]}$$

한편, 질량이 m_{cyl}인 무한 원통형 금속용기의 총 운동에너지 $K.E_{cyl}$는 식 [3-47]과 같다.

$$K.E_{cyl} = \frac{1}{2} m_{cyl} V_o^2 \quad \cdots\cdots [3\text{-}47]$$

폭발에 의한 총 운동에너지 $E_{total}(= m_e \times E'')$는 가스의 운동에너지 $K.E_{gas}$와 금속용기의 운동에너지 $K.E_{cyl}$의 합과 같다. 단, 폭발 시에 발생하는 열에너지는 모두 열에너지로 변환된다고 가정한다. 따라서 이를 식으로 표현하면 식 [3-48]과 같이 쓸 수 있다.

$$m_e \times E'' = \frac{m_e V_o^2}{4} + \frac{1}{2} m_{cyl} V_o^2 \quad \cdots\cdots [3\text{-}48]$$

식 [3-48]로부터 폭발 시 파편의 초기속도 $V_o(m/s)$를 구하면 식 [3-49], [3-50]과 같이 계산할 수 있다.

$$V_o = \sqrt{\frac{m_e E''}{\frac{m_e + 2m_{cyl}}{4}}} = \sqrt{\frac{4E''}{(\frac{m_e}{m_e}) + 2(\frac{m_{cyl}}{m_e})}} \quad \cdots\cdots [3\text{-}49]$$

$$\therefore \quad V_o = \sqrt{\frac{(m_e/m_{cyl})}{(1 + m_e/2m_{cyl})}} \cdot \sqrt{2E''} \quad \cdots\cdots [3\text{-}50]$$

여기서 탄자 속에 있는 폭발물의 총 질량 $m_e(= \pi r_o L\rho)$이고, m_{cyl}는 탄자가 파열하여 생긴 파편의 총 질량kg이다. 그리고 $\sqrt{2E''}$는 거니Gurney 상수라 부르며, E''는 실험을 통해 얻은 작약의 단위 질량당 발생하는 에너지J/kg이다.

3.4
exercise

TNT로 m_e/m_{cyl}=0.55 충전된 원통형 탄자에서 발생되는 파편의 속도를 구하시오. 단, TNT의 단위 질량당 에너지가 2.237×106J/kg이다.

풀이 식 [3-50]으로부터 V_o는 다음과 같이 계산할 수 있다.

$$V_o = \sqrt{\frac{(m_e/m_{cyl})}{(1+m_e/2m_{cyl})}} \cdot \sqrt{2E'} = \sqrt{\frac{0.55}{(1+(0.5\times 0.55)}} \cdot \sqrt{2\times 2.237\times 10^6}$$

$\therefore\ V_o$ =4,054.02m/s

(3) 파편의 타격속도

파편이 어떤 표적에 충돌할 때 속도는 폭발압력뿐만 아니라 폭발 전의 탄자속도와 표적의 속도와도 관계가 있다. 그리고 파편이 공기 중을 날아가면서 공기에 의한 저항 때문에 그 속도가 감소하게 된다.

식 [3-51]에서 구한 탄자가 폭발로 인해 생긴 폭발 초기의 파편은 V_o는 공기 중을 날아가면서 속도가 감소하게 된다. 그 결과 어떤 표적에는 V_o보다도 낮은 속도 V_s로 충돌하며, 그 순간 탄자 속도는 '0'이라고 가정하자. 표적으로 날아가는 파편은 중력과 공기항력이 작용한다. 그러나 중력은 파편의 속도가 너무 빨라서 무시할 수 있다. 예를 들어 파편의 비행시간이 0.01s였다면, 중력은 약 0.098m/s 변화시킬 것이다. 이에 비해 공기 항력은 파편의 비행속도에 큰 영향을 준다. 유체역학적으로 파편의 공기 항력 F_{drag}=$C_f V^2$의 관계가 있다. 여기서 C_f는 파편의 형상, 크기, 최대단면적 그리고 대기의 상태에 따른 항력계수이며 실험을 통해 얻을 수 있는 값이다.

질량이 m인 어떤 파편이 공기 중을 날아갈 때 작용하는 힘의 관계는 뉴턴의 운동 법칙으로부터 다음과 같이 나타낼 수 있다.

$$F_{drag} = -C_f V^2 = m\frac{dV}{dt} \qquad [3\text{-}51]$$

따라서 식 [3-51]은 식 [3-52]와 비선형 미분방정식으로 쓸 수 있다.

$$m\frac{dV}{dt}+C_fV^2=0 \quad \text{[3-52]}$$

이때 파편의 초기$^{t=0}$ 속도는 $V=V_o$이므로 임의의 시간 t 후에 파편의 속도 $V(t)$는 식 [3-53]과 같다.

$$\frac{(\frac{dV}{dt})}{V^2}=-\frac{C_f}{m} \quad \text{[3-53]}$$

식 [3-53]의 좌변과 우변에 dt를 곱한 후 적분하면, 식 [3-54]와 같이 된다.

$$\int_0^t\frac{dV}{V^2}=-\frac{C_f}{m}\int_0^t dt \quad \text{[3-54]}$$

여기서 $\frac{d}{dV}(\frac{1}{V^2})=-\frac{1}{V}$이므로, 이 값을 식 [3-54]에 적용하면 식 [3-55]와 같이 쓸 수 있다.

$$\left[-\frac{1}{V}\right]_o^t=-\left[\frac{C_f}{m}\right]_o^t \quad \text{[3-55]}$$

식 [3-55]를 풀면 식 [3-56]과 같다.

$$-\frac{1}{V(t)}+\frac{1}{V_o}=-1\frac{C_f}{m}t-0 \quad \text{[3-56]}$$

$$\therefore \quad V(t)=\frac{V_o}{1+V_o(C_{f/m})t} \quad \text{[3-57]}$$

식 [3-57]은 초기속도가 V_o인 파편이 임의의 t 동안 날아간 후 속도를 나타낸 것이다. 실제 파편은 일정한 거리 s만큼 날아간 후 표적에 충돌한다. 이때의 속도가 표적의 손상에 중요한 요소가 되므로, 시간이 지남에 따른 파편의 속도 $V(t)$를 거리 x에 따른 속도 $V(x)$의 관계식을 유도하면 다음과 같다.

$$V = \frac{dx}{dt} \quad \text{[3-58]}$$

$$X = \int_0^t Vdt = \int_0^t \frac{V_o}{1 + V_o(C_f/m)t}dt \quad \text{[3-59]}$$

식 [3-59]에 $\alpha = 1 + V_o(C_f/m)t$라 두면, $d\alpha = (V_o C_f/m)dt$이다.

따라서 α에 대해 적분한 후 적분 구간을 적용하면, 식 [3-60], [3-61]과 같이 쓸 수 있다.

$$X = V_o\left[\frac{m}{C_f V_o}\ln(1 + V_o\frac{C_f}{m}t\right]_0^t \quad \text{[3-60]}$$

$$\therefore\ X = \frac{m}{C_f}\ln(1 + \frac{C_f}{m}V_o t) \quad \text{[3-61]}$$

식 [3-61]로부터 시간 t에 대한 관계식을 구하려면, 우변에 (m/C_f)을 좌변으로 이항시키면, 식 [3-62]와 같다.

$$(\frac{C_f}{m})X = \ln(1 + \frac{C_f}{m}V_o t) \quad \text{[3-62]}$$

그리고 식 [3-62]에 지수를 취하면 식 [3-63]과 같다.

$$e^{(\frac{C_f}{m})X} = (1 + \frac{C_f}{m}V_o t) \quad \text{[3-63]}$$

따라서 식 [3-63]을 시간 t에 대해 풀면 식 [3-64]와 같다.

$$t=\frac{m}{C_f V_o}\left[e^{(C_f/m)X}-1\right] \quad \text{[3-64]}$$

한편 식 [3-64]를 식 [3-57]에 대입시키면 비행거리 X에 따른 파편 속도 $V(X)$를 구할 수 있다. 여기서 m은 파편 질량이다.

$$\therefore\ V(X)=V_o\ e^{-(C_f/m)X} \quad \text{[3-65]}$$

여기서 유체역학적으로 파편의 공기 항력은 $F_{drag}=C_f V^2$의 관계가 있으므로 C_f는 식 [3-66]과 같이 쓸 수 있다. 이 식에서 ρ_{air}는 공기의 밀도, $A_{\max}$는 파편의 최대단면적, C_{drag}는 파편의 항력계수로써 초음속 입방체는 1.2, 초음속 구球는 1.1이다.

$$C_f=\frac{F_{drag}}{V^2}=\frac{1}{2}C_{drag}\ \rho_{air}A_{\max} \quad \text{[3-66]}$$

$$\therefore\ V(X)=V_o e^{-C_{drag}\rho_{air}(A_{\max}/2m)X} \quad \text{[3-67]}$$

3.5 exercise

RDX로 m_e/m_{cyl}=0.25 충전된 원통형 탄자에서 생긴 파편의 초기속도를 구하시오. 질량이 10g인 성형 파편이 폭발지점으로부터 25m 떨어진 지점에서 표적에 부딪히는 타격속도를 구하시오. 참고로 RDX의 단위 질량당 에너지는 3.60×106J/kg이고, 대기의 압력 ρ_{air}는 1.223×10−3g/cm³이다.

풀이 1) 식 (3-66)으로부터 V_o는

$$V_o=\sqrt{\frac{(m_e/m_{cyl})}{(1+m_e/2m_{cyl})}}\cdot\sqrt{2E''}$$

$$=\sqrt{\frac{0.25}{(1+(0.5\times0.25)}}\cdot\sqrt{2\times3.60\times10^6}$$

∴ V_o =4,000m/s

2) C_{drag} =1.2, m =10g, 강구(steel ball)의 밀도는 7.86g/cm^{3}이므로 5g의 입방체의 부피 V_{olum}은 0.636cm^{3}가 된다. 입방형 파편의 각 면의 크기 $L=V_{olum}^{1/3}$ =0.86cm이므로 입방체의 최대단면적 $A_{\max}$ =(3/2)L^2(3/2)×0.86 =1.29cm^{2}가 된다. 따라서 식 〔3-67〕을 적용하면, X=2,500cm에서의 파편의 타격속도를 얻을 수 있다.

$$V(X=25m)=4{,}000\times e^{-(1.2\times1.29\times1.223\times10^{-3}\times0.129\times2500)}=2172.2\text{ m/s}$$

3. 성형작약탄[18]

장갑을 관통시키기 위해 고안된 성형작약탄의 구조와 작동과정은 〈그림 3.69〉에서 보는 바와 같다. 탄자가 장갑 표면에 충돌하면 탄저 부근에 있는 기폭제와 도폭제가 폭발하면서 강력한 폭발파를 발생시킨다. 이 폭발파는 그림에서 보는 바와 같이 수직하게 장약 내부에 전파되어 원뿔형 라이너의 정점에 도달하게 된다. 그 결과 금속 라이너구리합금 또는 고밀도 분말금속이 포함된 구리가 녹은 용융금속이 추진가스와 함께 라이너의 정점에 수직 방향으로 고속으로 팽창한다. 이때 〈그림 3.69〉의 화살표로 표시된 방향으로 용융금속과 폭발가스가 장갑 표면에 V_{jet} 속도로 분사되며, 이를 금속제트 속도라 한다.

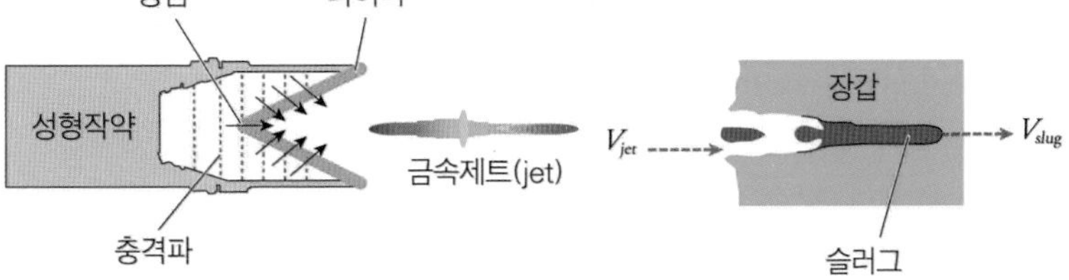

그림 3.69 | 성형작약탄에 의한 관통과정

18 Cranze & Becher, *Handbook of Ballistics*, His Mahesty's Stationary Office, Vol. 1, London, 1921.; Wehr & Richards, *Physics of Atom*, Addison-Wesley Publishing Co.,1960.; "An Engineering Approach to Blast-Resistant Design", *American Society of Civil Engineers*, Transactions Vol. 121, 1956.

금속제트에 의한 분사압력은 장갑판의 항복강도보다 훨씬 커서 열과 압력에너지를 전달하여 장갑을 관통시키게 된다. 따라서 금속라이너는 용융점은 낮고 밀도가 큰 물질을 사용해야 관통 효과를 향상할 수 있다.

고속으로 분사되는 플라스마 상태의 금속제트는 V_{jet} 속도로 장갑판에 분사된다. 이 때문에 장갑판이 녹으면서 슬러그slug 상태로 V_{slug}의 속도로 유동하게 된다. 금속제트에 의한 동動 압력dynamic pressure은 식 [3-68]과 같으며, 이 압력의 크기만큼 식 [3-69]와 같이 슬러그에 동 압력이 작용한다. 이때 ρ_{target}는 장갑판의 밀도이고, ρ_{slug}는 슬러그 밀도이다.

$$P_{jet} = \frac{1}{2}\rho_{jet}(V_{jet} - V_{slug})^2 \quad \text{[3-68]}$$

$$P_{target} = \frac{1}{2}\rho_{target}V_{slug}^2 \quad \text{[3-69]}$$

여기서 $P_{jet} = P_{target}$이므로, 식 [3-68]과 식 [3-69]로부터 금속제트의 속도 V_{jet}는 식 [3-70]과 같다.[19]

$$\therefore \quad V_{jet} = V_{slug}\sqrt{\frac{\rho_{target}}{\rho_{jet}}} + V_{slug} \quad \text{[3-70]}$$

19 Davis, T. L., *The Chemistry of Power and Explosives*, John wiley & Sons, Inc., 1941.; Exterior & Terminal Ballistics, Dept. of Engineering, New York: USMA, West Point, 1970.; Gurney, R. W., The Initial Velocities of Fragments from Bomb, Shell and Grenades. Eichelberger, R, J., Journ. Appl. Phys. 27(1956). S. 63. Zukas, J. A. et al., Impact Dyanmics, John Wiley and Sons, 1982.; Laible, R. C., *Ballistic Materials and Penetration Mechanics*, Elsevier Scientific Pub., 1980.; Courtney-Green, P. R., *Ammunition for the Land Battle*, Brassey's Publication, 1990.; 김희재 · 육종일, "장갑재료 방탄성능 측정방법에 관한 연구", 《육사논문집》 제38집, 1990, pp. 237-246.

3.6 exercise

밀도가 8,200kg/m^{3}인 고강도 장갑판으로 제작된 전차를 성형작약탄을 사용하여 관통시켰다. 그리고 슬러그의 유동 속도를 측정하였더니 2,750m/s이었으며, 라이너는 구리(ρ_{copper}=8,940kg/m^3)를 사용하였다. 이때 금속제트의 속도는 얼마인가?

풀이 식 (3-70)으로부터 금속제트 속도 V_{jet}는 다음과 같다.

$$V_{jet} = 2,750\sqrt{\frac{8,200}{8,940}} + 2,750 = 5,383.73m/s$$

제9절 미래의 화포

뇌관 점화방식을 사용한 현대식 화포는 약실의 체적 및 압력, 포신의 구경 및 길이, 추진제의 양, 시스템의 중량 및 공간 등의 제약 때문에 더 이상의 포구 운동에너지를 증가시키기가 어렵다. 고체추진제 방식의 화포는 추진제의 양을 증가시켜도 기존의 점화방식으로는 추진제를 모두 연소시킬 수 없다. 이 때문에 포구 속도를 더 증가시키기에는 한계가 있다. 이 때문에 현재 사용하고 있는 화포는 포구 속도가 1.8km/s가 최대이고, 이미 기술적 한계에 접근한 상태로 알려져 있다.

이를 해결하기 위해 1980년대부터 여러 나라에서 전기에너지를 이용하여 탄자를 가속하는 전기포electric gun와 전자기력을 이용한 전자력포 그리고 플라스마를 이용하여 추진제를 연소시키는 전열 화학포 등을 개발하고 있다. 또한, 레이저와 같은 지향성 고에너지를 이용한 레이저포가 등장할 수도 있을 것이다.

1. 전자력포

전자력포electro magnetic gun는 〈그림 3.70〉에서 보는 바와 같이, 레일식rail type과 파이프식pipe type으로 구분할 수 있으나 작동원리는 거의 같다.

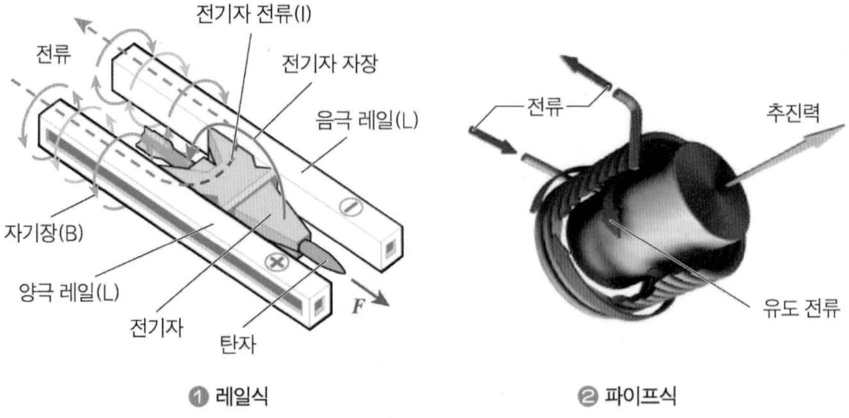

그림 3.70 | 전자력포의 작동 개념도

레일식 전자력포는 〈그림 3.70〉 ❶에서 보는 바와 같이 나란하게 설치된 2개의 레일과 두 레일을 연결하는 전선 막대 즉 전기자armature로 연결하고, 이를 통하여 수메가 암페어의 전류를 흐르게 하면, 레일 주위에 큰 자기장이 형성된다. 이때 자기장과 전류의 상호작용 때문에 전자기력electro magnetic force이 발생하게 되는데, 이 힘을 이용하여 탄자를 가속하는 방식이다.

탄자를 가속하는 전자기력로렌츠(Lorentz) 힘 F는 식 [3-71]로 표현할 수 있다.

$$F = \frac{1}{2} L \cdot I^2 \qquad [3\text{-}71]$$

여기서 L은 레일의 인덕턴스 값이고, I는 레일에 흐르는 전류값이다. 즉, 전자기력을 증대시키기 위해서는 레일의 인덕턴스 값과 레일에 흐르는 전류값을 크게 하면 된다. 전자력포에 의하여 가속되는 탄자의 무게는 통상 10kg 정도이다. 이 탄자를 포구 속도 5km/s까지 가속할 수 있어서 고체추진제를 이용한 화포에 비하여 3배 이상 포구 속도를 증가시킬 수 있다.

레일식은 〈그림 3.71〉에서 보는 바와 같이 기존 전차포탄에 사용되고 있는 운동에너지탄과 매우 유사한 구조와 재질로 제작될 전망이다. 기존 전차포탄의 이탈피sabot는 고강도 플라스틱이지만 전자력포탄은 알루미늄으로 만들어 양쪽

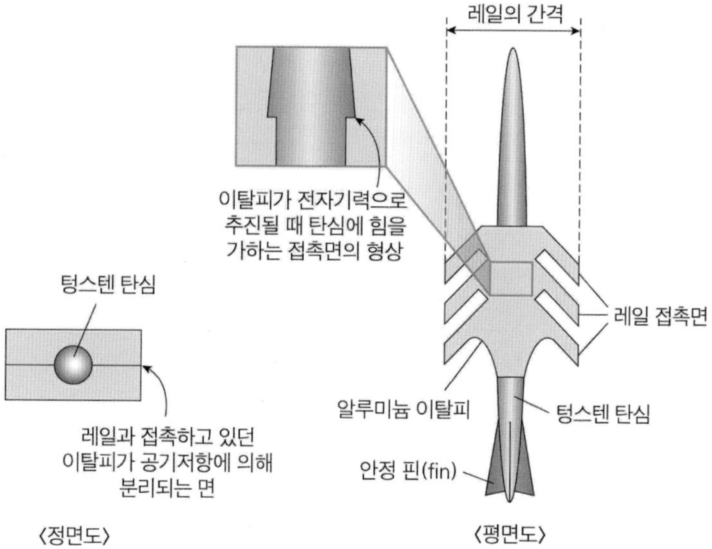

그림 3.71 | 전자력포탄의 구조

에 있는 레일을 전기적으로 연결하는 전기자로 사용된다. 그리고 일정한 추진력을 얻어 레일을 빠져나간 후에는 전차포탄과 같게 공기의 압력에 의해 이탈피를 분리할 수 있다. 그 결과 길이는 길고 단면적이 작은 고밀도 탄심[관통자]이 고속으로 표적에 충돌하여 막대한 운동에너지를 전달하게 된다.

이와 같은 레일식 대신에 여러 개의 유도코일을 연결하여 탄자를 가속하는 방식도 있다. 이러한 방식을 파이프식 전자력포라 부르며, 그 구조는 〈그림 3.72〉와 같다. 이 그림에서 보는 바와 같이, 수평으로 배열된 레일 대신에 원형 코일에 전류를 인가시킬 때 발생하는 전자기력으로 탄자를 추진시키는 방식이다. 이 방식은 레일식에 비해 주퇴력이 작고, 작동온도가 낮은 장점이 있다.

전자력포는 기존의 화포에 비해 포구 속도가 빠르며, 추진제가 필요가 없고 구조가 단순하다. 그리고 발사 시에 섬광과 추진가스의 폭발음이 발생하지 않는 등 장점이 많다. 그러나 주퇴력이 너무 크고, 발사장치가 순간적으로 초고온 상태에 노출되기 때문에 대용량 냉각장치가 필요하고 전력 소모가 크다. 또한, 제작에 필요한 각종 재료의 가격이 비싸서 실용화가 늦어지고 있다.

참고로 1989년 미 해군에서는 〈그림 3.72〉에서 보는 바와 같이 90mm급 전

그림 3.72 | 90mm 전자력포(미국, 맥스웰사)

자력포일명 레일건를 제작하는 등 지속적인 연구를 하고 있다. 이 포의 길이가 10m, 포구 속도 약 2.5km/s, 사거리 450km, 탄자 질량 20kg, 탄자의 길이 76cm 정도, 사격속도 분당 6~12발 정도의 수준으로 알려져 있다.[20]

2. 전열화학포(전열포)[21]

기존의 화포는 추진제가 연소할 때 발생하는 가스의 팽창력을 이용하여 탄자를 가속하고 있다. 이 방식 중에서 가장 발전한 화포인 전차포는 탄자의 포구 속도가 약 1.7km/s 수준에 달하는 것으로 알려져 있다. 이는 학자들이 주장하고 있는 화학 추진제 사용 시에 도달 가능한 '한계 포구 속도'인 1.8km/s에 접근하고 있다. 따라서 포구 속도를 한계 포구 속도 이상으로 높일 방법 중 하나가 전열화학포Electro Thermo Chemical Gun이며, 현재 〈표 3.15〉에서 보는 바와 같이, 포구 속도가 2.4km/s에 도달할 정도로 획기적으로 발전하고 있다.[22]

20 http://www.anothercoilgunsite.com; http://www.coilgun.com; http://www.powerlabs.com; David H. Rose., "Army Materials Research(Transforming Land Combat Through New Technology)", *The Advanced Materials and Processes Technology Information Analysis Center*, Vol. 8, 2004.

21 Brad Goodell, "Electrothermal-Chemical(ETC) Technology Weaponization Issues", 37th Gun & Ammunition Symposium, United Defense, 2002. 4.

표 3.15 | 레일건과 전열화학포의 개발 현황

화포의 종류	포구 속도(m/s)	포구에너지(MJ)
레일건(Rail Gun)	2,500	64
전열화학포(AOT Gun)	2,400	80
M198 155mm 곡사포	822	15
MK7 16inch 함포	820	335
8inch 곡사포	595	22
M119 105mm 곡사포	550	4

전열화학포는 전기에너지와 열에너지를 동시에 이용하는 화포로서 기존 화포와 유사한 구조이다. 이 화포는 약실 내에서 추진제가 연소할 때 발생하는 열에너지와 외부에서 인가한 전기에너지를 동시에 이용해 탄자를 가속할 수 있다.

즉, 전기 공급으로 전류 펄스에 의하여 발생된 고온의 플라스마plasma, 전기방전 등으로 발생된 기체상태의 전기적 입자 집단가 약실 내에 들어 있는 추진제를 연소시켜 생긴 추진가스의 팽창으로 탄체를 가속시킨다. 그 결과 추진제의 점화 시기를 정확하게 제어하기 때문에 명중률을 향상할 수 있다. 그리고 포구 속도가 증가하여 치명성과 사거리를 증가시킬 수 있다.

전류 펄스는 그 크기 및 폭을 변화시킬 수 있어서 추진제의 연소를 제어하여, 포강 내의 최대압력을 수m/s 동안 유지시킬 수 있다. 이 때문에 전열화학포는 탄체를 부드럽게 가속시키면서 포구 속도 및 포구 에너지를 증대시킬 수 있는 장점이 있다. 여기에 사용되는 추진제는 기존의 추진제를 그대로 사용하거나 좀 더 둔감한 추진제가 사용될 수 있다.

전열화학포는 〈그림 3.73〉과 같이 아크방전으로 발생시킨 플라스마로 추진제를 연소시키는 방식이다. 이때 총 에너지 중에서 열에너지에 의한 것이 80~90%, 전기에너지에 의한 것이 10~20%이다. 이것은 이미 선진국에서 연구 중인 전자력포와 유사한 성능을 가지지만 전원공급장치power supply의 크기를 전자포보

22 "AOT Gun Advanced Modular Gun(Large-Caliber High Velocity Launcher)", Ordnance Technology 39th NDIA Guns & Ammunition Conference., Baltimore, 2004. 4.

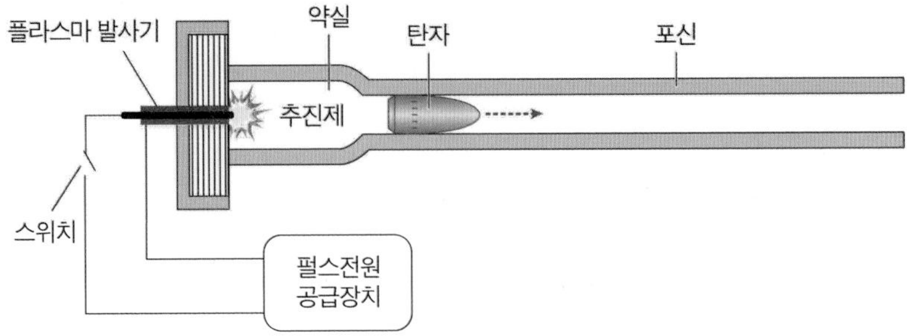

그림 3.73 | 전열화학포의 구조

다 1/5 이하로 줄일 수 있는 장점이 있다.

기존 화포는 일단 뇌관에 충격을 가하면 뇌관화약이 폭발하여 고온 · 고압 가스를 방출하면서 이 가스로 추진제를 연소시킨다. 그 결과, 추진가스에 의해 약실 압력이 급격히 증가하여 이 압력으로 탄자를 가속하는 일련의 과정이 한 번 만에 종료된다. 따라서 이 방식은 항상 일정한 약실 압력 곡선을 갖게 된다. 그러나 전열화학포는 전기에너지를 여러 번에 걸쳐 투입할 수 있다. 또한, 전기에너지를 투입할 때마다 투입량을 제어할 수 있어서 약실 압력 곡선을 변화시킬 수 있다.[23]

전열화학포는 〈그림 3.74〉에서 보는 바와 같이 탄자의 이동거리에 따른 약실 압력의 곡선에서 '최대 약실 압력 / 평균 약실 압력' 비율을 낮출 수 있다. 즉, 최대압력은 낮게 유지하면서 압력 작용시간을 연장하여 탄자에 발생하는 가속도를 낮게 유지할 수 있게 된다. 이처럼 낮은 가속도를 유지해서 정밀 지능 탄약과 같은 첨단 탄약에 사용되는 센서와 같은 고가의 부품을 저가의 부품으로 대체할 수 있다. 또한, 기존의 뇌관으로는 연소시키기 어려운 둔감 추진제를 연소시킬 수 있으므로 운용자의 안전성을 향상할 수 있다.

기존 뇌관의 경우에는 약실 공간의 크기에 비하여 일정 수준 이상의 추진제를 장입시킬 경우 연소가 불안정하여 추진제 장입 밀도를 높일 수 없었으나, 전열화학 추진기술을 이용하면 이러한 문제를 해결할 수 있어 포구 에너지를 증가

23 S. Bless & N. S. Brar., "Failure Waves and Their Effects on Penetration Mechanics in Glass and Ceramics", *High Pressure Shock Compression of Solids*, Spring Verlag, 2006.

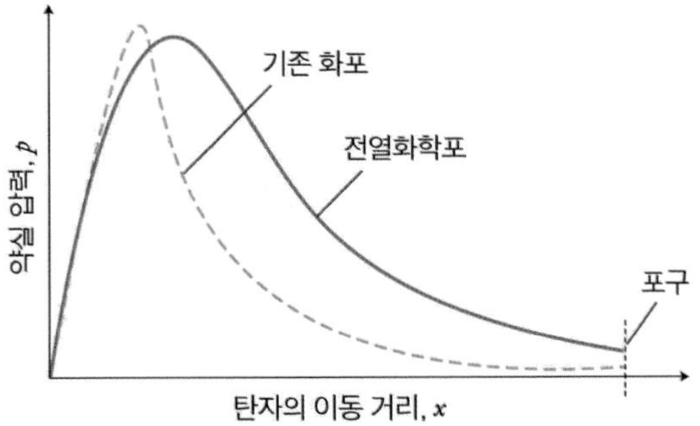

그림 3.74 | 기존의 화포와 전열화학포의 비교

시킬 수 있다.

기존 화포에서는 계절의 변화에 따라 추진제의 초기온도가 변화함에 따라 포구 속도가 달라져 사거리가 변화하므로 사격 시에 포구 속도의 보정이 필요하였다. 그러나 전열화학포는 추진제를 연소시키는 플라스마 온도가 기존의 뇌관에 비해 매우 높아 추진제의 초기온도가 변화하더라도 항상 일정한 포구 속도를 갖기 때문에 보정이 불필요하다.

현재 진행 중인 전열화학포의 연구는 전원장치 규모를 최소화하고 기존의 추진제보다 에너지 밀도가 더 높고 둔감한 추진제를 개발하는 것이다. 이 포에 공급되는 전류 펄스를 균일하게 공급할 수 있는 제어기술과 사격 때마다 균일한 포구 속도를 갖도록 신뢰도를 높여야 실용화가 가능할 것이다.

연 / 습 / 문 / 제 EXERCISE

1 소총탄과 대구경탄은 구조가 다르다. 특히 현재 개발된 소총탄은 대구경탄에 있는 회전대와 작약 그리고 신관이 없다. 왜 그러한 구성품의 차이가 있는지를 폭발 연쇄 이론으로 설명하시오.

2 포를 강선의 유무와 탄약의 장전방식에 따라서 그 구조와 원리를 비교하여 설명하시오.

3 일반 포탄의 탄피는 구리합금으로 제작하는 이유를 간단히 설명하시오.

4 박격포탄의 추진제와 K2 소총탄약의 추진제의 모양과 크기가 다른 이유를 설명하시오.

5 특수탄약인 대인 개량탄(Improved Conventional Munition)을 간단히 그림을 그려 탄약의 폭발과정을 설명하시오.

6 기존의 탄약에서 사거리를 증가시키기 위한 탄약을 그림을 그려 그 원리를 설명하시오.

7 포신의 제작법 중에서 근래에 주로 사용하고 있는 자긴가공법에 대해 설명하시오.

8 주퇴장치의 구성요소와 그 작동원리를 설명하시오.

9 대전차 성형작약탄과 운동에너지탄의 관통원리와 적용 예를 설명하시오.

10 포구제동기와 포강제연기의 작동원리를 설명하시오. 그리고 견인포에는 포강제연기를 장착하지 않는데 그 이유는 무엇인가?

11 전자력포의 구조 및 작동원리를 설명하시오. 그리고 전자력포의 포구 속도를 향상시킬 수 있는 방법은 어떤 것이 있는가?

12 기존 화포와 전열화학포의 차이점을 그림을 그려 설명하시오.

13 미국의 최신 스텔스 구축함에 탑재한 레일건의 작동원리와 제원 그리고 장점을 설명하시오.

제4장 신관

제1절 신관의 기능

신관fuze은 탄자가 표적에 도달할 때 또는 미리 정해진 시간이나 주위 환경을 감지하였을 때 작동하여 탄자 속에 있는 작약을 폭발시키는 점화장치를 말한다. 이러한 신관은 포탄이나 지뢰 또는 수류탄 등 대부분 탄약에 장착되어 있다.

예를 들어, 대구경 탄약의 탄자가 표적에 충돌하더라도 그 자체만으로는 작약이 폭발하지 않는다. 따라서 탄자에 신관을 결합해야만 포탄으로서 기능을 발휘할 수 있다. 통상 신관은 표적의 종류에 적합한 신관을 선택하여 사격 직전에 탄자에 결합하여 사격한다. 이때 신관은 안전, 무장, 감지, 폭발 작용을 거치면서 작동하며 단계별 주요 기능은 〈표 4.1〉에서 보는 바와 같다.

일반적인 포탄은 발사하기 직전에 안전핀과 같은 안전장치를 제거하거나 탄자가 비행하면서 관성력이나 원심력 등을 이용하여 안전장치를 해제시키게 된다. 그다음 작약 폭발물 연쇄가 가능하도록 무장이 완료된 상태가 된다. 탄자가 표적에 도달하게 되면 표적 감지신호에 의해서 기폭약이 폭발하여 도폭약booster과 작약이 연쇄적으로 폭발하면서 탄자를 파열시키게 된다.

표 4.1 | 작동 단계별 신관의 주요 기능

작동 단계	주요 기능
안 전	• 탄두가 저장, 수송 등의 환경조건에서 안전해야 함 • 탄두가 포신 내에서 가속되어 포구 앞 일정 거리에 도달할 때까지 폭발하지 않도록 함
무 장	탄두가 비행하는 동안에 안전장치를 해제하고 작약폭발물 연쇄가 가능하도록 하는 기능
감 지	탄두가 폭발해야 하는 시간, 거리, 표적위치 등과 같은 주위 환경을 감지하는 기능
폭 발	예정된 시간 및 상황에서 탄두의 폭발효과를 최대한 발휘토록 하는 기능

제2절 신관에 작용하는 힘

신관은 발사단계에서 표적에 도달하기까지 관성력(후진, 전진)과 원심력을 받게 된다. 이들 힘이 신관에 미치는 영향을 단계별로 살펴보면 〈그림 4.1〉과 같다.

첫째, 후진관성력(setback inertia force)은 포탄 발사 시에 포구 전방에서 발생하는 급격한 가속도에 대한 저항력이다. 이 현상은 자동차가 정지 상태에서 급히 출발할 때 몸이 뒤로 젖혀지는 현상과 같은 것으로 탄자의 추진력에 대한 상대적인 힘이다. 이 힘은 신관의 안전장치가 필요한 시간 동안 신관이 무장되는 것을 방

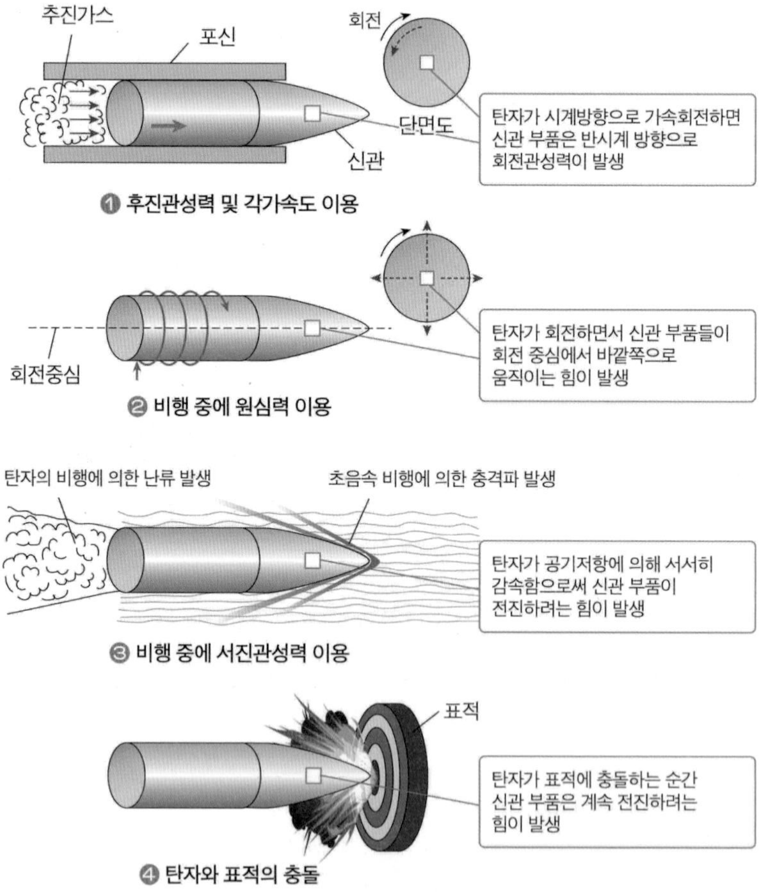

그림 4.1 | 단계별 신관에 작용하는 힘

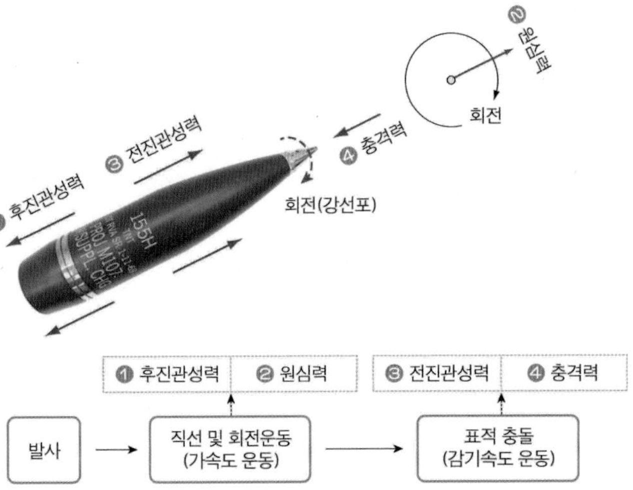

그림 4.2 | 탄자에 작용하는 힘의 작용방향

지하거나 무장시킬 때 사용한다. 또한, 강선포에서 발사되는 탄자가 포신에 의해 회전력을 얻어 회전한다. 탄자의 회전속도는 가속되면서 신관의 부품들은 탄자의 회전 방향과 반대 방향으로 회전관성력이 작용한다. 일반적으로 회전관성력으로 안전장치를 해제하는 데 이 힘을 이용한다. 둘째, 원심력은 포의 강선에 의한 포탄의 회전으로 인해 발생하는 힘으로 탄자의 최대 회전수는 약 2,000rpm 이상이다. 참고로 후진관성력은 포탄이 가속되는 시간 동안만 존재하나 원심력은 포탄이 출발하여 폭발할 때까지 계속하여 존재한다. 셋째, 서진관성력creep inertia force은 전진관성력과 같으나 탄자가 공기저항으로 인하여 서서히 감속될 때 계속 전진하려고 하는 관성력이다. 이 힘은 주로 대륙간 탄도탄Intercontinental Ballistic Missile과 같이 탄자가 대기권을 재돌입할 때 신관을 작동하는 데 사용한다. 넷째, 전진관성력setforward inertia force은 탄두가 표적에 충돌할 때 발생하는 급격한 감속으로 발생하는 관성력으로 자동차가 고속으로 달리다가 갑자기 정지하면 몸이 앞으로 기울어지는 현상과 같다. 넓은 의미에서 서진관성력은 전진관성력과 같으며, 신관 내의 작동부품을 무장시킬 때 사용한다.[1] 그리고 탄자가 표적에 충돌할 때 받는 충격력도 전진관성력이다.

1 "포병탄약 운용", 육군본부, 야전교범 6-141, 1989. 12.

제3절 신관의 분류[2]

신관은 장착 위치, 작용방법에 따라서 크게 두 가지로 구분할 수 있으며, 각각의 작동원리와 특성은 〈표 4.2〉와 같다.

첫째, 신관은 신관의 장착 위치에 따라 탄두신관, 탄저신관 및 탄두발화 탄저신관으로 구분할 수 있으며, 그 특성과 적용 예를 알아보면 다음과 같다.

① 탄두신관은 신관이 탄두에 장착되어 표적과 충돌할 때 충격으로 기폭작용이 일어나는 것으로 사격 직전에 신관을 장착할 수 있어 안전도가 높고 발사 직전에 신관의 작동방식을 조절할 수 있으며, 주로 곡사포탄에 사용된다.

② 탄저신관은 신관이 탄두의 밑면에 장착되어 표적에 충돌한 후 수m/s 정도 지연되어 기폭작용이 일어난다. 이 신관은 대전차용 성형작약탄과 같이 두께가 두꺼운 장갑을 관통하거나 로켓탄과 같이 비행속도가 300m/s 이하인 저속탄두에 많이 사용된다.

③ 탄두발화 탄저신관은 탄두에 설치된 압전 소자piezoelectric element가 표적으로부터 충격을 받으면, 순간적인 전기가 발생하여 탄저에 설치된 신관에 전달되어 기폭작용이 일어난다.[3]

둘째, 신관은 작용방법에 따라서 충격신관순발, 지연, 비지연, 순발 및 지연, 압전기식, 시한신관도화선식, 기계식, 시한 및 순발식, 접근신관 등으로 구분한다. 이들 신관의 작용방법은 다음과 같다.

① 충격신관은 탄자가 목표물에 충돌할 때 충격을 받아서 폭발한다. 이러한 신관에는 순발식, 지연식, 비지연식, 순발 및 지연식, 압전기식이 있다.

---

2 이희각 외, 《신편 병기공학》, 청문각, 2001.

3 "지상무기체계 원리", 육군본부 전력개발단, 2002. 10.

표 4.2 | 신관의 분류 및 작동원리

구분	신 관		작동원리 및 특성	적용 분야
장착 위치	탄두신관(PD: Point Detonating fuze)		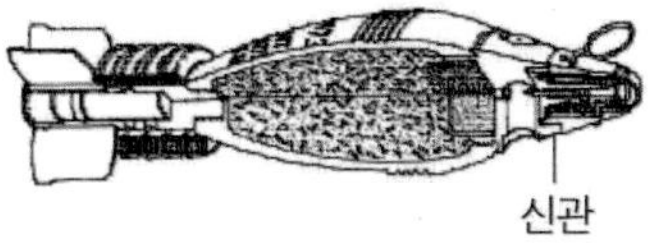	박격포탄, 곡사포탄 등
	탄저신관(BD: Base Detonating fuze)		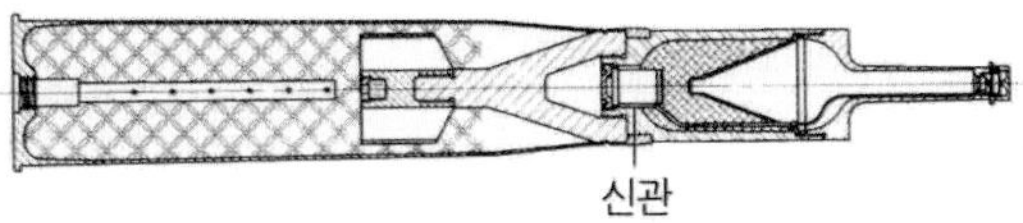	HEAT
	탄두발화 탄저신관 (PIBD, Point Initiated Base Detonating fuze)		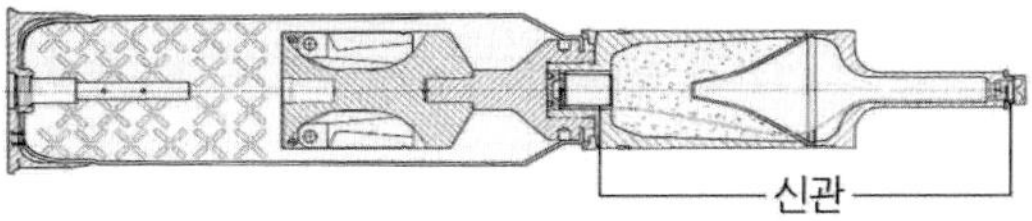	HEAT, 무반동총탄
작용 방법	충격 신관	순발신관	• 표적에 충돌 후 즉시 작동 • 충격 후 0.1m/s 후 작동	각종 탄약
		지연신관	• 순발신관보다 신관의 작동속도가 느리며 표적을 관통시키는 데 효과적임 • 지연시간은 0.025~0.05s이고 뇌관과 기폭관 사이에 지연화약(흑색화약)이 있음	
		비지연신관	• 관성형 격침 사용 • 충격 후 0.01~0.25s 후 작동	
		순발 및 지연신관	순발 또는 지연작용 선택 가능	
		압전기식 신관 (Piezo-electric Fuze)	표적에 충돌 시 충격력에 의해 압전소자에서 전하가 발생하여 신속한 신관작용을 함	직사포탄 (HEAT탄)
	시한 신관	도화선식	고밀도 흑색화약을 사용하여 예정된 시간만큼 연소한 후 신관 내의 기폭약을 점화시킴	폭약
		기계식	시계와 같은 장치로서 예정된 시간에 공이를 작동시켜 신관을 작동시킴	곡사포탄 등
		시한 및 순발식	시한 및 순발작용을 겸한 기계식 시한 순발신관	
	접근신관		• 자체 동력의 무선 송수신 능력이 있어 탄두가 포구를 떠난 후 신관은 무장되고 무선전파를 발사함 • 탄두가 목표물에 접근하면 발사된 전파는 반사되어 신관 내의 수신기가 수신하게 되며, 이러한 전파의 송수신은 진동을 일으켜 진동이 일정한 강도에 도달하면 전자스위치가 작동하여 전기회로를 연결함 • 전기가 전기뇌관에 인가되어 신관 내에 있는 작약을 폭발됨	곡사포탄, 박격포탄, 함포탄, 대공포탄 등

② 시한신관은 발사 직전에 신관에 입력한 폭발시간에 작동하는 신관이다. 이 신관은 작동시간을 조절하는 방법에 따라서 도화선 방식, 기계식, 시한 및 순발식 신관이 있다.

③ 접근신관은 탄자가 목표물을 스스로 감지하여 최적의 고도에서 작동하는 신관이다.

제4절 신관의 특성

1. 충격신관[4]

충격신관은 탄두가 표적에 충돌하는 순간 또는 충돌 후 약간의 시간이 지연된 후 작동하며 가장 많이 사용되고 있는 신관이다. 이 신관은 충격 후 반응시간에 따라 순발 및 지연기능으로 구분할 수 있다.[5]

〈그림 4.3〉은 순발 신관이 장착된 포탄의 공격 개념도를 나타낸 것이다. 그림에서 보는 바와 같이 포탄이 지면에 닿는 순간 폭발하게 된다. 그 결과 폭발지점으로부터 반구半球 형태의 폭풍이 팽창하며, 동시에 탄착각도에 따라서 일정한 각도로 파편이 흩어져 날아가면서 표적에 피해를 준다. 이러한 순발 신관은 주로 견고한 지면과 같이 신관에 일정한 충격력을 가할 수 있는 표적에 대해 사용해야 한다. 따라서 밀림과 같은 연약한 지반에 있는 표적은 시한신관 등이 적합하다.

충격신관은 탄두에 장착하기 때문에 〈그림 4.4〉와 같이 모양이 유선형이다. 주요 구성품은 감지장치, 격침, 기폭제, 화염 통로 및 차단장치, 지연장치, 안전 및 무장장치, 도폭제로 구성되어 있다. 이 신관은 감지장치에 충격력이 가해지면 격침이 기폭제에 충격을 가하여 폭발시킨다. 이때 생긴 화염이 화염 통

4 AMC, "Element of armament engineering(weapons systems and components)", *AMCP*, 1963, pp. 706-108.

5 정봉수, 《병기공학 편람》, 국방과학연구소, 1986.

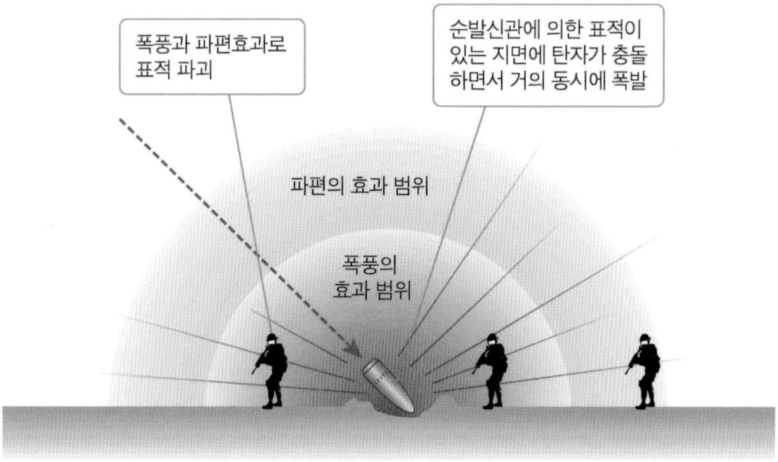

그림 4.3 | 순발 신관에 의한 지상표적 공격 개념도

로를 통과하여 지연장치를 통과하면서 일정한 시간 동안 지연 또는 곧바로 도폭제[전폭약]를 폭발시키게 된다. 그 결과 도폭제의 폭발력으로 탄자 속에 있는 다량의 작약을 폭발시킨다. 이와 같은 작약 폭발물 연쇄과정을 발생시키는 장치가 신관이다.

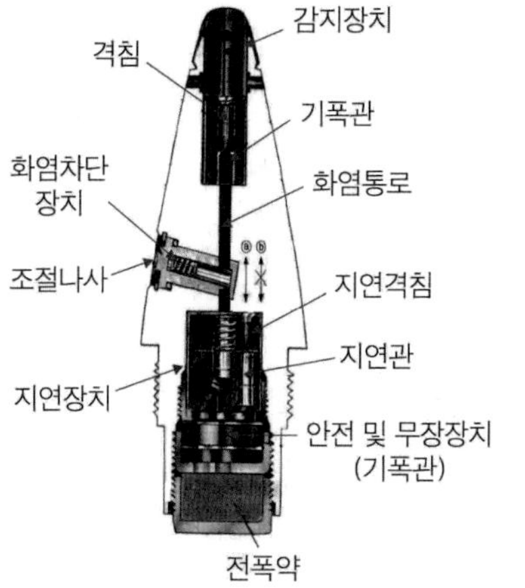

그림 4.4 | 충격신관의 주요 구성품

(1) 순발 기능

순발 기능은 탄두가 표적에 충돌할 때 발생하는 충격력에 의해 격침이 기폭제를 폭발시켜 표적 충돌 후 100μsec 이내에 폭발한다. 이때 신관의 중앙에 있는 화염차단장치의 조절나사는 최초 순발 기능에 조정되어 있다.

〈그림 4.5〉에서 본 바와 같이 충격신관의 안전 및 무장장치는 주로 탄자의 회전에 의한 원심력을 이용하고 있다. 대부분의 안전 및 무장장치는 〈그림 4.5〉와 같은 구조이다. 신관의 작동은 〈그림 4.5〉 ❶과 같이, 안전장치 내의 원심력 핀 및 회전자 잠금 핀에 의해 고정되어 있던 회전자가 탄두의 회전 때문에 발생한 원심력과 탄자가 발사될 때 가속하면서 발생한 후진관성력으로 원심력 핀과 회전자 잠금 핀을 밀고 있던 스프링은 압축하게 된다. 그 결과 회전자가 회전하면서 〈그림 4.5〉 ❷와 같이, 기폭관을 일치시키게 된다. 그리하여 화염차단장치를 통과한 화염이 도폭제에 도달할 수 있도록 통로가 연결되게 된다. 이러한 작용을 신관의 무장이라 한다.

안전장치가 해제되어 무장된 신관은 화염차단장치가 순발 기능으로 조정되어 있어 탄두의 원심력에 의해 차단봉이 신관의 바깥 방향으로 이동하여 화염

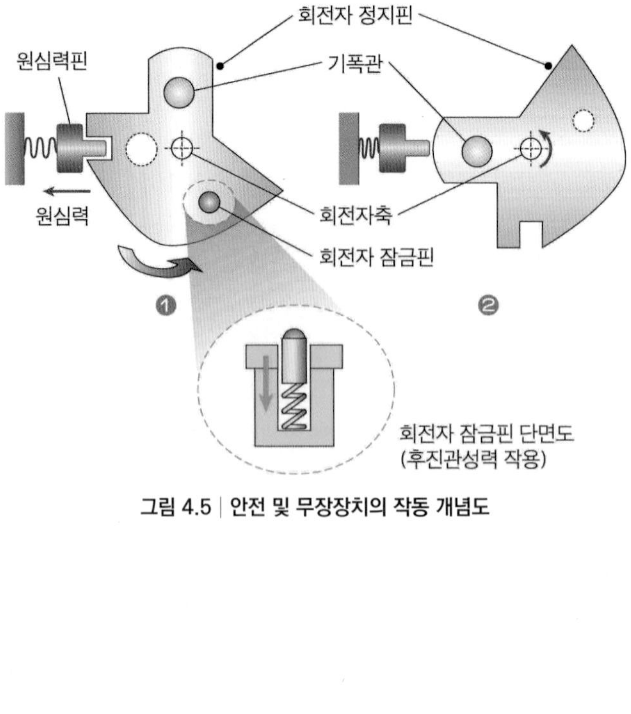

그림 4.5 | 안전 및 무장장치의 작동 개념도

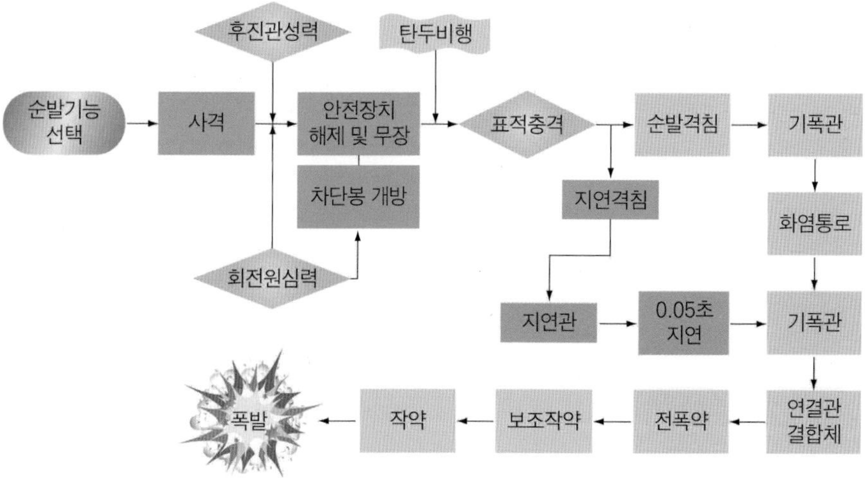

그림 4.6 | 순발 기능 선택 시 작동과정

통로가 개방된 상태로 표적까지 비행하게 된다. 〈그림 4.6〉은 충격신관에서 순발 기능 모드를 선택한 경우의 작동과정을 나타낸 것이다.[6]

〈그림 4.7〉은 순발 신관을 사용한 곡사포탄의 파편 비산과 분산을 나타낸 것이다. 그림에서 동일한 포탄으로 저각사격과 고각사격할 경우에 파편의 비산 각도와 분산면적의 차가 큼을 알 수 있다.

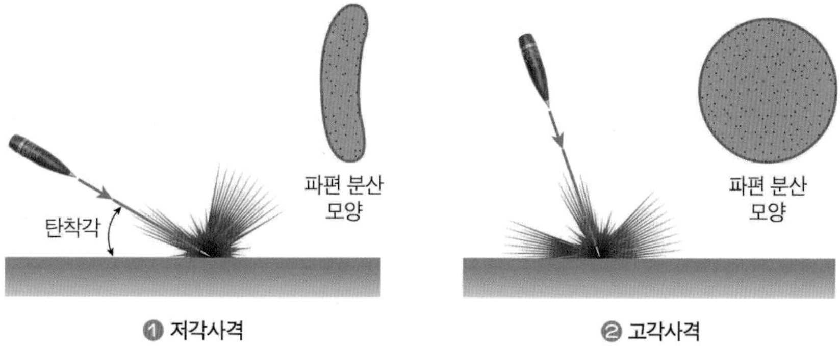

그림 4.7 | 순발 신관의 파편분산 비교

6 Handbook on German Military Forces, TM-E30-451, US War Dept, March 1945.

(2) 지연기능[7]

지연신관은 지연장치 내의 지연신관에 있는 지연제가 점화되어 표적 충돌 후 25~50ms 사이에 폭발하므로 주로 목표물 관통이나 도비작용에 사용된다. 즉, 사격전 화염차단장치를 지연기능에 맞추어 놓으면 원심력이 작용해도 화염통로가 개방되지 않아 순발 격침이 기폭제를 폭발시켜도 화염이 차단되어서 순발 기능을 멈추게 되어 있다.

지연장치의 작동은 〈그림 4.8〉에서 보는 바와 같이 탄두가 표적에 충돌 시 전진관성력에 의해 지연격침이 지연제를 타격하여 생긴 화염이 50ms 지연된 후 전폭약, 보조 작약, 작약을 차례로 폭발시켜 탄체를 파열하게 되어 있다.

지연신관은 〈그림 4.9〉에서와 같이 벙커와 같은 엄폐된 표적을 공격할 때 효과적인 신관이다. 탄자가 방호벽을 관통한 후 폭발하기 때문에 폭풍과 파편효과가 매우 높다. 또한 〈그림 4.10〉에서 보는 바와 같이 대장갑 공격 시에 사용하는 지연신관도 장갑을 관통한 후, 탄자가 폭발하여 그 효과가 향상되는 신관이다.

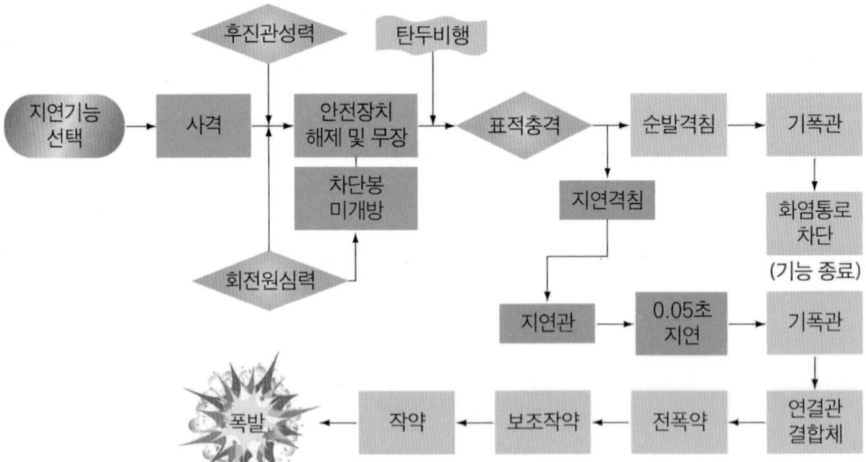

그림 4.8 | 신관의 지연 기능 선택 시 작동 절차

7 Handbook on USSR Military Forces, TM30-430, US War Dept, Nov 1945.; Handbook on Japanese Military Forces, TM-E30-480, US War Dept, Oct 1944.

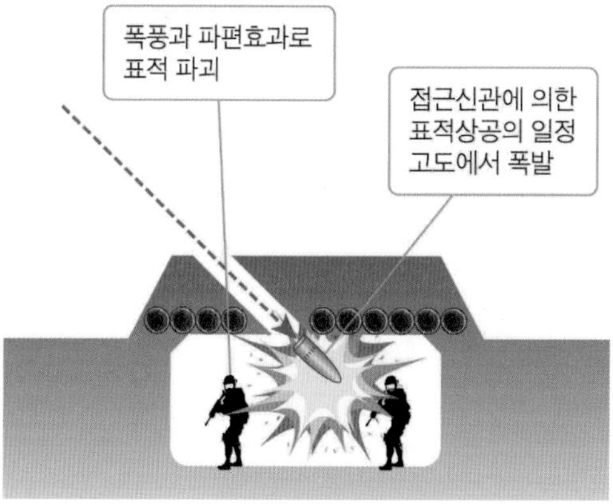

그림 4.9 | 지연신관의 지하 표적 공격 개념도

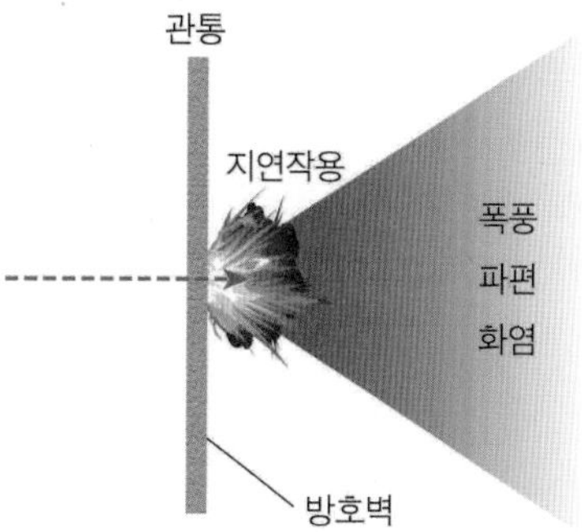

그림 4.10 | 지연신관의 작동 개념도

2. 시한신관[8]

시한신관time fuze은 탄두가 발사된 후 사전에 장입된 시간에 도달하면 작동한다. 이때 특정한 시에 신관이 작동하려면 정밀시계가 필요하다. 따라서 시한신관은 시계의 종류에 따라서 도화선식, 기계식, 전자식이 있다.

도화선 방식은 흑색화약을 사용하여 설정된 시간만큼 연소한 후 기폭제와 도폭제를 폭발시킨다. 반면에 기계식은 시계의 원리를 이용하여 설정된 시간에 신관 내부의 격침을 작동시켜 기폭제와 도폭제를 폭발시키는 방법이다. 그리고 기계식 시계 대신에 전자시계를 사용하기도 하며, 이를 전자식 시한신관이라 한다.[9]

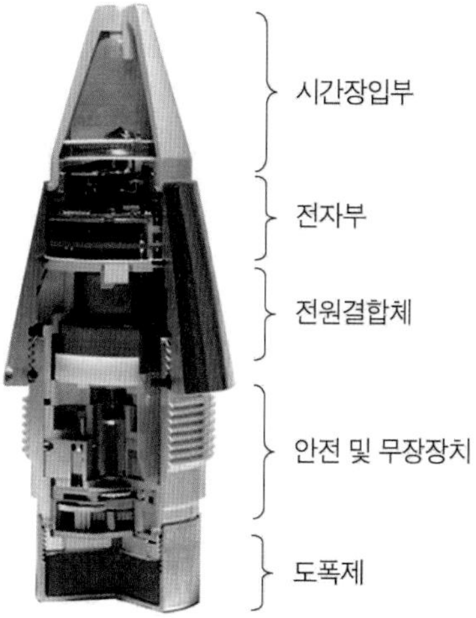

그림 4.11 | 전자식 시한신관의 주요 구성품

전자식 시한신관은 〈그림 4.11〉에서 보는 바와 같이 시간장입부, 전자부, 전원

8 http://www.globalsecurity.org/military/systems/munitions/mk211.htm

9 http://www.army-technology.com/contractors/ammunition/junghans/junghans3.html

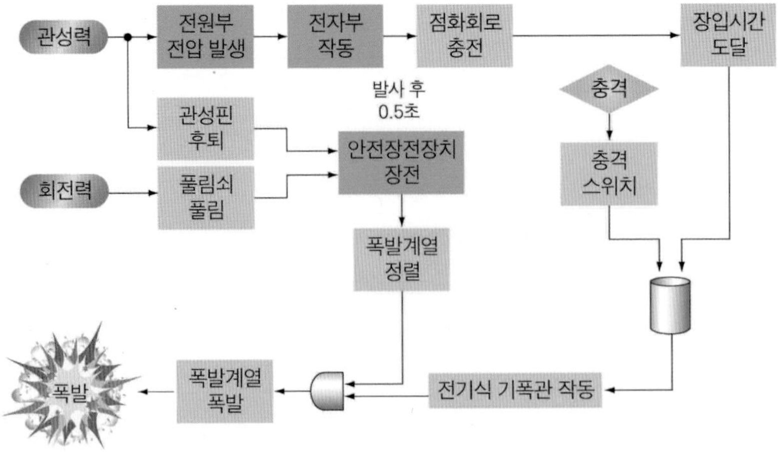

그림 4.12 | 시한신관 작동원리

결합체, 안전 및 무장장치, 도폭제로 구성되어 있다. 이 신관의 작동과정을 살펴보면 〈그림 4.12〉와 같이 크게 세 단계로 작동한다. 첫째, 탄두가 발사되는 순간 후진관성력에 의해 전원결합체가 작동하여 전원이 발생된다. 이때 발생된 전원은 전자부에 전원을 공급하여 경과시간을 계산하기 시작한다. 둘째, 안전 및 무장장치는 탄두의 후진관성력에 의해 관성핀이 풀린다. 그리고 탄자의 회전에 의한 원심력으로 풀림쇠가 풀려서 작약 폭발물 연쇄가 가능한 상태로 놓이게 된다. 셋째, 점화회로는 포탄 발사 후 0.5초 후에 전자부의 점화에너지를 충전시킨다. 포탄이 비행하는 동안 디지털 신호 처리부에서는 장입된 시간과 경과시간을 비교하여 그 값이 일치하면 점화회로를 작동시켜 작약 폭발물을 연쇄적으로 폭발시킨다. 만약 시한신관이 기능 고장으로 작동하지 않으면 탄두가 표적에 충돌할 때 발생하는 충격력으로 폭발이 가능한 보조 기능이 있다.

시한신관은 사수가 표적의 종류와 위치에 따라서 원하는 시간에 탄두가 폭발하도록 사전에 시간을 장입한다. 이러한 장점 때문에 참호나 건물 속에 있는 표적을 공격하기에 적합한 신관이다. 특히 〈그림 4.13〉과 같이 시한신관은 공중폭발로 직사화기로 공격이 불가한 지상표적을 효과적으로 공격할 수 있다. 탄두에 시한 기능만 있는 시한신관에 비해 시한과 순발 기능이 겸용으로 되어 있는 경우, 파편의 분산이 다르게 나타난다. 시한 및 순발 신관이 시한신관보다 파편

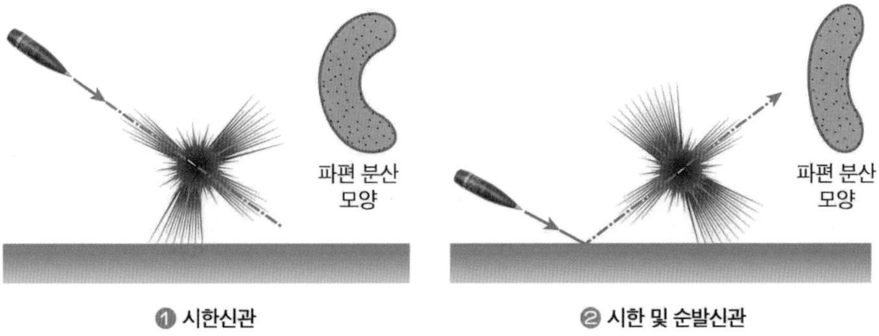

그림 4.13 | 시한신관의 파편분산 비교

이 횡으로 더 넓게 분산되기 때문에 횡으로 전개된 인원이나 장비 등을 공격할 때 유리하다.

3. 접근신관

접근신관proximity fuze은 신관 자체에 있는 송신장치에서 표적으로 전파를 조사하여 표적으로부터 반사되는 반사파를 수신하여 최적의 근접거리에서 작동하도록 만든 신관이다. 이 신관은 작동 시에 방해전파의 영향을 받기 쉬운 단점이 있으며, 주요 구성품과 작동과정을 살펴보면 각각 〈그림 4.14〉, 〈그림 4.15〉와 같다.

① 포탄이 발사되면서 후진관성력에 의해 전원결합체가 동작해 전원이 발생하여 시한 조정장치로 전원이 공급된다.

② 안전장치는 충격신관이나 시한신관과 같은 과정을 통해 작약 폭발물 연쇄가 가능한 상태가 된다. 이때 발생된 전원은 사격전 장입한 시간 5초 전에 전자부를 작동시킨다.

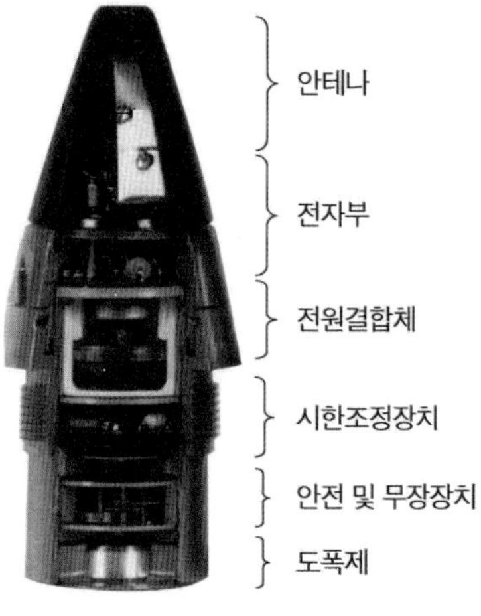

그림 4.14 | 접근신관의 주요 구성품

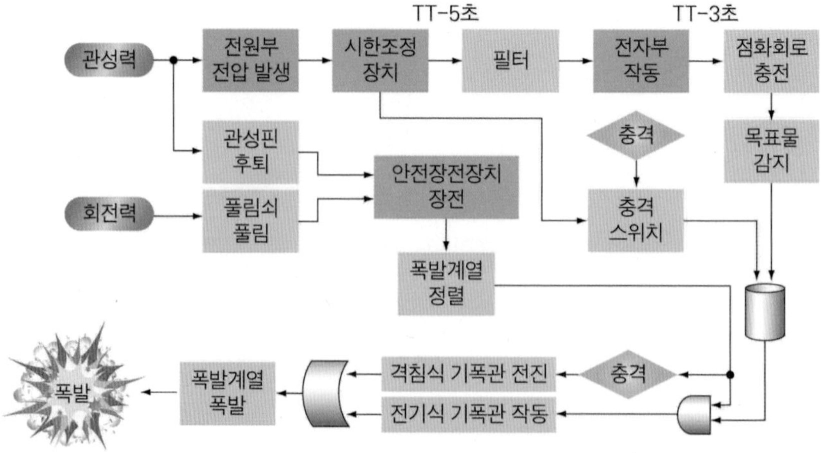

그림 4.15 | 접근신관의 작동과정

③ 발진부에서는 안테나를 통해 전파를 송신하며, 신호처리부에서는 표적에서 반사된 신호를 분석한다.

④ 장입 시간 3초 전에 점화회로부의 점화에너지가 충전한다. 그리고 탄자가 목표로 하는 적정위치에 도달하면 작약 폭발물을 연쇄적으로 폭발시킨다. 이때 접근 기능이 작동되지 않을 경우, 시한신관과 같은 보조 기능이 있어 표적과의 충격으로 폭발한다.

접근신관은 표적으로부터 일정한 거리에서 자동으로 탄두를 폭발시키기 쉬워서 〈그림 4.16〉과 같이 일부만 엄폐된 표적 공격에 적합한 신관이다. 그 밖에 이 신관은 함정이나 연약지반 등에도 효과적인 신관이다.

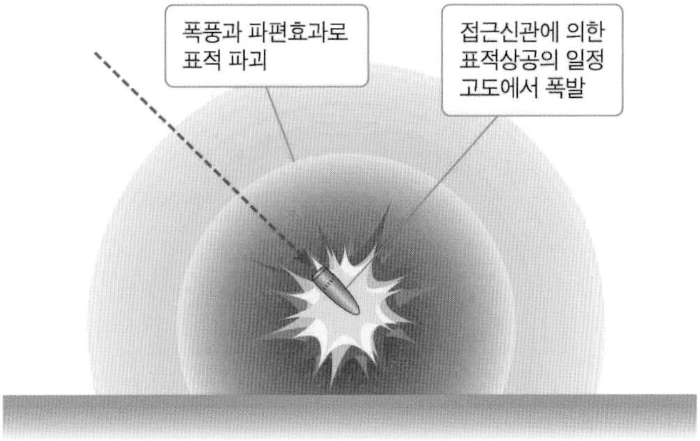

그림 4.16 | 접근신관에 의한 지상표적의 공격 개념도

4. 탄도수정 신관[10]

대표적인 탄도수정 신관으로는 〈그림 4.17〉에 제시된 미국의 155mm M982 Excalibur 포탄의 탄도수정 신관이 있다. 이 신관은 관성과 중력에 의한 자유비행을 하면서 탄도를 수정하여 표적에 명중시키기 위한 신관이다. 그림에서 보는 바와 같이, 신관에 의해 귀 날개를 돌출시켜 공기저항을 이용하여 탄도를 수정할 수 있다. 이 포탄의 구조와 기능은 포탄의 신관, GPS/INS^{Inertial Navigation System} 장치, 귀 날개, 공력 날개, 슬립 회전대^{slip driving band}, 모듈형 탑재공간으로 구성되어 있다.

신관은 표적 위치정보를 입력할 수 있는 입력장치와 모듈형 탑재공간에 내장된 자탄^{이중목적 대인 개량 자탄}을 방출시킬 때, 필요한 기폭장치와 배제^{방출}장약이 있다. GPS/INS 장치는 실시간 자기 위치정보를 생성하며, 생성된 위치정보가 내장 컴퓨터로 탄도를 계산하여 귀 날개를 제어하여 탄도를 수정한다. 공력 날개는 포탄이 포구를 이탈하기 전까지는 접힌 상태로 있다가 포구를 이탈하는 순간 펼쳐지면서 공기역학적으로 비행 안정성을 유지하는 역할을 한다. 그리고 슬립 회전대는 강선포에서 포탄이 발사할 때 포탄을 겉돌게 하여 회전하지 않도록 하

10 http://www.globalsecurity.org/military/library

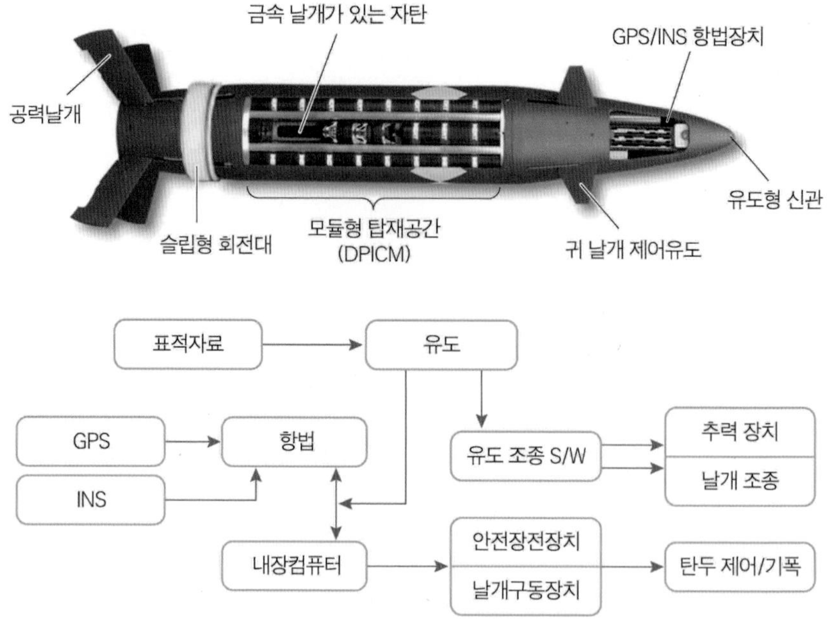

그림 4.17 | 미국의 155mm M982 Excalibur 포탄

는 역할을 한다. 끝으로 자탄은 통상 각각 금속날개가 장착되어 있는데, 이는 자탄이 일정 고도에서 포탄에서 방출된 후 자탄의 탄두부가 지면을 향하면서 낙하하도록 하기 위해서이다.

한편 이 포탄의 작동과정은 다음과 같다. 먼저 발사 전에 표적의 위치정보를 신관에 입력한 후 사격을 한다. 이후 포탄이 비행하면서 GPS 또는 INS 장치에서 정보를 실시간으로 받아서 추력 장치와 날개를 조종하게 된다. 일정한 위치를 통과하면 안전 모드에서 무장상태로 전환되고, 귀 날개canard를 구동하여 탄도를 수정하면서 표적을 향해 낙하한다. 동시에 내장 컴퓨터에서 계산된 정보를 유도조종 소프트웨어에 입력하여 실행한 신호로 추력 장치와 날개를 제어할 수 있다.

연 / 습 / 문 / 제 EXERCISE

1 신관을 간단히 정의하고 주요 기능을 그림을 그려서 설명하시오.

2 장착 위치와 작용방법에 따른 신관의 종류 및 특성을 간단히 설명하시오.

3 충격신관의 작동과정을 그림을 그려서 폭발물 연쇄과정으로 설명하시오.

4 신관에 작용하는 힘은 원심력, 전진관성력, 후진관성력, 서진관성력이 있다. 이들 힘을 신관의 작동에 어떻게 이용하는지 구체적인 예를 들어 설명하시오.

5 순발 신관을 장착한 곡사포탄의 탄착각에 따른 파편의 비산각과 비산 면적으로 비교하시오.

6 접근신관과 탄도수정 신관의 구조와 작동원리 그리고 적용 예를 설명하시오.

7 유도탄과 유도 포탄의 차이점을 발사수단, 탄약, 그리고 전술적 측면으로 비교하시오.

8 아래 그림은 신관에 장착된 안전 및 무장장치를 간략하게 나타낸 그림이다. 그림에서 보는 바와 같이 탄체에 연결된 안전장치가 반시계방향으로 회전한다. 이때 회전자가 회전하지 못하도록 고정한 원심력 핀(질량 m=15g)이 스프링(스프링 상수 k=30N/cm)을 압축하여 회전자에서 빠져나오기 위한 최소 원심력은 얼마인가? 그리고 탄체의 회전속도는 몇 rpm인가? (단, 스프링의 질량 및 회전자의 마찰저항은 무시함)

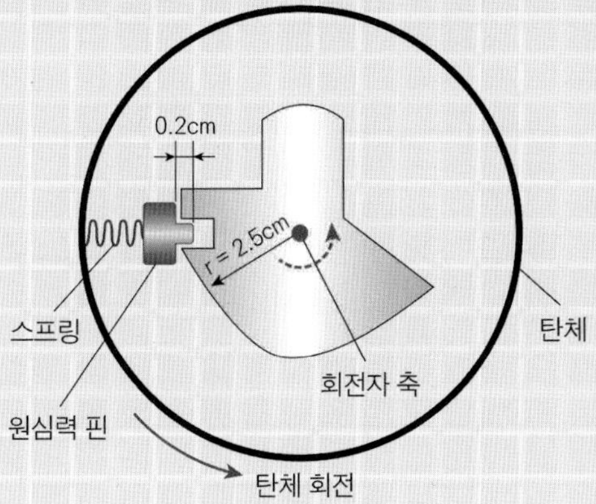

제5장 대공포

제1절 대공포의 발전과정

1. 최초의 대공포 등장

1870년부터 1871년까지 이어졌던 프로이센과 프랑스의 전쟁인 보불전쟁 당시에 기구를 타고 공격하는 적을 격퇴하기 위하여 65mm 고사포를 사용한 것이 최초의 대공포라고 전해오고 있다. 그 후 1897년에 프랑스군은 표적의 진행속도를 고려하여 사전에 폭발 시기 장입이 가능한 75mm 고사포를 사용하였다.

그림 5.1 | 보불전쟁 시 대공포

2. 제1, 2차 세계대전

1차 세계대전 시에는 비행선, 항공기에 의한 폭탄투하가 본격화되자 원거리 사격이 가능하고 포구 속도와 발사 속도가 향상된 대공포가 출현하게 되었다. 그 당시 구경 75~120mm급 고사포 계열의 대구경 화포가 대공무기의 주축이었다. 2차 세계대전 이후에는 대공미사일 출현으로 대구경 고사포는 구경 20~40mm급 소구경, 저고도 방어용 대공포로 대체되었다.

3. 중동전쟁

1967년 6월 5일부터 6일간 벌어진 제3차 중동전쟁 당시에 이스라엘군은 전자장비와 첨단 항공기를 동원하여 대공 방어체계가 취약한 이집트군을 기습공격으로 격파하였다. 그 결과 이집트군은 대공 방어체계의 필요성을 절감하였다. 그 후 1973년 10월부터 18일간 벌어진 제4차 중동전쟁에서 이집트, 시리아 등 중동국가들은 3차 중동전의 패배를 교훈 삼아 소련으로부터 대량의 대공방어 무기체계를 도입하여 배치하였다. 그 당시 이스라엘 공군은 고고도 방공무기를 회피하여 저고도로 침투하는 전략을 구사하였다. 이집트군은 SA-6게인풀, SA-7그레이 등 저고도 SAMSurface-to-Air Missile과 ZSU-23-4 등 대공포로 대규모 통합 방공망을 구성하여 저고도로 침투하는 이스라엘 공군기를 격추하였다. 이스라엘 공군기는 개전 1일차에 골란고원에서 40대, 시나이반도에서 50대가 격추되었으며, 저고도 방공무기체계의 중요성이 부각된 전쟁이었다.

4. 레바논전쟁

1982년 6월 6일부터 약 3개월간 벌어진 레바논전쟁베카계곡전쟁 당시에 이스라엘군은 정보와 타격을 결합한 전장 자동화 덕분에 시리아군 SAM 기지를 제압하였다. 그 당시 이스라엘군은 〈그림 5.2〉에서 보는 바와 같이 전장 자동화로 전과를 크게 확대하였다.

그림에서 보는 바와 같이 이스라엘군은 E-2C 호크아이hawkeye를 이용한 효과적인 지휘 통제와 대-레이더 미사일ARM: Anti-Radiation Missile을 이용하여 시리아군 SAM 기지를 최우선으로 제압하였다. 또한, 원격조종을 할 수 있는 RPVRemotely Piloted Vehicle를 이용하여 위험지역 정찰 등 효과적인 정보를 수집하여 획기적인 전과를 달성하였다. 이 전쟁을 통하여 개전 초기에 전쟁의 주도권 장악하려면 SAM기지 제압이 무엇보다 중요하다는 것을 인식하게 되었다.

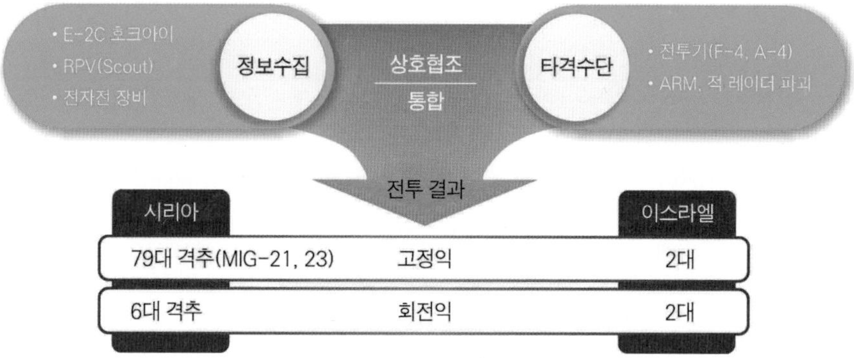

그림 5.2 | **이스라엘의 전장 자동화에 의한 전투결과**

5. 걸프전쟁

1990년부터 1년간 벌어진 걸프전에서 미군은 패트리어트 미사일을 사용하여 이라크군이 발사한 스커드미사일을 요격하는 데 성공하였다. 이 전쟁은 무인항공기, 순항미사일, 탄도미사일 등이 사용되어 대공포[유도무기]의 임무가 확대된 전쟁이었으며, 최첨단 무기 실전에 배치하는 등 하이테크 전쟁이 수행되었다.

제2절 대상 표적

1. 대상 표적과 대응방법

〈표 5.1〉은 일반적인 대공포의 대상 표적과 대응방법을 비교한 도표이다. 표에서 보는 바와 같이 타격무기체계에 따라 기본위협, 소형위협, 초소형위협으로 구분된다. 고정익 항공기 등 기본위협에는 열영상 추적장치[EOTS]로 추적이 가능하다. 그러나 소형위협이나 초소형위협에 대응하려면 3차원 레이더와 대공포 체계를 연동시키는 것이 매우 중요하다.

표 5.1 | 대공포의 대상 표적과 대응방법

구 분	대상표적	대 응
기본위협	고정익, 회전익(헬기) 순항미사일, UAV/RPV(무인기)	열영상 추적장치로 추적 가능
소형위협	공대지미사일, 대-레이더 미사일 정밀유도폭탄	3차원 레이더 연동 필요
초소형위협	RAM(로켓, 포탄, 박격포탄)	3차원 레이더 연동 필요

2. 대공 표적과 항공기에 의한 공격방법의 변화 추세

〈그림 5.3〉은 1980년대부터 2020년까지의 전술 탄도미사일, 무인항공기, 순항미사일, 정밀유도 미사일, 회전익 항공기, 고정익 항공기와 같은 위협 무기에 대한 대공포의 표적의 중요도 변화를 나타낸 것이다. 그림에서 보는 바와 같이, 2020년 이후에는 무인항공기와 정밀유도탄 그리고 순항미사일의 위협으로부터 효과적으로 대응할 수 있는 대공포가 필요할 것이다.

〈표 5.2〉는 항공기에 의한 지상표적의 공격방법을 나타낸 도표이다. 표에서 보는 바와 같이 지상표적의 공격방법은 무기체계의 기술적 수준에 따라서 변화

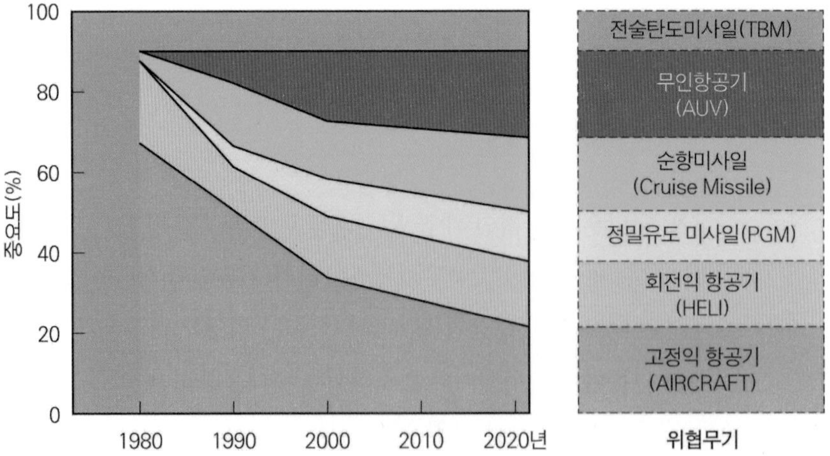

그림 5.3 | 시대별 위협 무기에 대한 상대적인 중요도 변화 추세

자료: Stefan F. Praeg. V3. Oerlikon Contraves AG., 2007.

표 5.2 | 시대별 항공기에 의한 지상표적 공격방법

시대별	공격방법 개념도	공격방법
2차 세계대전 말		항공기에 의한 폭탄투하
1970~1980년대	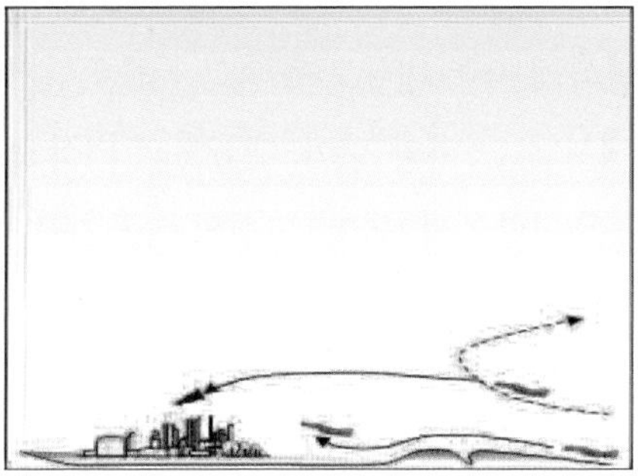	항공기로 표적에 근접 후 미사일로 공격 또는 근접비행 후 폭탄투하
1990년대 이후	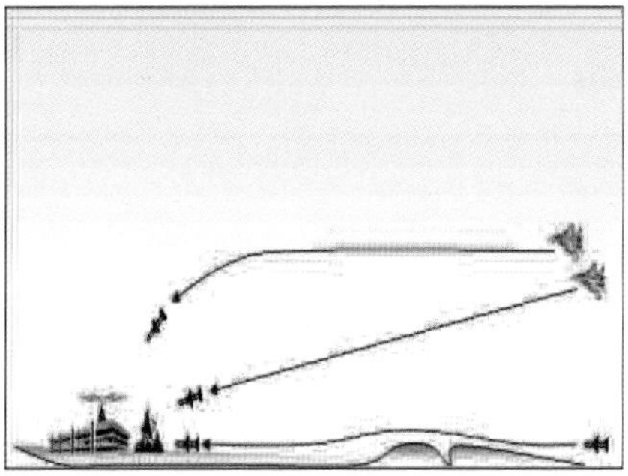	원거리에서 항공기 탑재 유도 포탄, 유도미사일로 정밀공격 또는 저고도 순항미사일 등으로 적의 탐지장치를 최우선 공격
2020년 이후	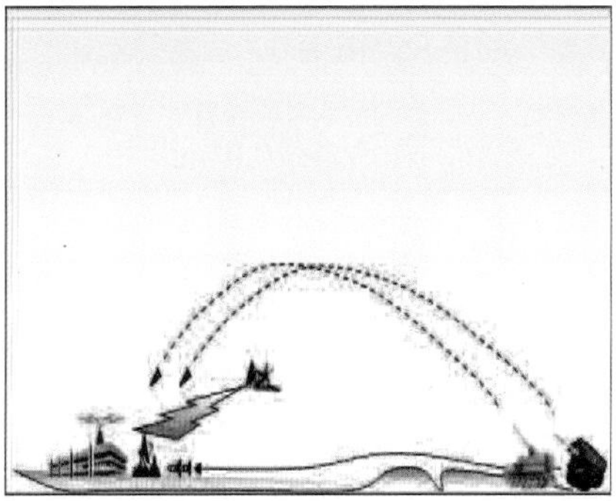	장사정 거리 포, UAV에 의한 감시 또는 전자공격 등

되었다. 특히 1990년대에는 유도기술의 발전으로 원거리에서 항공기에 탑재한 유도 포탄이나 유도미사일로 정밀공격을 하거나 저고도 순항미사일로 레이더 등과 같은 탐지장치를 최우선으로 공격하는 전술을 구사하게 되었다. 2020년 이후의 미래전에서는 무인항공기에 의한 전장 감시 또는 전자공격기술이 새롭게 등장할 것이다.

3. 공중위협의 발전추세

대공포는 공중위협의 특성 변화에 따라 이에 대응할 수 있도록 발전하고 있다. 〈표 5.3〉은 시대변화에 따른 대공포 표적인 공중위협 수단별 특성의 변화를 나타낸 도표이다. 표에서 보는 바와 같이, 대공포의 대상 표적은 크게 탄도미사일, 순항미사일, 로켓, 무인항공기, 헬기, 고정익 항공기로 구분할 수 있으며, 레이더 단면적RCS과 원형공산오차Circular Error Probable가 감소함에 따라 표적을 탐지하거나 추적하기가 더욱더 어려워지고 있다.

표 5.3 | 공중위협 수단별 특성 변화 추세

대상표적	1990년대	2000년대	2010년대 이후
탄도미사일	• 사거리: 30~1,200km • CEP: 35~50m • 발사대 생존성 향상	• 사거리: 10~2,000km • 보유량 증가 • 고체추진제 사용 증가	• 사거리: 3~5,000km • RCS 감소 추세
순항미사일	• 저고도 비행(~50m) • CEP: 2~3m	• 고도 저하(~30m) • CEP: 1m	• RCS 감소 • 정밀도 향상
로켓	• 사거리: 30~70km • 발사율: 12발/1.6초	• 사거리 증가 • 발사율 증가	• 스마트탄 사용
UAV	• 실시간 정찰능력 보유 • 대-레이더 능력	• 야간 및 다목적 임무 수행 • RCS 감소(0.01m^2까지)	• 임무 비행거리 증가
헬기	• stand off 능력(목표 상공에 진입하지 않고 공격하는 능력): 7~10km	• stand off 능력: 8~12km • 제한적 야간, 전천후 운용	• 야간, 전천후 운용 가능 • 항공전자 및 무장 보강
고정익 항공기	• 정밀유도무기 보유 • 적외선 장치 개량	• RCS 감소 • 전천후 작전능력	• 스텔스 기술 적용 • 전자전 장비 성능 향상

자료: Missile Defense Report, 1996. 12. 6.

4. 주요 무기체계의 레이더 단면적

〈표 5.4〉는 주요 미사일과 정밀유도 포탄의 표적 특성을 나타낸 도표이다. 표에서 보는 바와 같이 이들 표적의 비행속도, 공격 각도, 레이더 단면적은 매우 작아서 탐지 및 추적장치 설계 시에 매우 중요한 요소가 된다. 표에서 σ는 레이더 반사 단면적[RCS]이며, 탐지 가능 거리는 다음과 같이 계산할 수 있다. 예를 들어 어떤 레이더가 RCS $2m^2$인 헬기를 30km에서 탐지할 수 있다면, RCS가 $0.2m^2$인 순항미사일은 몇 km에서 탐지 가능한가? 이에 대한 해답은 레이더 방정식 $R = k\sigma^{1/4}$[R은 탐지거리, k는 상수]를 적용하면, 탐지거리는 약 16.9km이다.

표 5.4 | 주요 미사일과 정밀유도포탄의 특성

구분	그림	비행속도 [m/s]	강하각도 [°]	RCS[m²]
ARM 대레이더 미사일		: 250~700	: 20~70	: 0.01 ~ 0.05
지하침투탄		: 250~700	: 30~70	: 0.02 ~ 1
원거리 탄로수정확산탄		: 200	: 수평 100m	: 0.03 ~ 0.2
대순항미사일	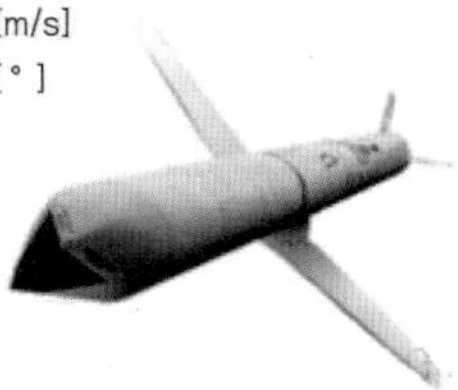	: 200	: 수평 50m	: 0.06 ~ 0.2
공격용 헬리콥터		: 80	: 수평 50m	: 2 ~ 4
원거리 타격무기		: 수평 150m	: 250	: 1 ~ 4

제3절 대공사격 통제

대공포 사격을 통제하기 위한 제원은 탐지장치 및 추적장치에서 얻어지는 데이터와 운용요원이 직접사격 통제 컴퓨터에 입력하는 데이터로 구분할 수 있다. 그리고 사격 통제 시 사격제원의 종류는 환경 정보[온도, 기압, 풍속 등], 탄약 정보[탄종, 탄약 제원, 포구 속도 등], 표적 정보[거리, 방위각, 고도, 거리변화율, 방위각속도, 고각속도, 피아식별 등], 체계 상태 정보[잔여탄약수량, 탄약장전 상태, 사격차단구역, 포구동각도 등], 방공통제 명령 정보[방공경보, 방공작전구역, 무기통제 상태, 사격금지구역 등] 등이 있다.

일반적으로 대공포의 사격 시 통제절차는 〈그림 5.4〉와 같다. 첫 번째, 환경 정보, 탄약 정보, 표적 정보 등을 입력하여 탄도를 계산하고, 포구를 사격 방향으로 지향하여, 사격하는 과정을 거친다. 두 번째, 거리, 방위각, 고각을 직각좌표계로 변환시킨다. 세 번째, 탄도 계산은 표적의 운동궤적과 탄도와의 교차점의 해를 구하는 계산[사표를 저장하여 처리]을 한다.

최근 한국의 비호 자주대공포와 스위스의 스카이레인저[Skyranger]와 같은 대공포는 〈그림 5.5〉와 같은 사격 통제절차로 자동으로 대공사격이 가능하다. 그림에서 보는 바와 같이 오늘날 대공포는 탐지, 표적획득 및 조준, 추적, 사격절차가 단계적으로 진행된다. 이때 각각의 단계별 소요 시간은 시스템의 특성에 따라 다르며, 그 탐지 및 추적방법도 레이더, 적외선, 광학식 방법 등 표적의 특성에 따라 다양하다.

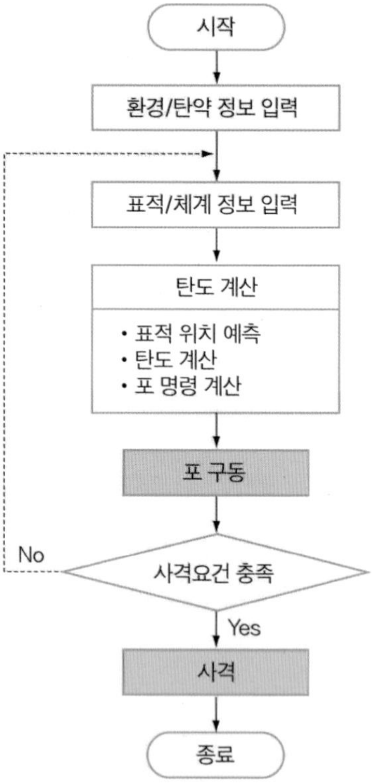

그림 5.4 | 대공사격 시 사격통제 절차

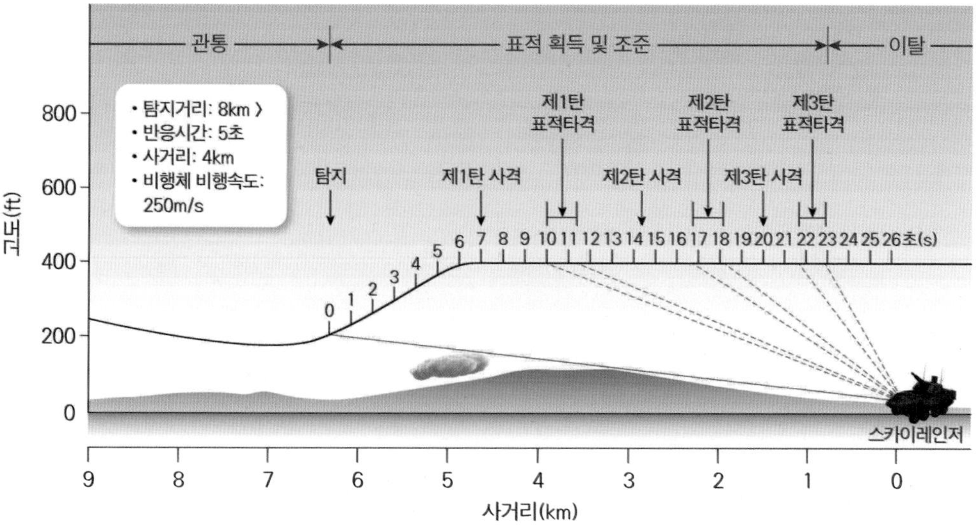

그림 5.5 | **대공포(스카이레인저)의 사격 통제절차 개념도**

제4절 대공포의 발전추세

지휘통제 통신체계의 개발에 따라서 대공포도 방공 C2A체계와 연동함으로써 체계 반응속도가 획기적으로 향상되고 있다. 〈그림 5.6〉은 한국군의 방공 C2A 체계의 개념도이다. 이러한 방공자동화체계의 발전추세는 다음과 같이 구분할 수 있다.

① 방공 C2A 체계 연동으로 표적탐지, 피아식별, 표적획득 및 추적정보를 조기에 획득함으로써 체계 반응시간을 단축하는 추세이다.

② 차륜형 기동체계를 채택함으로써 견인 또는 궤도형보다 생존능력이 높아지는 추세이다.

③ 탐지 레이더의 탈거와 방공 C2A 체계의 연동으로 전자 보호[EP] 능력을 보유하고, 열영상 추적기를 사용함으로써 주간과 야간의 교전이 가능하며, 방공 C2A 체계 연동으로 전천후 교전 능력을 갖추는 방향으로 발전하고

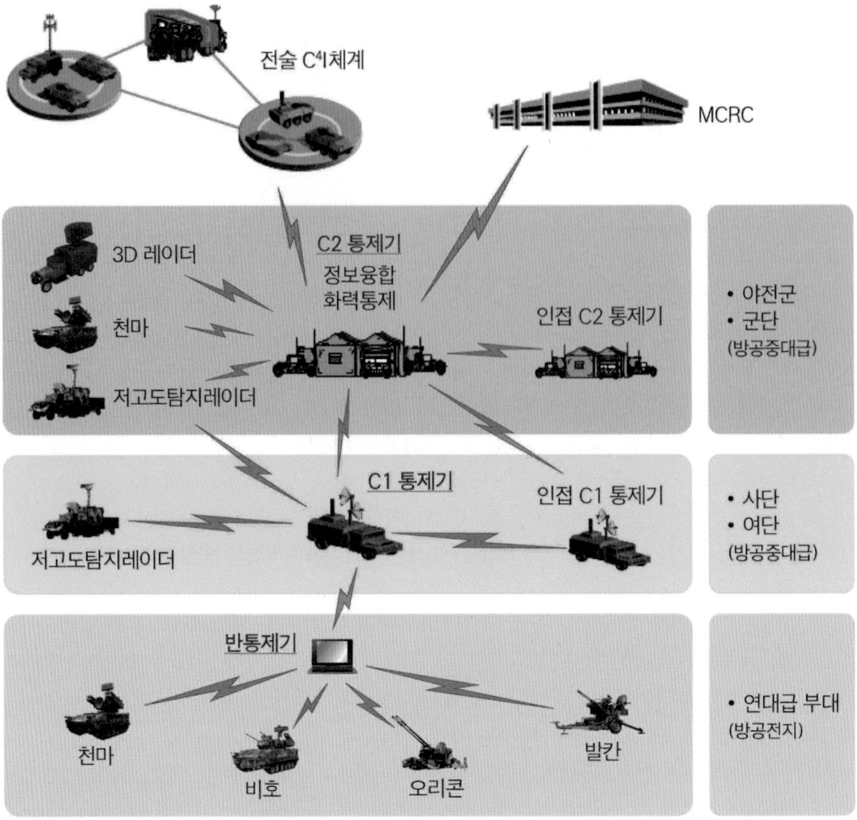

그림 5.6 | 한국군의 방공 C2A 체계 개념도

있다.

④ 3차원 레이더와 방공 C2A 체계를 연동시켜 소형의 표적과 교전할 수 있도록 하고, 전방분산 탄약AHEAD 등 고성능 탄약을 채택하여 명중률을 향상하는 방향으로 대공포가 발전하고 있다.

⑤ 대공포와 휴대용 SAM을 동시에 탑재하여 상호 단점을 보완하도록 무장의 복잡화 추세에 있다.

제5절 전방분산 탄약

〈그림 5.7〉은 전방 분산탄약의 작동원리의 개념도이다. 이 탄약은 2003년 스위스에서 최초로 개발에 성공한 신개념의 탄약이다. 이 탄약은 대공포에서 발사되면 포구 속도를 측정한 다음 폭발시간을 탄약에 장입하게 된다. 시간이 장입된 탄약은 일정한 거리를 비행한 후에 자탄이 분리되어 표적에 명중하는 특수 탄약이다.

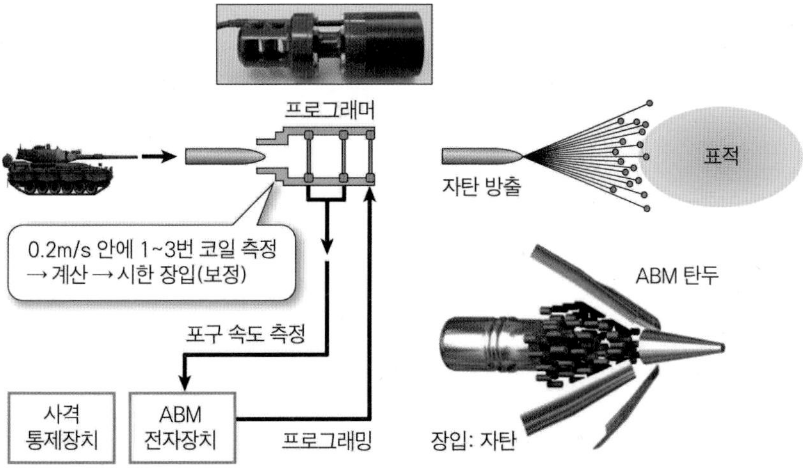

그림 5.7 | 전방분산 탄약의 작동 개념도

전방분산 탄약은 〈그림 5.8〉에서 보는 바와 같이, 크게 신관과 장입부로 구성되어 있다. 신관은 시한 장입이 가능한 전자식 신관과 전원발생장치, 데이터 수신용 코일, 전자신관 모듈, 기폭장치, 방출장약으로 구성되어 있다. 장입부에는 텅스텐 합금으로 만든 자탄160여 개이 있으며, 이 자탄은 방출장약이 폭발하면 자판이 원심력과 전진관성력에 의해 방사형으로 탄자의 운동방향으로 부채꼴 모양으로 흩어져 날아가도록 설계되어 있다.

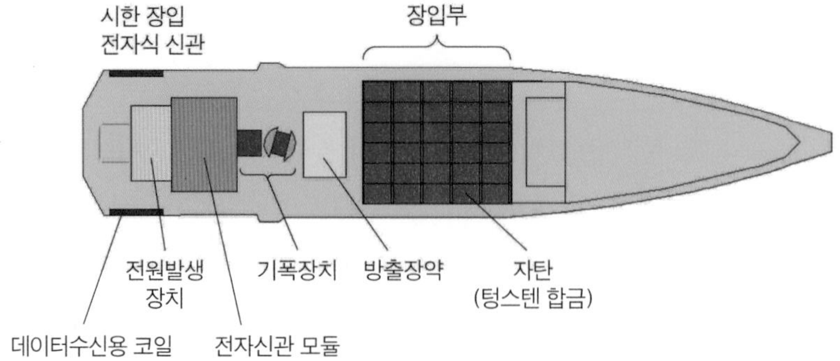

그림 5.8 | 전방분산 탄약의 구조

〈그림 5.9〉는 구경 30mm급 전방분산 탄약이 500m 정도 비행 후 자탄을 방출했을 경우, 자탄의 비산도를 나타낸 그림이다. 그림에서 보는 바와 같이 자탄에 의한 피탄 면적은 급격히 증가하나 방출지점으로부터 멀어질수록 자탄 속도는 급격히 감소한다. 그러나 자탄분산면적이 급격히 넓어져서 미사일과 같은 대상 표적은 속도가 빨라서 자탄과 충돌할 경우 충돌에너지가 커서 표적에 피해가 크다.

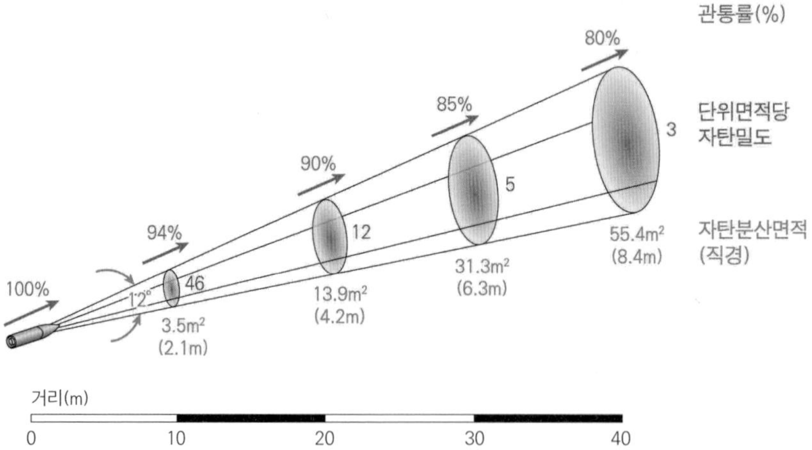

그림 5.9 | 구경 30mm 전방분산 탄약의 500m 지점에서 자탄의 비산도

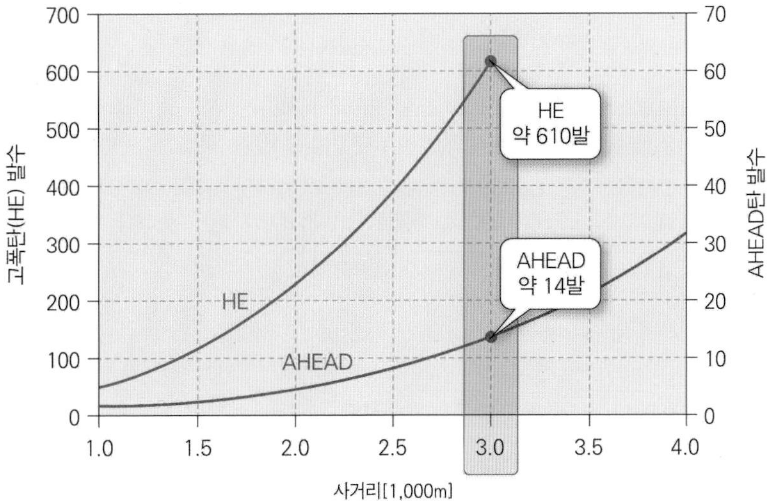

그림 5.10 | 1m²의 표적 무력화(90% 이상) 능력 비교

〈그림 5.10〉은 고폭탄과 전방분산 탄약이며, 1m²의 크기인 표적을 90% 이상 무력화시킬 수 있는 능력을 비교한 그림이다. 그림에서 보는 바와 같이 3km 지점에 있는 표적을 전방분산 탄약 14발로 무력화시킬 수 있다면, 고폭탄으로는 약 610발을 사격해야 가능하다. 이처럼 전방분산 탄약은 매우 효과적인 것으로 알려져 있다. 따라서 미래의 대공포 탄약은 전방분산 탄약이나 초정밀 스마트탄 등을 사용할 것이다. 또한, 드론, 곡사포탄, 박격포탄, 로켓포탄 등 초소형 발사체를 요격할 수 있는 초정밀 대공포가 개발될 것이다. 특히 기존의 화포 위주에서 레이저포나 지향성 전파발사장치 등을 복합화한 복합 대공포가 등장할 것이다.

연 / 습 / 문 / 제 EXERCISE

1 오늘날 대공포의 대상 표적의 발전추세 변화를 설명하시오.

2 어떤 레이더가 RCS $2m^2$인 헬기를 30km에서 탐지할 수 있다면, RCS가 $0.2m^2$인 대-레이더 미사일은 몇 km에서 탐지 가능한가?

3 대공사격 시 통제절차를 간단히 설명하시오.

4 대공포의 발전추세를 간단히 설명하시오.

5 전방분산 탄약의 구조 및 작동원리를 설명하시오. 그리고 고폭탄과 비교하여 장단점을 설명하시오.

6 고폭탄과 전방분산 탄약의 무력화 성능을 비교하시오.

7 세계의 주요 대공포의 제원 및 특성을 비교하시오.

8 우리나라에서 운용 중인 주요 대공무기의 종류 및 특성을 조사하여 간단히 설명하시오.

9 해군의 근접방호무기의 종류 및 작동원리를 조사하여 간단히 설명하시오.

10 레이더 반사 단면적의 물리적인 개념을 설명하시오.

11 레이더의 구성과 작동원리를 그림을 그려서 설명하시오.

12 탐지 레이더와 추적 레이더 그리고 탐색 레이더의 작동원리와 차이점을 설명하시오.

13 적외선 추적장치의 원리와 장단점을 설명하시오.

14 미래의 공중위협과 대공포의 관계에 대해 논하시오.

제6장 유도무기

제1절 서론

1. 유도무기의 분류

유도무기는 탄두가 표적에 명중하도록 유도장치가 있는 무기를 말한다. 따라서 탄도를 임의대로 수정할 수 없는 비유도 무기에 적용되는 강내 및 강외탄도학의 특성을 그대로 적용할 수 없다. 또한, 유도무기는 발사지점과 표적의 위치, 표적과 탄두의 운반수단, 사거리, 사용 목적에 따라서 〈표 6.1〉과 같이 구분할 수 있다.

전술용 유도무기와 전략용 유도무기의 차이점은 〈그림 6.1〉과 같다. 전술용 유도무기는 육상, 해상 또는 공중전투에 사용하도록 설계되었다. 이 때문에 전략용 유도무기보다 사거리와 폭발 효과가 제한된다. 전술용에는 지대지, 공대

표 6.1 | **유도무기의 분류**

구 분	분류 내용		유도탄
발사지점과 표적의 위치	지대지 유도무기(Surface to Surface Guided Weapon)		현무, Scud, ATACMS
	지대공 유도무기(Surface to Air Guided Weapon)		Hawk, Patriot, 천궁
	공대지 유도무기(Air to Surface Guided Weapon)		Redeye, Tomahawk
	공대공 유도무기(Air to Air Guided Weapon)		Sidewinder, Sparrow
	지대함 유도무기(Surface to Ship Guided Weapon)		Harpoon
	함대함 유도무기(Ship to Ship Guided Weapon)		Harpoon, 해성
	함대공, 공대함, 대잠수함, 함대지 유도무기 등		Harpoon, Tomahawk
표적과 탄두의 운반수단	표적종류	대전차 유도무기, 대헬기 유도무기 등	TOW, Hellfire
	운반수단	휴대용, 궤도차량용, 차륜차량용, 레일수송용, 항공기용, 무인항공기(UAV)용 유도무기 등	Mistral, Milan, Javelin
사거리	단거리(100km 미만)		Tomahawk, Minuteman, Pershing
	중거리(100~2,400km)		
	장거리 유도무기(2400km 초과)		
사용목적	전술용 유도무기(1,500km 이하)		MRBM, IRBM
	전략용 유도무기(2,400km 이상, 핵탄두 장착)		ICBM

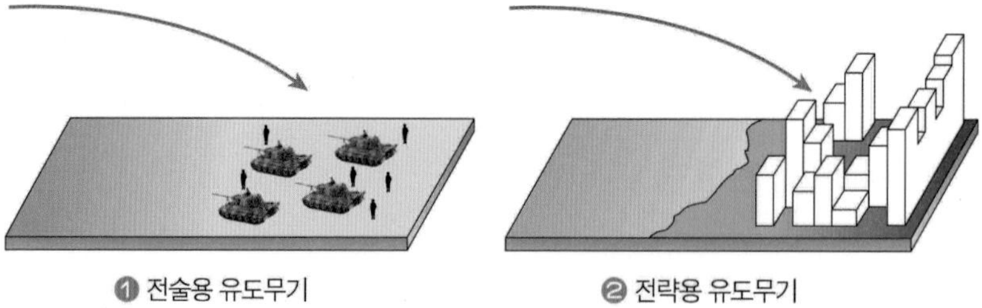

그림 6.1 | 전술용과 전략용 유도무기의 차이점

지, 공대공, 함대공 유도무기 등이 있다.

전략용 유도무기는 〈그림 6.1〉 ❷에서 보는 바와 같이, 적의 인구밀집지역이나 핵심 산업시설 등에 대한 공격에 사용하기 위해 설계된 유도무기를 말한다. 이러한 유도무기에는 지대지, 함대지, 공대지 유도무기 등이 있다.

2. 유도탄의 비행 탄도 제어

유도탄은 사거리에 따라서 〈그림 6.2〉에서 보는 바와 같이 발사 초기부터 비행 탄도를 제어하거나 자유비행[비유도]을 한다. 사거리가 짧은 단거리 유도탄은 모

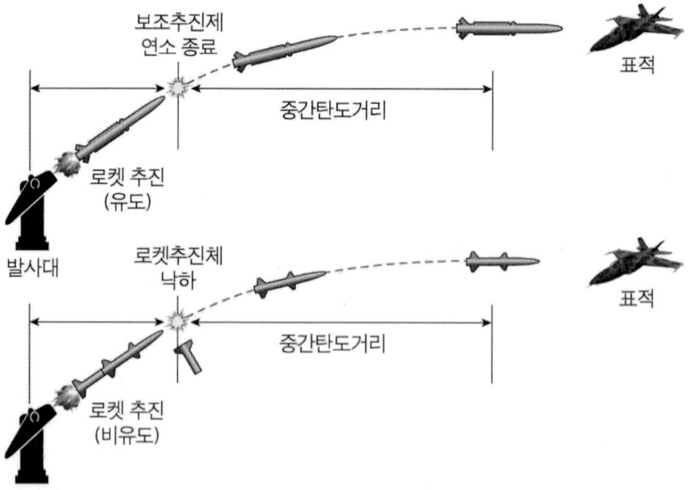

그림 6.2 | 유도탄의 비행단계에 따른 유도방식

표 6.2 | 유도탄의 탄도 제어의 원리 및 특징

구 분	원리 및 특징	적 용
비례항법 탄도	• 탄두의 탄도 변화율을 표적 관측선의 변화율에 비례하여 제어하는 방법 • 유도 제어: 표적 탐지장치(탐색기) → 표적 관측선 변화율 측정 → 유도장치 입력 → 탄도 계산 → 제어장치(탄두) 제어	호밍유도
직선 탄도	• 포물선 탄도를 직선으로 간주하였을 때 탄도 • 유도 제어: 탄도를 직선으로 가정하여 제어하는 방법, 유도탄의 초기탄도를 결정할 때만 적용	조준/리드사격 (소화기)
관측선 탄도	• 표적을 관측하는 탐지장치에서 발사되는 레이저 빔을 따라 비행하는 탄도 • 유도 제어: 유도신호(발사장치) → 탄두	정밀유도탄
순항 탄도	• 탄두가 발사지점에서 표적까지 일정한 속도와 고도를 유지하면서 비행하는 탄도 • 유도 제어: 비행정보 입력(탄두) → 탄도 비행	중·단거리 유도탄
탄도탄 탄도	• 중력장 내에서는 포물선 탄도를 갖는 자유비행 탄도 • 유도 제어: 일정 거리까지 유도비행 → 자유비행(추진력 중단)	MRBM, IRBM, ICBM

든 비행 구간에서 유도하지만 중·장거리 유도탄은 초기에는 보조 추진제로 일정한 고도까지 상승시킨 후 중간탄도거리 구간 내에서만 표적까지 유도하는 방식을 사용하고 있다.

한편, 유도탄은 비행 탄도를 제어하는 방법에 따라서 크게 비례항법 탄도, 직선 탄도, 관측선 탄도, 순항 탄도, 탄도탄 탄도로 구분할 수 있다. 이들 비행 탄도의 제어원리와 특징은 〈표 6.2〉에서 보는 바와 같다.

3. 주요 구성 체계

일반적으로 유도무기는 〈그림 6.3〉과 같이 비행 중 피드백 제어feed back control로 탄두를 표적까지 유도하며, 그 과정은 다음과 같다.

① 유도무기는 운용자가 발사 전에 비행경로 자료를 유도탄에 입력한다.

② 유도탄이 발사되어 유도탄이 비행하게 되면 신호처리장치는 제어장치에

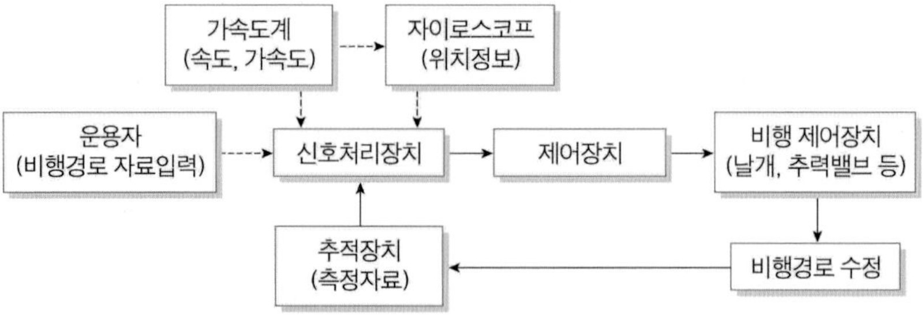

그림 6.3 | 유도무기의 구성 및 작동 개념도

명령 신호를 전달하여 비행 제어장치를 제어한다. 그 결과 입력된 비행경로로 비행을 유도한다.

③ 비행 중 추적장치(레이더 또는 센서 등)는 공기나 지구의 자전효과 등에 의해 변경된 탄도 자료를 측정하여 신호처리장치에 전송한다.

④ 신호처리장치는 추적장치와 가속도계 그리고 자이로스코프로부터 받은 자료를 처리하여 새로운 명령 신호를 제어장치에 다시 전달한다. 이러한 피드백 제어는 탄이 표적에 도착할 때까지 반복적으로 수행해서 명중률을 높일 수 있다.

제2절 유도방식

유도무기는 표적을 공격하는 방법에 따라서 이동표적 유도와 지역표적 유도로 구분할 수 있다.

이동표적 유도는 유도무기를 전차나 장갑차 또는 차량에 탑재하여 이동하면서 발사할 경우 사용하는 유도방식이다. 이 방식은 탄두가 표적에 명중할 때까지 계속하여 표적을 추적하기 위한 것으로, 유도탄에 탐색기가 있다.

지역표적 유도는 지휘 시설, 통신 시설, 보급 시설 등과 같이 고정된 표적에 발사하는 유도탄에 사용되는 유도방식이다. 이 방식은 유도탄이 표적을 향해 비행하는 동안 표적이 고정되어 있어서 추적장치가 필요 없다는 특징이 있다.

한편, 유도탄은 유도방식에 따라서 호밍유도, 지령유도, 항법유도 등 다양한 유도방식이 있으며, 그 원리는 다음과 같다.

1. 호밍유도방식

호밍유도방식이란 유도탄이 표적에서 방출하는 신호를 탐지하여 표적을 추적하는 방식이다. 호밍유도는 표적을 추적하기 위해 이용되는 에너지원에 따라 능동 호밍유도, 반능동 호밍유도, 수동 호밍유도로 구분할 수 있다.

(1) 능동 호밍유도

능동 호밍유도active homing는 송·수신장치가 있는 유도탄이 〈그림 6.4〉와 같이, 끊임없이 표적에 신호를 발사시킨다. 이때 표적으로부터 반사된 신호점선를 수신장치로 감지하여 표적을 추적하면서 유도하는 방식이다. 이러한 유도무기의 작동과정을 살펴보면, 〈그림 6.5〉와 같다.

① 운용자가 유도탄을 발사시키면 유도탄은 표적을 향해 날아간다.
② 유도탄이 비행 중에 표적에 신호를 전송하여 표적으로부터 반사된 신호를 수신하여 얻은 표적 제원을 컴퓨터로 처리한다.
③ 유도탄에 장착된 컴퓨터는 비행경로를 산출하여 제어장치로 유도탄의 비

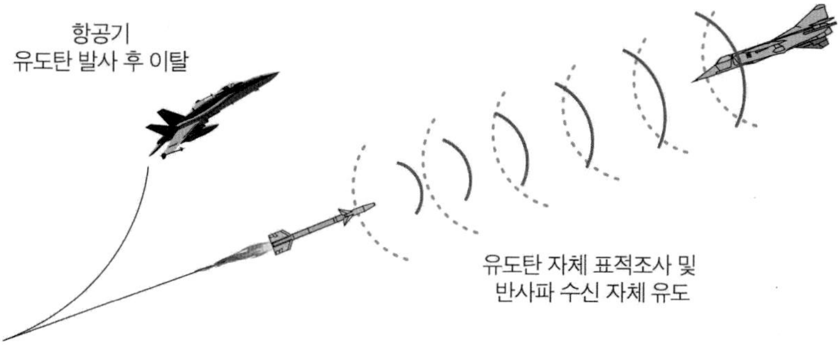

그림 6.4 | 능동 호밍유도의 개념도

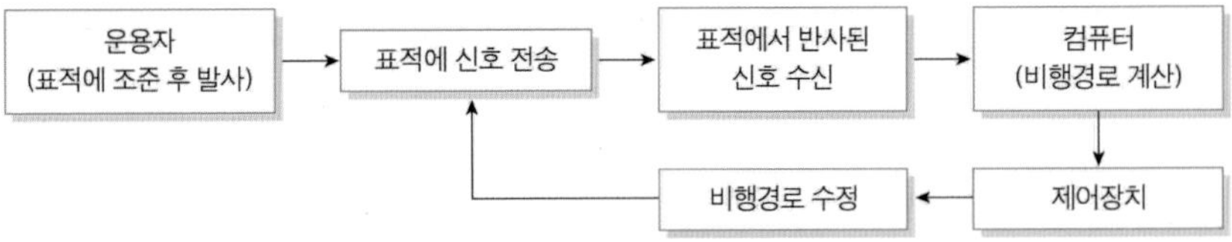

그림 6.5 | 능동 호밍유도의 작동과정

행경로를 수정한다. 그리고 이러한 작동과정을 실시간으로 반복적으로 수행한다.

(2) 반능동 호밍유도

반능동 호밍유도semi-active homing는 〈그림 6.6〉과 같이 유도탄이 비행 중에 항공기나 지상요원 등에서 표적에 전자파나 레이저 신호를 조사하여 이때 발생하는 반사 신호를 유도탄이 수신하여 표적을 추적하는 방식이다. 따라서 유도탄에는 송신장치가 없으므로 더 많은 작약을 충전할 수 있다. 그리고 능동 호밍유도탄보다 더 강력한 신호를 표적에 전송할 수 있다. 그 결과 기상조건에 영향을 적에 받을 수 있으나 유도탄이 비행하는 동안 적에게 탐지될 위험이 크다.

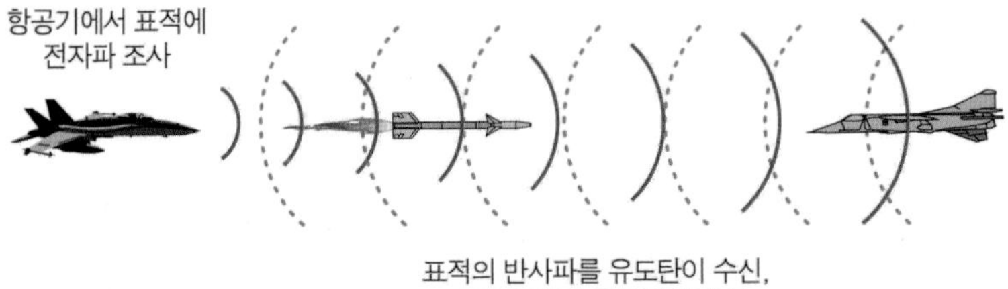

그림 6.6 | 반능동 호밍유도의 개념도

이 유도방식은 〈그림 6.7〉과 같고, 유도탄의 조종은 최초 유도탄을 발사한 운용요원이나 별도의 송신장치를 운용할 수 있는 사람이 작동한다. 그리고 단계별 작동과정은 다음과 같다.

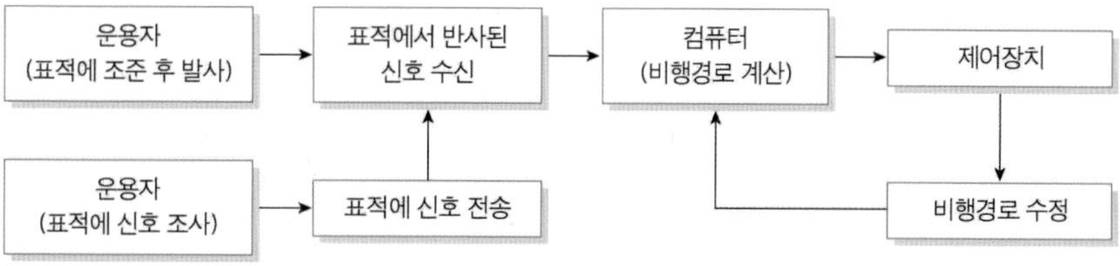

그림 6.7 | 능동 호밍유도의 작동과정

① 운용자가 유도탄을 발사시키면, 유도탄이 표적을 향해 날아간다.

② 유도탄이 비행 중에 운용요원이 표적에 신호를 전송하며, 유도탄은 표적으로부터 반사된 신호를 수신하여 얻은 표적 제원을 컴퓨터로 처리한다. 운용요원은 유도탄이 표적에 도달할 때까지 표적에 신호[레이저, 적외선 등]를 전송한다.

③ 컴퓨터로 처리된 데이터를 제어장치에 전송하여 비행경로를 수정한다.

(3) 수동 호밍유도

수동 호밍유도[passive homing]는 〈그림 6.8〉에서 보는 바와 같이 표적을 탐지하기 위한 신호를 송신하는 송신장치가 없고 단지 표적에서 방출하는 신호를 수신장치가 감지하여 표적을 추적하는 방식이다. 따라서 이 유도방식은 송신장치가 없어서 탄두를 가볍게 만들 수 있으나 표적에서 방출하는 신호가 약하거나 기상

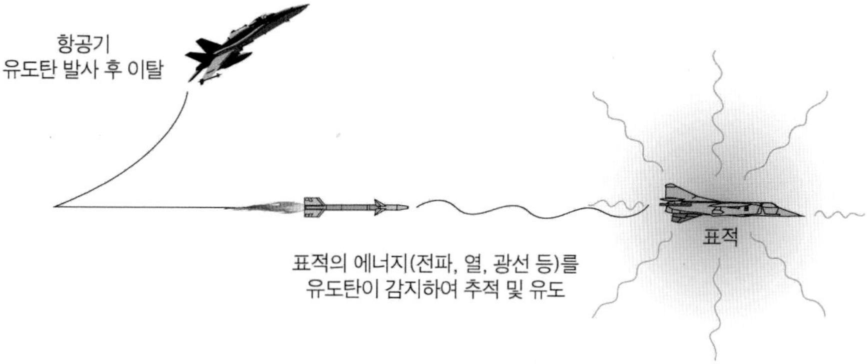

그림 6.8 | 수동 호밍유도의 개념도

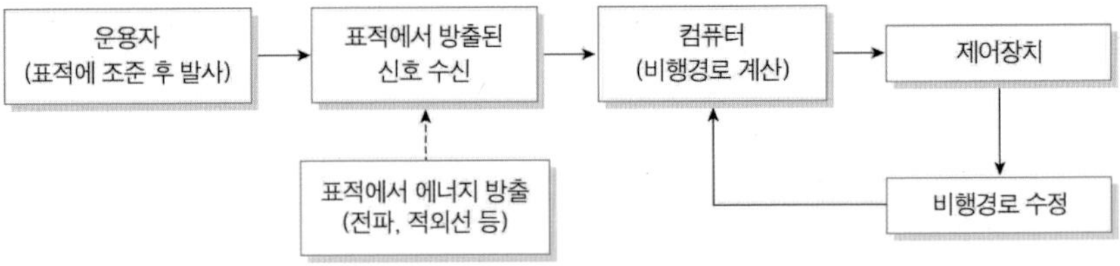

그림 6.9 | 수동 호밍유도의 작동과정

조건에 큰 영향을 받을 수 있다.

이러한 유도무기의 작동과정을 살펴보면 〈그림 6.9〉와 같다.

① 운용자가 유도탄을 발사시키면 유도탄은 표적을 향해 날아간다.
② 유도탄은 표적에서 나오는 신호전파, 적외선, 광선 등를 수신하여 얻은 표적 제원을 컴퓨터로 처리한다.
③ 컴퓨터에서 처리된 표적데이터를 제어장치에 전송하여 비행경로를 수정한다.

2. 지령유도방식

지령유도Command Guidance는 유도탄의 외부에서 모든 정보를 획득한 후 유도 신호를 산출하여 유도탄에 지령으로 전달하는 방식이다. 이 방식은 관측선 유도, 비관측선 유도, 빔편승 유도로 구분할 수 있다.

(1) 관측선 유도

관측선 유도Command to the Line of Sight Guidance는 유도무기 운용자가 조준기로 표적을 관측하는 관측선을 따라 유도탄이 비행하도록 유도탄에 지령 신호를 보내는 유도방식이다. 따라서 운용자가 광학 또는 눈으로 표적을 관측할 수 있어야 한다. 주로 사거리가 4~5km 이내인 대전차 유도무기나 저고도 대공무기에 적합한 방식이다. 이 유도방식은 비교적 구조가 간단해서 가격이 저렴할 뿐만 아니라 작약을 많이 충전할 수 있다. 그러나 기상조건이나 표적이 이동하면서 관측선이 차단되면 명중도가 크게 낮아지는 단점이 있다. 관측선 유도방식은 조준기로부터 유도탄에 지령 신호를 보내는 방법에 따라 유선 방식과 무선 방식으로 구분한다.

1 유선 지령유도

유선 관측선 유도방식은 〈그림 6.10〉에서 보는 바와 같이 운용자가 표적에 조준한 후 조준기에서 유도탄에 유선으로 유도신호를 송신하게 된다. 이 방식을 적용한 무기로는 미국의 대전차용 토우 유도탄이 있다.

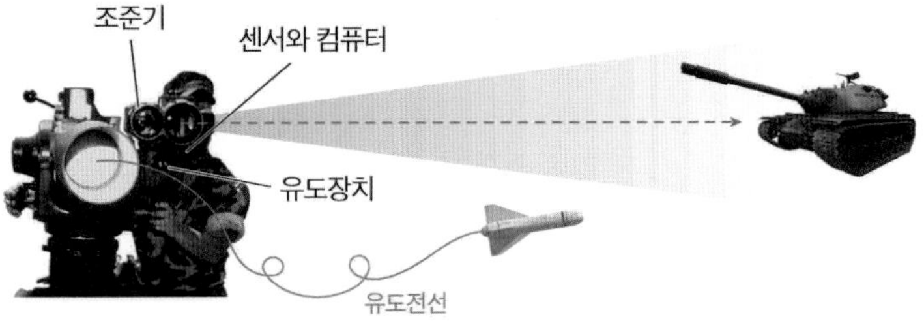

그림 6.10 | 유선 지령유도의 개념도

2 무선 지령유도

무선 관측선 유도방식은 표적과 유도탄을 동시에 추적할 수 있는 유도장치가 있다. 운용자는 유도탄이 표적을 향해 비행하는 동안, 추적 레이더에 의해 획득한 표적 정보를 유도탄에 무선으로 송신하여 표적을 명중시키는 방식이다. 이 유도방식은 주로 저고도 대공무기에 적용하고 있으며, 그 작동의 개념도는 〈그림 6.11〉과 같다.

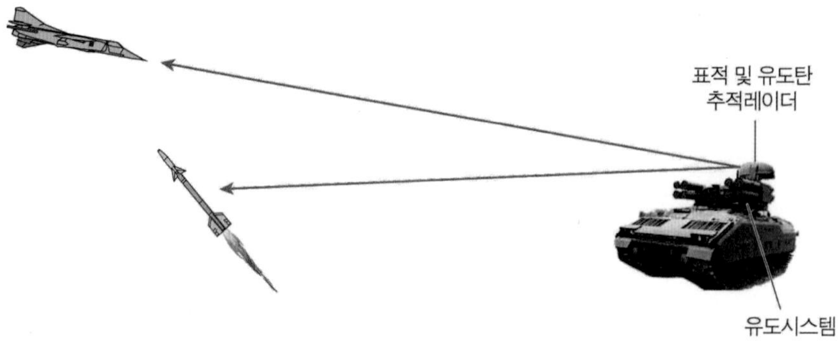

그림 6.11 | 무선 지령유도의 개념도

(2) 비관측선 유도

비관측선 유도Command off the Line of Sight Guidance는 〈그림 6.12〉에서 보는 바와 같이 관측선 유도와 원리는 같으나 표적과 유도탄 추적 위치가 별도로 되어 있다. 유도탄의 탄도는 관측선 위에 있지 않으며, 비행 시에 최적 경로를 따라 표적에 명중할 수 있게 되어 있다.

유도탄이 발사된 후 유도탄과 표적을 추적 레이더로 동시에 추적한 데이터를 컴퓨터로 처리하여 탄두에 유도 명령을 보내는 방식이다. 이 방식은 눈으로 표적을 관측할 수 없는 거리에 있는 경우에 적합하다. 그러나 표적에서 방출하

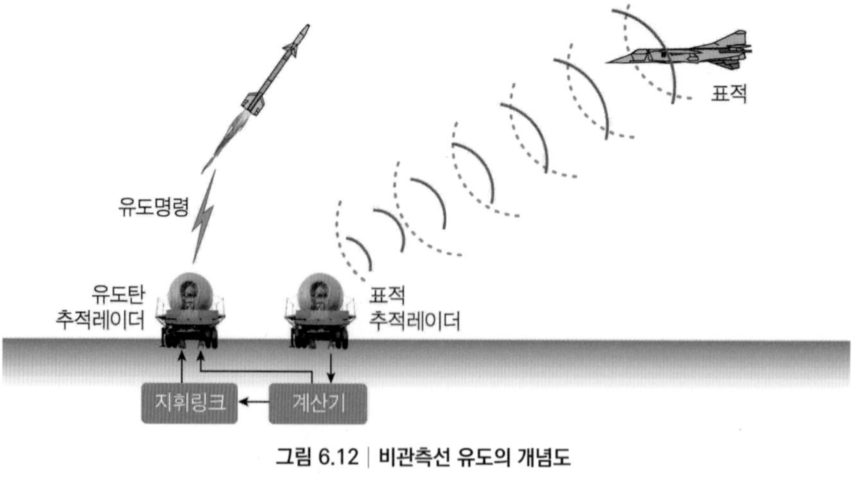

그림 6.12 | 비관측선 유도의 개념도

는 방해전파에는 취약하다. 최근에는 레이저 추적장치를 이용한 유도무기도 개발되어 있다.

(3) 빔편승 유도

빔편승 유도Beam Riding Guidance는 〈그림 6.13〉에서 보는 바와 같이 운용자가 레이저 빔을 표적에 조사한 후 유도탄을 발사시켜 유도탄이 레이저 빔을 따라 비행하도록 유도하는 방식이다. 이 방식은 대전차 유도무기와 지대공 유도무기와 같이 사거리가 비교적 짧은 표적을 요격하는 무기에 적합하다.

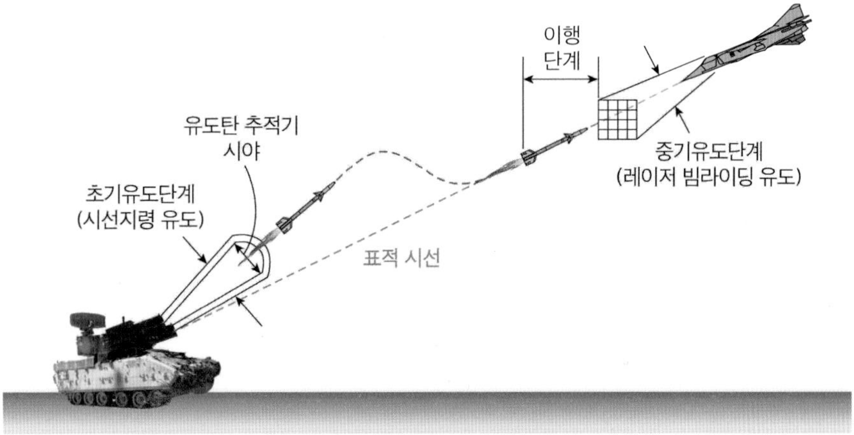

그림 6.13 | 빔편승 유도의 개념도

3. 항법유도방식

항법유도는 유도탄에 컴퓨터가 탑재되어 있어서 탄두에 관한 사전에 입력된 비행 정보와 탄두에 탑재된 센서로부터 획득한 정보를 처리하여 탄도를 수정하는 방식이다. 이 때문에 정밀유도가 가능하여 이동표적보다는 고정표적을 공격할 때 주로 사용한다. 항법유도는 지형 대조법Terrain Contour Matching과 영상 대조법Digital Scene Matching Area Correlation으로 유도되며 그 과정을 살펴보면 〈그림 6.14〉와 같다.

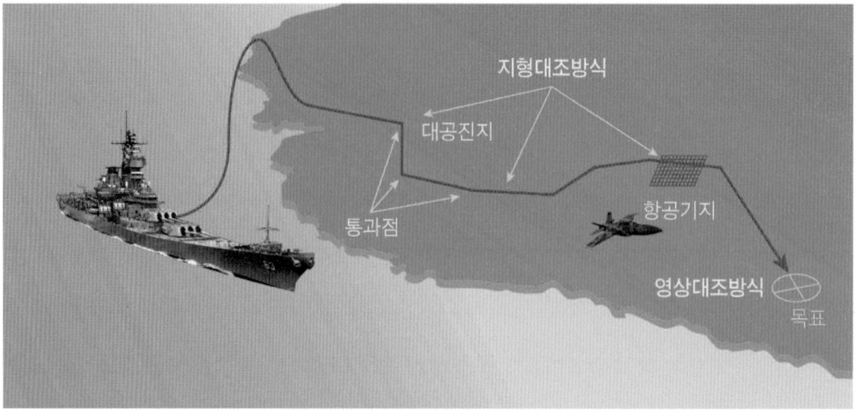

그림 6.14 | **항법유도의 개념도**

이 유도무기는 함정이나 항공기 등에서 발사된다. 통상 발사 직전에 유도탄에 비행경로와 중요 통과지점에 대한 지형정보를 입력시킨 후 유도탄을 발사한다. 발사된 유도탄은 〈그림 6.15〉에서 보는 바와 같이 이미 입력된 비행경로를 따라 비행하면서 주요 통과지점을 통과할 때에 실제 지형을 촬영하여 입력된 자료와 비교하면서 비행 오차를 수정할 수 있게 되어 있다. 최종 목표지점에 근접하면 표적에 대한 사진과 촬영된 사진을 대조하여 비행경로를 수정한 후 표적을 공격한다. 최근에는 GPS^Global Positioning System^로 실시간 유도탄의 위치를 파악하여 실제 비행경로와의 차이를 수정하는 방식도 있다.

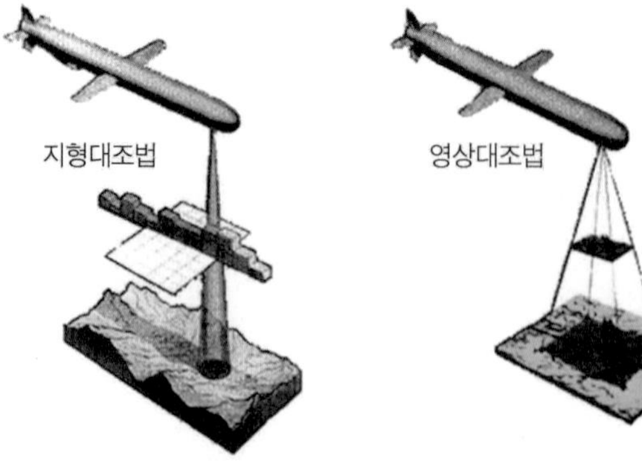

그림 6.15 | **지형대조법과 영상대조법**

제3절 유도탄의 구성 및 제어

유도탄은 소총탄이나 포병 탄약 등과 다르게 비행 시에 항공기처럼 자체 추진력으로 목표물까지 유도된다. 추력을 얻는 방법은 사거리, 비행고도 및 속도, 탄두의 무게 등에 따라서 다양한 방법이 있다. 그러나 추력은 〈그림 6.16〉과 같이 뉴턴의 작용 및 반작용 운동 법칙으로 쉽게 해석할 수 있다.[1]

예를 들어, 〈그림 6.16〉 ❶과 같이, 풍선에 바람을 불어 넣고, 공기 주입구를 손으로 막고 있다고 가정해보자. 이 상태는 파스칼의 원리에 따라서 풍선에 작용하는 압력은 같은 압력으로 작용한다. 이렇게 압축된 공기는 손으로 잡고 있던 풍선의 공기 주입구를 놓으면 〈그림 6.16〉 ❷와 같이 압축공기가 공기 주입구를 통해 급격히 팽창하면서 누출된다. 이 순간 풍선 주위에 있던 공기는 팽창되는 공기압력과 같은 압력으로 풍선에 작용하게 된다. 그 결과 풍선은 공기의 유동 방향과 반대 방향으로 움직이게 되며, 이 힘이 풍선의 추력이다. 이와 같은 원리는 유도탄에서 발생하는 추력의 원리와 같다. 즉 풍선은 유도탄의 엔진이고 압축공기의 팽창은 추진제가 연소하면서 발생하는 고압의 추진가스의 팽창과 같다.

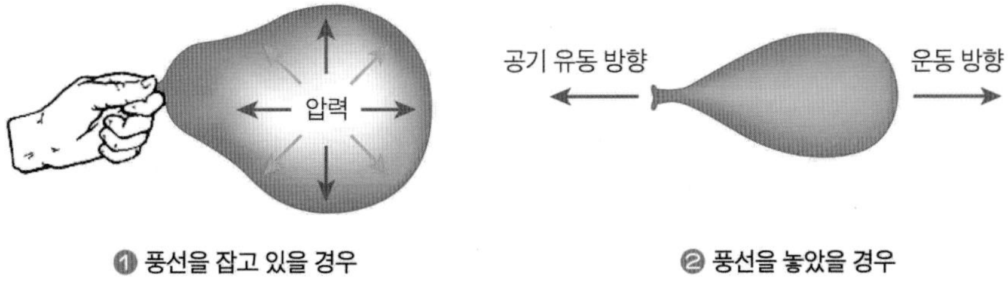

그림 6.16 | 추력의 발생 원리

1 David Harding, *weapons*, New York: St. Martin's Press, 1990.

1. 유도탄의 구성

유도탄은 〈표 6.3〉에서 보는 바와 같이 기체와 추진엔진으로 구성되어 있다. 기체는 몸체와 날개로 구성되어 있으며, 몸체는 유도장치와 신관 그리고 작약이 탑재되어 있다. 몸체는 공기역학적 특성을 고려하여 유선형으로 되어 있으며, 알루미늄합금이나 복합소재 등과 같이 가볍고 강도가 높은 소재로 제작한다. 유도탄의 날개는 유도탄이 비행할 때 안정성을 유지하며, 동시에 비행경로를 바꿀 수 있도록 일반적으로 고정익과 가변익을 모두 장착한다. 그러나 날개 대신 몸체에 로켓 모터나 추력 벡터 제어 등 다양한 방법이 있다. 예를 들어, 몸체에 부착하여 소형 추진 모터에 의해 탄도를 제어하는 패트리엇 유도탄 등이 있다.

표 6.3 | 유도탄의 구성

구 분		종류 및 특징
기체	몸체	• 유도장치(신호처리, 기억장치, 센서 등), 신관, 작약 등 • 비행속도에 적합한 공기저항을 최소화할 수 있도록 유선형으로 설계되어 있음 • 경(輕)합금 또는 복합재료로 제작
	날개	• 비행의 안정성 유지 및 방향 제어 • 몸체에 부착되어 있음
추진엔진		• 제트 엔진(jet engine): 펄스제트, 램제트, 터보램제트, 터보팬제트 등 • 로켓 모터(rocket motor): 고체추진 모터, 액체추진 모터

추진엔진은 유도탄의 추력을 얻기 위한 장치이다. 이 장치는 〈그림 6.17〉에서 보는 바와 같이 크게 제트 엔진과 로켓 모터에 의한 방법으로 구분한다. 제트 엔진은 연료를 외부 공기와 혼합하여 연소시켜 얻은 추진가스의 팽창력을 추력으로 이용하는 방식이다. 이 방식은 항공기 엔진과 그 구조와 원리가 같거나 비슷하다.

로켓 모터는 추진제를 연소시켜 발생하는 추진가스를 노즐을 통과시켜 고속으로 팽창시킬 때 발생하는 추력을 이용하는 방법이다. 이 방식은 추진제의 상태에 따라서 액체 로켓과 고체 로켓 추진체로 구분할 수 있다.

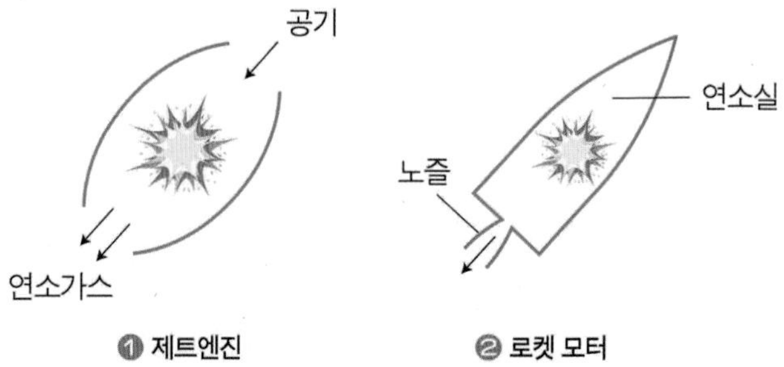

그림 6.17 | 유도탄의 추진방법

2. 유도탄의 제어방법[2]

유도탄의 비행을 제어하는 방법은 크게 공기역학적 방법과 추력 벡터 제어 방법이 있다. 공기역학적 제어방법은 유도탄의 날개를 이용하여 비행을 제어하는 방법으로서 전단 제어, 후단 제어, 가변익 제어방법이 있다. 그리고 추력 벡터 제어 방법은 짐벌 모터gimbal motor 제어, 가변노즐 제어, 분사방해 제어, 분사 제어로 구분할 수 있다. 여기서 추력 벡터는 추력의 방향과 크기를 의미하며, 유도탄의 제어방법에 따른 특징은 〈표 6.4〉와 같다.

그 밖에 유도탄의 동체에 여러 개의 분사구를 통해 가스를 분출함으로써 유도탄의 방향을 전환하는 측추력side trust 방법도 추력 벡터 제어 방식에 해당된다. 이 방법은 같은 방향에서 분사 가스를 분출하더라도 무게중심에 따라 탄의 방향 전환이 달라진다. 만일 분사 가스의 분출구가 유도탄의 무게중심과 일치하게 되면 방향전환 없이 수평 이동도 가능하다. 이 방법은 요격용 유도탄에 적합하며 미국의 패트리엇 요격용 유도탄이 그 대표적인 사례이다.

2 Charles T. Myers., *Guided Missiles*, Dept. of the air force, 1995.; 이희각 외, 《신편 병기공학》, 청문각, 2001.; "지상무기체계 원리", 육군본부 전력개발단, 2002. 10.

구분	제어방법	주요 특징	
공기 역학적 방법	전단 제어 (canard control)	• 주날개 앞에 제어장치를 설치한 제어방법 • 신속한 제어가 가능하나 탄두의 비행 안정성이 후단 제어에 비해 낮음	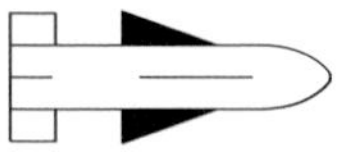
	후단 제어 (rear control)	• 고정날개가 압력중심 부근에 있고, 제어장치가 후단에 있는 제어방법 • 탄두의 압력중심이 무게중심보다 뒤에 있어서 안정비행을 유지할 때 적합	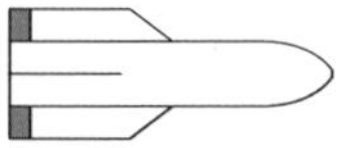
	가변익 제어 (moving wing control)	• 후단 날개는 고정하고, 양력을 얻기 위한 주날개를 움직여서 방향을 제어하는 방법 • 탄두를 가속시킬 때 입사각의 최소화 가능(공기 흡입이 양호하여 램제트 추진 유도무기에 적합) • 수평 고도유지 비행 시에 각종 센서의 감도가 높음	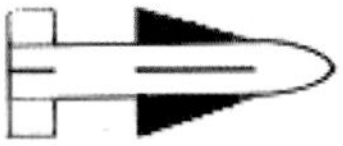
추력 벡터 제어 방법	짐벌모터 제어 (gimbal motor control)	• 연소실은 짐벌에 의해 지지 되어 있음 • 서보기구(짐벌 모터)로 노즐의 방향을 변화시켜 추력의 방향(θ)을 임의로 변화시키는 유도방식 • 액체 로켓에 적용하며, 구조가 복잡하여 대형 유도탄에 적합함	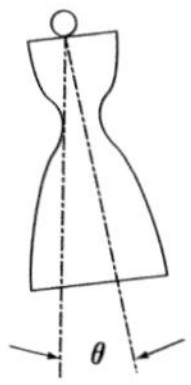
	가변노즐 제어	• 노즐의 단면적을 변화시켜 추력을 조절하는 방식 • 노즐의 출구를 서보기구로 단면적을 조절하기 때문에 출력이 큰 서보기구가 필요함	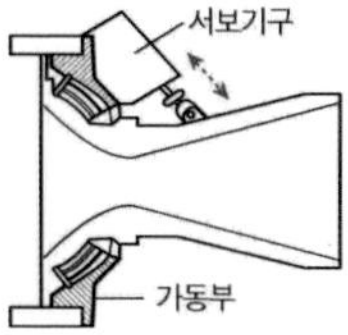
	분사방해 제어	• 노즐 구멍에 추진가스의 유동 방해 날개를 설치하여 추력의 모멘트벡터 방향을 변화시키는 유도방식 • 추력손실이 있지만 구조가 매우 단순함	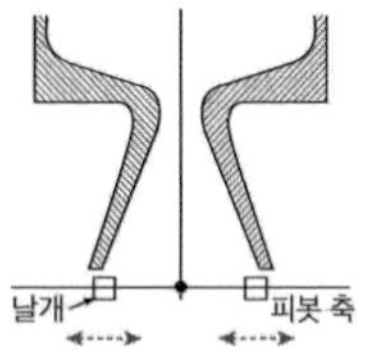
	분사 제어	• 액체 또는 기체를 노즐 출구 쪽에 분사시켜 추력의 방향을 임의로 변화시키는 유도방식 • 구조가 매우 단순하나 추력 벡터를 크게 변화시키기 어려움	

3. 추력과 비추력

〈그림 6.18〉은 일반적인 로켓 모터의 구조를 나타낸 것이다. 로켓 모터는 연소실과 노즐로 구성되어 있다. 연소실에는 점화기가 있어서 연료를 연소시켜 다량의 연소가스를 발생시킨다. 그리하여 연소실의 가스의 압력이 높아지면서 연소[추진]가스가 노즐을 통해서 대기 중으로 분출한다. 그 결과 분출 가스의 반동력, 즉 추력이 발생하여 유도탄이 비행하게 된다.

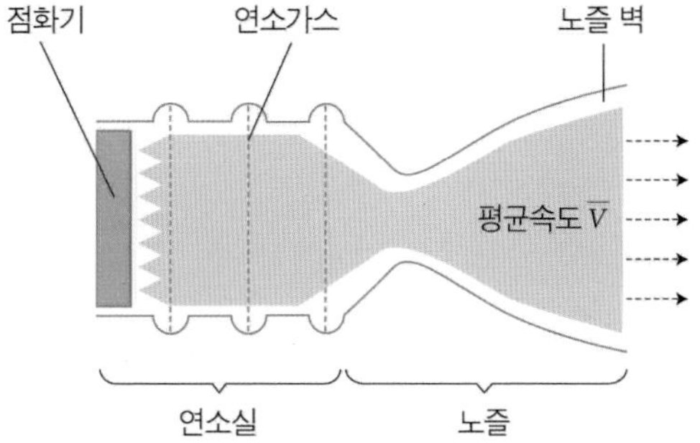

그림 6.18 | 일반적인 로켓 모터의 구조

추력 F[N]는 식 [6-1]과 같이 연소가스의 평균속도 $\overline{V}$[m/s]와 질량 유량 $\dot{m}_p(=\rho_p A\overline{V})$[kg/s]의 곱으로 나타낼 수 있다. 여기서 ρ_p는 연소가스의 밀도 kg_m/m^3, A는 노즐의 단면적kg/m^2, P_{outlet}는 노즐의 출구압력, P_{air}는 대기압kg/cm^2이다.

$$F=\dot{m}_p\overline{V}+(P_{outlet}-P_{air})A \quad \text{[6-1]}$$

식 [6-1]에서 보는 바와 같이 추력 F를 증가시키려면, 추진제의 연소율을 증가시켜 질량 유량을 크게 해야 한다. 물론 노즐의 단면적을 감소시키면 연소가스의 평균속도가 증가하게 되어 추력을 증가시킬 수도 있다. 그러나 노즐의 단면적을 변화시키려면 로켓 모터의 구조가 복잡해진다. 따라서 추력을 제어하

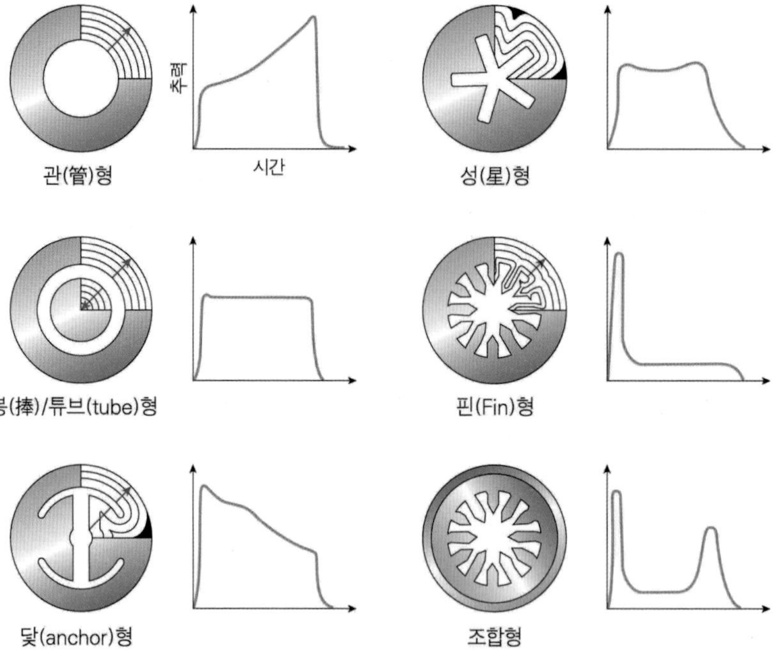

그림 6.19 | 추진제의 형태에 따른 연소시간과 추력의 관계

려면 연소율을 조정하는 것이 더 유리하다.

〈그림 6.19〉는 추진제의 형태에 따른 연소시간과 추력의 관계를 나타낸 것이다. 그림에서 보는 바와 같이 추진제의 형태에 따라 연소 표면적의 차이 때문에 연소속도가 다르다. 그 결과 연소시간에 따른 추력이 각각 다르다.

한편, 비추력specific impulse, *Isp[N · s/kg]*은 식 [6-2]와 같이 추진가스의 질량 유량에 대한 추력의 비로 정의하며, 로켓 모터의 성능을 측정하는 데 중요한 파라미터parameter로 사용된다.

$$I_{sp} = \frac{F}{\dot{m}_p g} \quad \text{[6-2]}$$

여기서 $F[N]$는 추진가스의 분사에 의한 반동력 즉 추력이고, $\dot{m}_p[kg/s]$는 추진가스의 질량 유량이다.

4. 연소율과 추력의 관계

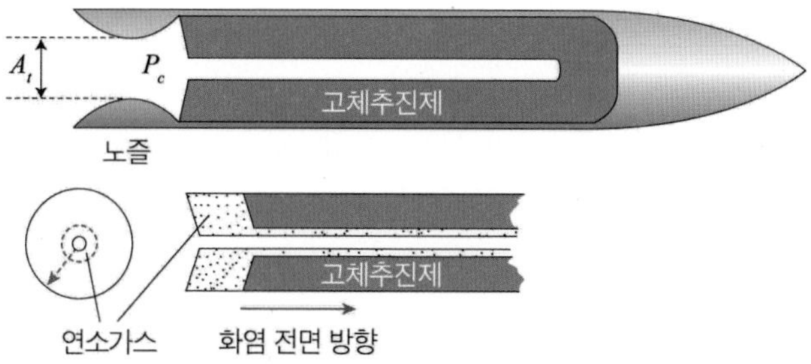

그림 6.20 | 고체추진 로켓 모터의 구조 및 연소

〈그림 6.20〉은 고체추진 로켓 모터의 구조 및 연소과정을 나타낸 것이다. 여기서 A_t는 노즐 목[nozzle throat]의 단면적이고, P_c는 연소실의 압력이다. 고체추진제의 연소 시에 화염 전면은 연소표면에 수직 방향으로 진행하게 된다. 이때 추진제의 연소율 r_c과 추진가스의 질량 유량의 관계는 식 [6-3]과 같이 표시할 수 있다. 이때 A_b는 연소 단면적, ρ_p는 추진제의 밀도이다.

$$\dot{m}_p = A_b \cdot r_c \cdot \rho_p \quad \text{[6-3]}$$

위 식에서 고체추진제의 연소율 r_c는 연소실 압력 P_c가 증가함에 따라서 〈그림 6.21〉과 같이 급격히 증가하다가 더는 증가하지 않는 지수함수의 관계에 있다.

그리고 r_c는 같은 P_c하에서 추진제의 온도 T_p가 증가하면 증가하며, 이들 관계는 식 [6-4]와 같이 표시할 수 있다.

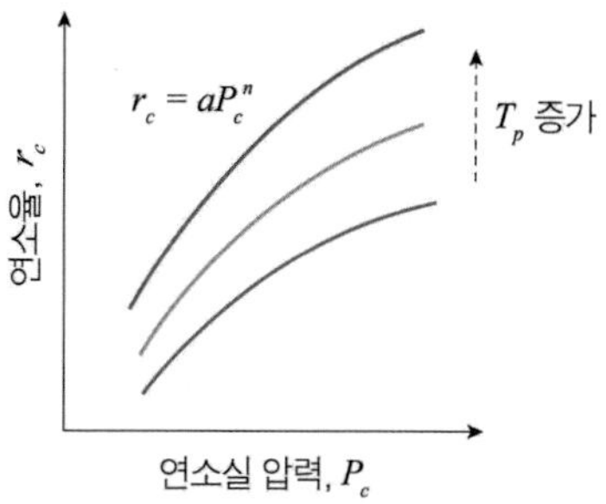

그림 6.21 | 연소실 압력과 연소율의 관계

$$r_c = aP_c^n \quad \text{[6-4]}$$

여기서, a는 T_p의 영향을 고려한 경험 상수이고, n은 연소율 지수이다.

5. 추력과 항력[3]

일반적으로 유도탄이나 로켓은 총 질량의 약 90%가 추진제의 무게이다. 이는 이들 추진체의 속도는 추진제의 연소에 따른 추진체의 질량감소율에 영향을 크게 받는다는 의미이다. 따라서 추진체의 운동에 미치는 영향요소는 추진체의 운동에 추진제가 연소하면서 발생하는 추력과 추진체의 공기저항력 그리고 추진체 질량의 감소에 따른 운동량의 크기이며, 이를 영향요소는 〈그림 6.22〉와 같이 간략히 표현할 수 있다. 이때 유도탄이나 로켓의 탄체, 날개, 센서, 노즐, 제어장치 등 구성품의 무게는 무시하고 추진제의 무게만을 고려한 추진체의 공기역학적 개념도이다. 여기서 추진제의 질량 m_p, 추진체의 질량과 속도는 각각 m_v, u이고, 추진가스의 분출압력은 P_e, 대기압력은 p_o, 추진가스의 평균 분출속도 u_e, 분출 단면적 A_e, dt시간 동안 분출되는 추진가스의 질량은 dm_p 그리고 추진체의 공기저항력을 D라고 정의하며, 그림에서 점선은 제어 체적control volume을 의미한다.

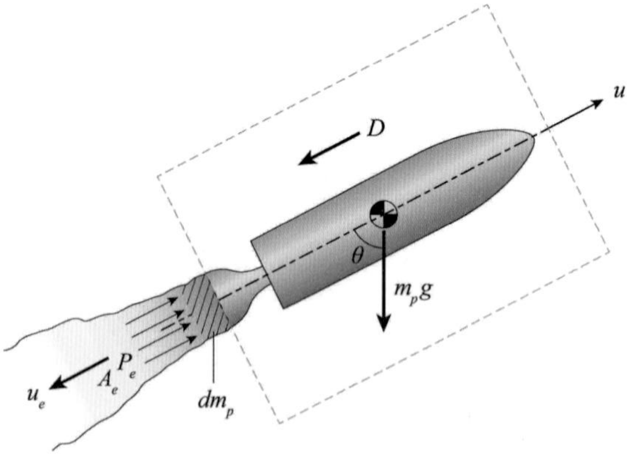

그림 6.22 | 추진체의 추력과 항력의 관계

3 https://web.mit.edu/16.unified/www/SPRING/propulsion/notes/node103.html

따라서 추진체의 추력이 추진체의 속도에 미치는 운동량의 변화에 대해 알아보자. 먼저 dt시간 동안의 추진체의 운동량의 변화량은 $(m_v du - u_e dm_p)$이다. 그리고 제어 체적 내에 추진체가 갖는 추진가스가 분출되기 전의 운동량은 $m_v u$이다.

따라서 제어 체적 내에 추진체의 최종 운동량은 운동량 보존법칙을 적용하면 식 [6-5]와 같이 표현할 수 있다. 식 [6-5]에서 $dudm \cong 0$이다.

$$
\begin{aligned}
&(m_v - dm_p)(u - du) + dm_p(u - u_e) \\
&= m_v u + m_v du - udm_p - dudm_p + vdm_p - u_e dm_p \\
&= m_v u - udm_p - dudm_{p+} vdm_p + [m_v du - u_e dm_p] \quad \cdots\cdots\cdots\cdots \text{[6-5]}
\end{aligned}
$$

한편 추진체에 미치는 힘은 추진가스에 의한 추력과 공기역학적인 항력 그리고 추진체에 중력이 있다. 따라서 추진체 운동방향으로의 힘의 평형 관계는 식 [6-6]과 같다.

$$
\sum F = (p_e - p_o)A_e - D - m_p g\cos\theta \quad \cdots\cdots\cdots\cdots \text{[6-6]}
$$

추진체에 작용하는 합력 ΣF은 추진체의 가속에 따른 힘 $m_v \dfrac{du}{dt}$와 추진제의 감소에 따른 힘 $\dfrac{dm_p}{dt}u_e$이며, 식 [6-7]과 같이 표현할 수 있다.

$$
m_v \frac{du}{dt} - \frac{dm_p}{dt} \cdot u_e = [(p_e - p_o)A_e - D - m_v g\cos\theta] \quad \cdots\cdots \text{[6-7]}
$$

여기서 추진체의 질량 유량은 $\dot{m}_p (= \dfrac{dm_p}{dt})$으로 간단히 표현할 수 있으므로 식 [6-7]은 식 [6-8]과 같이 쓸 수 있다.

$$m_v \frac{du}{dt} - \dot{m}_p \cdot u_e = [(p_e - p_o)A_e - D - m_v g \cos\theta] \quad \cdots\cdots\cdots\cdots \text{[6-8]}$$

식 [6-4]의 좌변에 있는 $\dot{m}_p \cdot u_e$ 항을 우변으로 이항시키면 식 [6-9]와 같다.

$$m_v \frac{du}{dt} = [(p_e - p_o)A_e + \dot{m}_p \cdot u_e - D - m_v g \cos\theta] \quad \cdots\cdots\cdots\cdots \text{[6-9]}$$

한편 노즐에서 분출되는 추진가스의 압력과 대기압력은 같다. 따라서 식 [6-10]과 같이 표현할 수 있다.

$$m_v \frac{du}{dt} = [\dot{m}_p \cdot u_e - D - m_v g \cos\theta] \quad \cdots\cdots\cdots\cdots \text{[6-10]}$$

그리고 식 [6-10]을 좌변과 우변에 dt를 곱해주면 식 [6-11]과 같다.

$$m_v du = [\dot{m}_p \cdot u_e - D - m_v g \cos\theta]dt \quad \cdots\cdots\cdots\cdots \text{[6-11]}$$

식 [6-11]의 좌변과 우변을 m_v로 나누어 주면 식 [6-12]와 같다.

$$du = [\frac{\dot{m}_p}{m_v} \cdot u_e - \frac{D}{m_v} - g\cos\theta]dt = \frac{dm_p}{dt}(\frac{u_e}{m_v})dt - \frac{D}{m_v}dt - g\cos\theta dt \quad \cdots\cdots\cdots\cdots \text{[6-12]}$$

식 [6-12]에서 $dm_v = \dot{m}_v dt = \frac{dm_v}{dt}dt$이다. 따라서 식 [6-13]과 같이 간단한 식으로 표현할 수 있다.

$$du = \frac{u_e dm_v}{m_v} - \frac{D}{m_v}dt - g\cos\theta dt \quad \cdots\cdots\cdots\cdots \text{[6-13]}$$

추진체가 발사 초기조건을 $t = 0$, $u = 0$, $m_p = m_{v0}$이라고 정의하면, 식 [6-13]은 식 [6-14]와 같이 적분방정식으로 표현할 수 있다.

$$\int_0^u du = u_e \int_{m_{v0}}^{m_v} (\frac{dm_v}{m_v}) - \frac{D}{m_v} \int_0^t dt - g\cos\theta \int_0^t dt \quad \cdots\cdots\cdots \text{[6-14]}$$

한편 추진체가 θ각만큼의 각도로 날아갈 때 시간에 따른 추진체의 속도와 항력 D, 중력 $m_p g$, 추진가스의 분출속도 u_e, 임의의 시간 후에 추진체의 질량 m_v, 최초 추진체의 질량 m_{v0}라면 추진체의 속도는 식 [6-15]와 같은 관계식으로 나타낼 수 있다.

$$u = u_e \ln(\frac{m_v}{m_{vo}}) - \frac{D \cdot t}{m_v} - g\cos\theta \cdot t \quad \cdots\cdots\cdots \text{[6-15]}$$

만일 노즐로 분출되는 추진가스의 속도 u_e는 일정하고, 공기저항이 없으며$^{D=0}$, 수직$^{\theta=0}$ 방향으로 추진체가 날아간다고 가정하면 식 [6-16]과 같다.

$$u = u_e \ln(\frac{m_v}{m_{v0}}) - gt \quad \cdots\cdots\cdots \text{[6-16]}$$

여기서 노즐을 통해 분출되는 추진가스의 중량 유량은 $\dot{W}(kg_f/s)$이고, 추진체의 추력은 $F(kg_f)$로 정의한다. 따라서 추진체의 비추력은 식 [6-17]로 표현할 수 있다.

$$I_{sp} = \frac{F}{\dot{W}} = \frac{\dot{m}_p u_e}{\dot{m}_p g} = \frac{u_e}{g} \quad \cdots\cdots\cdots \text{[6-17]}$$

따라서 식 [6-16]에 식 [6-17]을 적용하면, 추진체의 속도 u는 식 [6-18]과 같이 나타낼 수 있다.

$$u = I_{sp}\, g \ln\left(\frac{m_v}{m_{v0}}\right) - gt \quad \text{[6-18]}$$

식 [6-18]에서 보는 바와 같이, 추진체의 속도 u는 비추력 I_{sp}에 따라서 결정됨을 알 수 있다.

제4절 추진기관의 작동원리

유도탄의 추진방식은 크게 나누어 로켓과 제트 엔진이 있다. 로켓의 경우에는 연료와 산화제를 연소시켜 연소가스의 분사에 의한 반동으로 추력을 얻는 방식으로 탄도유도탄에 적용하고 있다. 초기의 유도탄에는 액체연료를 사용한 것이 많았으나, 점차 취급이 간단한 고체연료를 사용하게 되었다. 제트추진의 경우에는 공기를 흡입하면서 연료를 연소시켜 추력을 얻어 대기권 안을 비행하게 되며, 대기권 밖을 비행하는 탄도유도탄에 비하면 속도가 느리다. 이 방식은 주로 순항유도탄에 적용하고 있으며 펄스제트, 램제트, 터보제트, 터보팬제트 방식 등이 있다.

1. 로켓

(1) 고체추진 로켓

로켓연료는 액체연료보다 고체연료를 더 많이 사용하고 있다. 고체연료는 취급이 간편할 뿐만 아니라 즉시 발사가 가능하여 군사용, 관측용, 기상용 로켓에 적합하다. 그러나 액체추진 로켓보다 성능이 떨어지며 연소를 중단하기 어렵고 정밀 유도제어가 곤란하다.

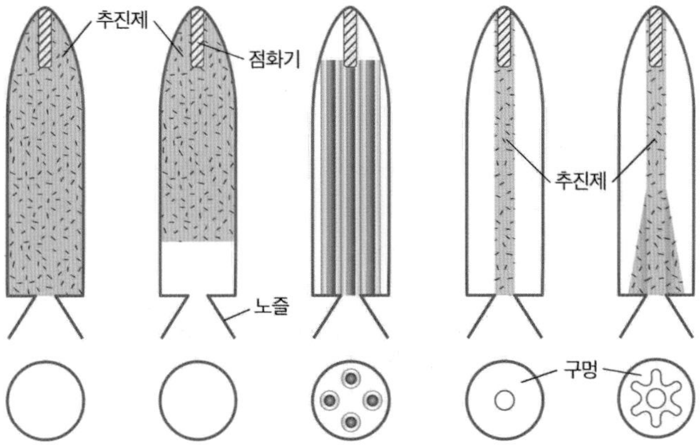

그림 6.23 | 고체추진제의 약립 형태

고체연료는 〈그림 6.23〉에서 보는 바와 같이, 추진제의 형태에 따라서, 시간에 따라서 연소율을 사전에 결정할 수 있다. 따라서 탄두가 비행할 때 별도의 연소율을 제어할 필요가 없다. 대부분의 로켓연료는 중성 연소를 하도록 고체추진제를 로켓에 충전한다.

고체추진제는 같은 종류의 추진제를 사용하더라도 로켓에 장입하는 방법에 따라서 연소특성이 매우 다르다. 장입 방법은 〈표 6.5〉에서와 같이 로켓 내부에 모두 채워 넣은 원통형, 로켓 내부의 중앙에 구멍을 제외하고 채워 넣은 단공관형 그리고 채워 넣은 추진제의 단면이 도넛형인 것과 입자로 만들어 장입하는 입자형이 있다. 이처럼 다양한 장입 방법을 적용하는 이유는 유도탄의 용도에 따라서 추력과 연소시간을 조절하기 위함이다.

고체추진 로켓에 사용되는 추진제는 크게 두 가지가 있다. 첫째, 나이트로셀룰로스nitrocellulose 등에 안정제를 넣어 균일하게 혼합한 균일형 추진제이다. 둘째, 알루미늄분말 등과 같은 연료와 과염소산 암모늄NH_4ClO_4 등에 합성고무 등의 결합제를 액체 상태로 혼합하여 고체화시킨 비균일형 추진제이다. 이 추진제는 안정성이 뛰어나 많이 사용하고 있다.

표 6.5 | 고체추진제의 연소특성 비교

구 분	추진제의 장입 상태	추 력	연소시간
원통형		작다	길다
단공관형		중간	중간
도넛형		크다	짧다
입자형		• 입자 형태와 크기에 따른 연소율이 다름 • 중성 연소	

(2) 액체추진 로켓

액체추진 로켓은 1903년 러시아의 콘스탄틴 치올코프스키Konstantin Tsiolkovsky가 최초로 기초이론을 정립하였다. 그 후 1926년 미국의 로버트 고다드Robert Goddard가 휘발유와 액체 산소를 사용하여 액체추진 로켓을 실용화하였다. 오늘날 널리 사용되고 있는 액체추진 로켓의 구조는 〈그림 6.24〉와 같다.

액체추진 로켓의 연소과정을 나타낸 〈그림 6.24〉 ❶과 같이, 로켓에는 각각 액화 연료탱크와 액화 산소탱크가 있다. 이들 탱크로부터 공급되는 연료와 산소산화제는 기화시킨 후 연소실에서 일정한 비율로 혼합시켜 공급된다. 그다음 혼합가스를 점화시키면 다량의 연소가스가 발생되어 연소실의 압력이 급격히 상승하게 된다. 고압의 가스는 노즐을 통과하면서 압력에너지가 속도에너지로 변환된다. 즉 팽창하여 온도와 압력은 감소하고 속도는 크게 빨라진다. 그 결과 추력이 더 크게 발생하게 되는 것이다.

고체추진 로켓은 고체추진제를 곧바로 연소시키기 때문에 추진제를 기화시

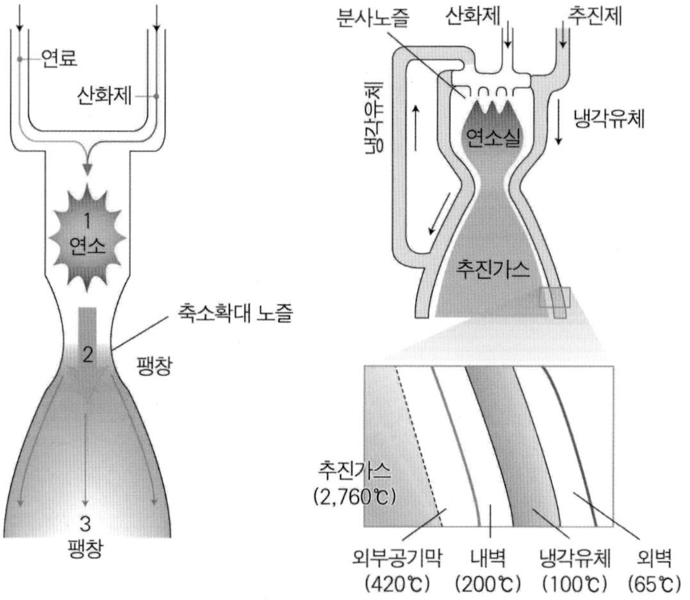

❶ 액체연료 로켓의 작동과정 ❷ 재생냉각 로켓의 구조

그림 6.24 | 액체추진 로켓의 구조 및 작동원리

킬 필요가 없다. 그러나 액체추진 로켓은 액체추진제를 연소하면 폭발 및 연소율을 제어하기 어려워 기화장치가 필요하다. 일반적으로 기화장치는 로켓을 가볍게 하려고 〈그림 6.24〉 ❷와 같은 구조로 되어 있다. 이 그림에서 보는 바와 같이 연소실과 노즐의 벽이 이중으로 설계되어 있다. 내벽 안쪽에는 외부 공기를 이용하여 고온의 추진가스[약 2,760°C]가 내벽에 직접 접촉하지 않게 되어 있다. 이때 외부 공기는 추진가스에 의해 약 420℃까지 온도가 상승하여 내벽에 접촉하면서 일정한 두께로 공기층을 형성하면서 노즐 출구로 빠져나간다. 따라서 저전도성 단열재로 만들어진 내벽은 약 200℃ 정도 가열된다.

액체추진제는 이 내벽의 열을 이용하여 액체를 그림과 같이 순환시켜 기화시켜서 분사 노즐로 분사시킬 수 있게 되어 있으며, 대륙간 탄도유도탄[ICBM]이나 인공위성에 많이 사용하고 있다.

〈표 6.6〉은 미국의 탄도유도탄 개발 현황을 나타낸 것이다. 표에서 보는 바와 같이 최근에는 탄도유도탄에 사용되는 로켓은 액체보다 고체추진제를 더 많

표 6.6 | 미국의 탄도유도탄 개발 현황

유도탄	탑재량(톤)	추진제	사거리(km)	개발연도
Redstone	27	액체	400	1959
Atlas	120	액체	14,000	1959
Titan II	150	2단 액체 로켓	15,000	1963
Minuteman II	34	3단 액체 로켓	12,500	1966
Polaris	14	2단 고체 로켓	4,600	1964
Trident	59	3단 고체 로켓	12,000	1990

이 사용하는 추세이다.

2. 제트추진기관

(1) 펄스제트 엔진

펄스제트pulse-jet 엔진은 〈그림 6.25〉와 같이, 구조가 매우 단순한 덕트 방식 엔진duct engine 중 하나이다. 〈그림 6.25〉 ❶에서 보는 바와 같이, 이 엔진의 구성품은 공기 흡입구와 자동으로 개폐되는 셔터 밸브와 점화플러그가 있다.

펄스제트 엔진은 열역학적으로 흡입 및 압축과정, 폭발과정, 팽창과정을 하나의 사이클로 이루고 있다. 따라서 열역학적 관점에서 보면, 가솔린 사이클과 매우 유사하다. 그리고 그 작동과정은 다음과 같다.

① 흡입 및 압축과정: 공기가 흡입되면서 셔터 밸브를 개방시키면서 연소실로 유입되어 연소실의 압력이 높아진다. 이때 분사 노즐로 연료를 분사시켜 공기와 혼합시키며, 연소실에 유입된 혼합공기가 일정 압력까지 상승하면 점화플러그로 점화시킬 수 있게 되어 있다.

② 폭발과정: 혼합가스가 폭발하면서 순간적으로 다량의 연소가스가 생성된다. 그 결과 연소실의 압력이 급격히 증가하여 셔터 밸브가 이 압력에 의해 닫힌다.

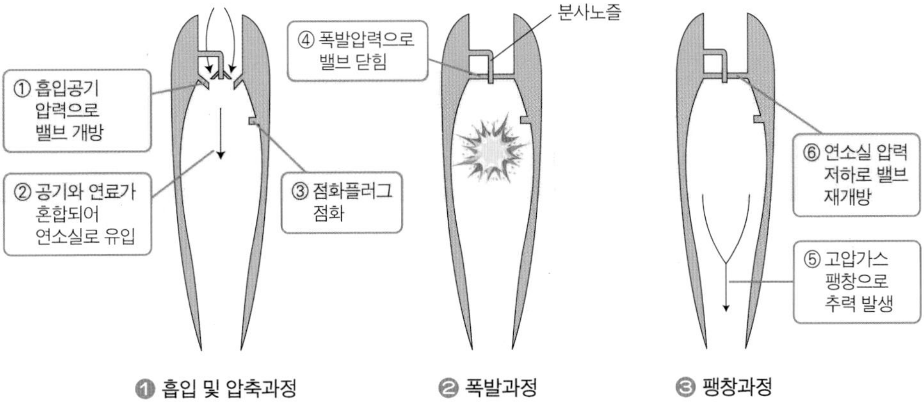

그림 6.25 | 펄스제트 추진 방법

③ 팽창과정: 고압의 연소가스가 노즐을 통해 배출하면서 이때 발생하는 반동력인 추력을 얻는다. 연소가스가 배출되면서 연소실의 압력이 감소하면서 다시 셔터 밸브가 개방된다.

펄스제트 엔진은 2차 세계대전 중 독일의 V1 로켓에 처음 적용하였으나 오늘날에는 거의 사용하지 않고 있다. 이 방식은 마하 0.5 이상 속도를 유지하기 곤란하며, 소음이 매우 크고 연료 소비량이 많다. 그러나 그 구조가 단순하여 제작비가 저렴하다.

(2) 램제트 엔진

램제트ramjet 엔진은 〈그림 6.26〉에서 보는 바와 같이 펄스제트 엔진과 비슷한 덕트 방식의 엔진이다. 이 방식은 로켓이 고속으로 비행할 때 발생하는 압력을 이용해서 공기를 압축하고, 그것에 연료를 분사하면서 연소시켜 추력을 얻는 방식이다. 이 엔진은 흡입 공기를 압축시키기 위한 타원형 램ram과 연료를 분사시킬 수 있는 디퓨저diffuser 그리고 화염을 보호하기 위한 화염보호대flame holder와 점화플러그로 구성되어 있다.

이 엔진의 작동과정은 펄스제트 엔진과 비슷하며 그 과정은 다음과 같다.

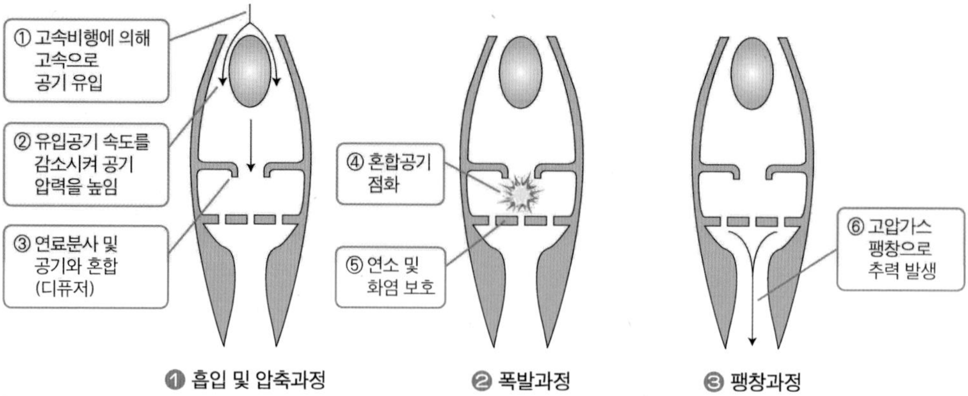

그림 6.26 | 램제트 추진 방법

① 흡입 및 압축과정: 로켓이 고속비행하면서 엔진 입구로 공기가 유입되며, 램과 덕트 사이를 통과하면서 속도가 감소하면서 압력이 상승한다. 그 결과 공기는 고압 상태에서 디퓨저를 통과하면서 연료와 혼합되어 연소실에 유입된다.

② 폭발과정: 연소실에 유입된 혼합가스는 점화플러그에 의해 점화되어 폭발하게 된다. 그러나 이때 발생하는 화염은 화염보호대가 있어서 화염이 더는 노즐 쪽으로 전파되지 않고 연소실에 계속 머물게 된다.

③ 팽창과정: 화염보호대의 여러 개의 구멍을 통해 연소가스가 팽창하면서 추력을 얻게 된다.

이 방식은 로켓의 비행속도가 어느 정도까지 도달해야 흡입 공기압력이 유지되어 엔진이 작동한다. 따라서 이착륙과 같이 저속으로 비행할 경우 엔진 작동이 불가능하며, 운전 중 연료 소비량이 많고 소음이 너무 크다. 이 때문에 제트엔진과 함께 사용하는 경우가 많은데, 현재는 극히 제한된 용도 이외에는 이용하지 않는다. 그러나 이 방식은 속도가 빠를수록 효율이 높아지면 구조가 간단하고 가볍다. 따라서 마하 3~8배 정도의 초음속기 또는 초고속 유도탄에 적합한 추진방식이다.

(3) 터보제트와 터보팬제트 추진기관

순항유도탄이나 항공기에 많이 적용되고 있는 추진방식은 크게 터보제트와 터보팬제트 방식으로 구분할 수 있다.

터보제트는 〈그림 6.27〉 ❶에서 보는 바와 같이 크게 압축기, 분사 노즐, 터빈으로 구성되어 있다. 이 방식의 작동상태를 살펴보면 다음과 같다. 첫째, 엔진 입구에 있는 압축기가 유입 공기를 압축시켜 분사 노즐 쪽으로 밀어낸다. 둘째, 고속으로 압축공기가 통과할 때 분사 노즐에서 연료가 분사되어 공기와 연료가 혼합되어, 발화되어 연소한다. 셋째, 고온의 연소가스가 팽창하면서 터빈을 회전시킨다. 이때 터빈 회전축과 압축기가 연결되어 있어서 압축기가 같이 회전하게 된다. 넷째, 터빈을 통과한 연소가스가 엔진 밖으로 분출되면서 추력을 얻는다. 이때 가운데 그림과 같이, 엔진 효율을 높이기 위해 엔진 후미에 2차 연소실을 만드는 경우도 있다. 이 경우에는 2차 연소실에 분사 노즐로 연료를 추가로 분사한 후 다시 연소시켜 추력을 증가시킬 수 있다.

터보팬제트 엔진은 터빈을 다단으로 터보제트 엔진의 터빈부에 터빈을 증설하여 배기가스의 에너지를 흡수시키고, 그 에너지로 기관의 앞쪽에 설치한 팬을 구동하여, 팬으로 압축한 공기 중 일부를 그대로 측로(바이패스)를 통해서 기관의 뒤쪽으로 직접 분출시키고, 나머지를 기관 내부로 끌어들여 연료와 혼합해서 연소

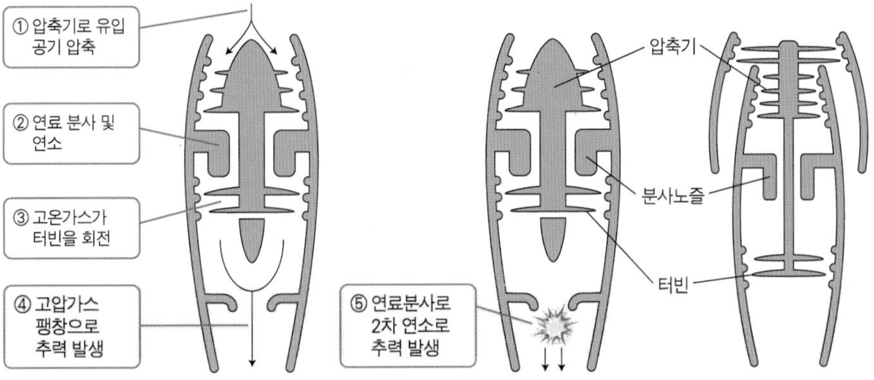

그림 6.27 | 터보제트와 터보팬제트 추진 방법

시킨다. 대량의 공기를 비교적 낮은 속도로 분출시킴으로써 추력을 얻는 형식이므로 아음속subsonic의 비행에 적합하며 배기 소음이 작고 연료소비율도 뛰어나 민간기용의 기관으로 적합한 것으로 평가된다. 그리고 팬에서 압축된 측로를 통하여 배출되는 공기와 기관 내에서 연소 및 배기하는 가스와의 무게의 비를 바이 패스비라 하는데, 초기의 터보팬에서는 1.7 : 1 정도였다. 하지만 최신의 대출력최대 이륙추력 20~25t 기관에서는 5 : 1 이상이 되었으며, 크기에 비해서 큰 출력을 얻을 수 있으므로 점보기와 같은 초대형기에 적용하고 있다.[4]

3. 추진기관의 특성과 적용

〈그림 6.28〉은 유도탄에 사용되는 각종 추진기관의 비행속도와 비추력의 관계를 나타낸 것이다. 그림에서 보는 바와 같이 로켓은 액체추진제가 고체추진제보다 비추력이 크고, 비행속도의 변화에 따라서 비추력이 거의 일정하다. 이러한 넓은 운전조건에서 작동할 수 있어 각종 유도탄 등의 추진기관으로도 이용한다. 그러나 저속에 다른 추진기관보다 비추력이 작아서 장거리 순항 유도무기에

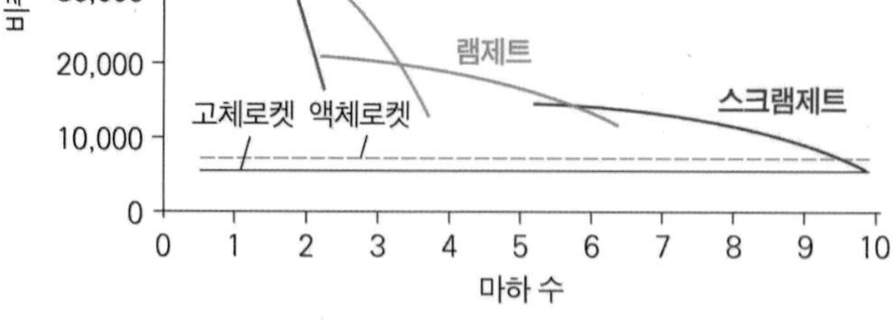

그림 6.28 | **각종 추진기관의 비행속도와 비추력의 관계**

4 www.rmcs.cranfield.ac.uk

는 적합하지 않다.

터보팬과 터보제트 엔진은 마하 3 이하 속도로 비행하는 장거리 순항유도탄에 적합하다. 그러나 마하 3 이상일 경우에는 램제트 엔진이나 스크램제트 엔진이 적합하다. 끝으로 〈그림 6.28〉에 나타낸 각종 추진기관의 특징을 비교해보면 〈표 6.7〉과 같다.

표 6.7 | 각종 추진기관의 특성 비교

추진기관		제트속도(m/s)	특징 및 적용
터보팬		200~600 	• 높은 추진효율과 낮은 연료소비율 • 소형 엔진 제작 곤란 • 장거리 유도탄에 적합 • 적용: 토마호크(Tomahawk) 유도탄 등
터보제트	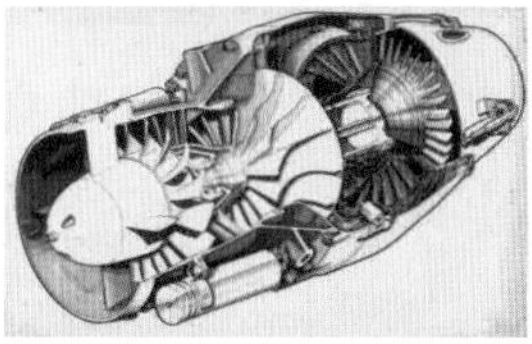	350~1,200 	• 추진효율은 터보팬보다 낮으나 로켓보다는 높음 • 엔진의 크기가 작고 가벼움 • 로켓에 비해 구조가 복잡하고, 고가이며 신뢰성이 낮음 • 적용: 하푼(Harpoon) 유도탄 등
램제트		900~2,400 (고도 12km) 	• 마하 2 이상의 속도에서 정상 작동 • 충격파를 고려한 엔진설계 필요 • 구조가 단순하여 제작비 저렴 • 작동의 신뢰성이 높음 • 적용: 시 다트(Sea Dart) 유도탄, V-1 로켓 등
고체추진 로켓	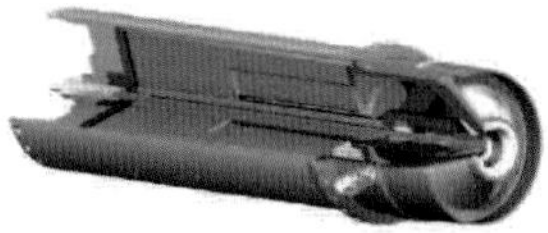	1,500~2,600 	• 다양한 유도탄 적용 • 단순하고 신뢰성이 높음 • 저장이 쉬움 • 적용: 현무, 레이피어(Rapier) 유도탄 등
액체추진 로켓	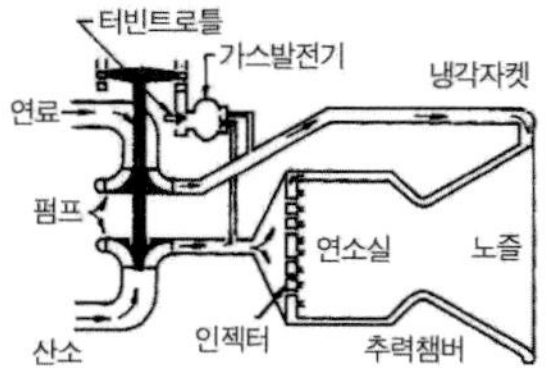	2,000~3,500 	• 고체추진 로켓보다 구조가 복잡하고, 신뢰성이 낮으며 가격이 고가임 • 저온 상태에서 저장해야 함 • 단위 중량당 가장 높은 추력 발생 • 적용: 랜스(Lance) 유도탄 등

제5절 탄의 정확도와 위력

1. 유도탄의 정확도

탄도유도탄의 정확도는 〈그림 6.29〉에서 보는 바와 같이 통계학적인 방법으로 표시할 수 있다. 즉 유도탄의 총 오차 거리total miss distance D와 원형공산오차 거리Circular Error Probable CEP 그리고 편차 B 반복오차systematic error의 관계는 식 [6-19]와 같다.

$$D = \sqrt{B^2 + CEP^2} \quad \cdots\cdots \quad [6\text{-}19]$$

여기서 원형공산오차란 목표에 대한 타격의 가능성을 결정하는 요소이며, 사용되는 무기체계의 사격 정확도를 나타내는 지표이다. 유도탄 발사체가 낙하할 지점으로 기대되는 원의 반지름으로 표시한다. 그리고 반복오차는 유도탄의 잘못된 조정 또는 결함 등에 의하여 반복되는 오차이다. 참고로 ICBM의 CEP는 미국은 200~450m 정도이고, 러시아는 450~600m 정도로 알려져 있다.

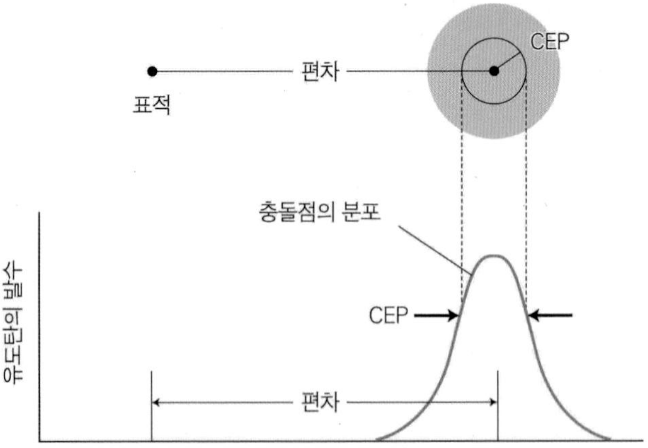

그림 6.29 | 편차와 CEP의 관계

2. 유도탄의 부정확도

(1) 반복오차의 원인

첫째, 중력장의 변화에 따른 오차이다. 예를 들어 지구의 지형, 밀도, 달의 중력 등에 따라서 발생한다. 둘째, 공기저항의 변화에 따른 오차이다. 예를 들어 제트류jet stream나 바람 그리고 압력 그리고 대기의 밀도에 따른 항력 변화 때문에 오차가 발생한다. 야간에는 주간보다 공기의 밀도가 약 2배 정도 크며, 계절에 따라서도 차이가 있다.

(2) 유도탄에 의한 불확실성

유도탄의 불확실성에 미치는 기본요소는 유도탄의 정확도, 탄두의 폭발위력, 발사대의 견고성 등이 있다. 추가로 유도탄의 불확실성으로는 공격시간, 시스템의 신뢰도system reliability, 바람과 기상조건, 탄두의 파괴 효과, 부가적인 피해 등이 있다.

3. 유도탄의 치사율

유도탄의 치사율lethality or kill factor K와 살상률probability of kill P_K는 각각 식 [6-20]과 식 [6-21]과 같이 나타낼 수 있다. 여기서 Y는 탄두위력, CEP는 유도탄의 원형공산오차 거리, H는 발사대의 견고성silo hardness이다.[5]

$$K = \frac{Y^{2/3}}{(CEP)^2} \quad \text{[6-20]}$$

$$P_K = 1 - E^{-K/f(H)} \quad \text{[6-21]}$$

5 김진우 외, 《무기체계공학》, 북스힐, 2003.

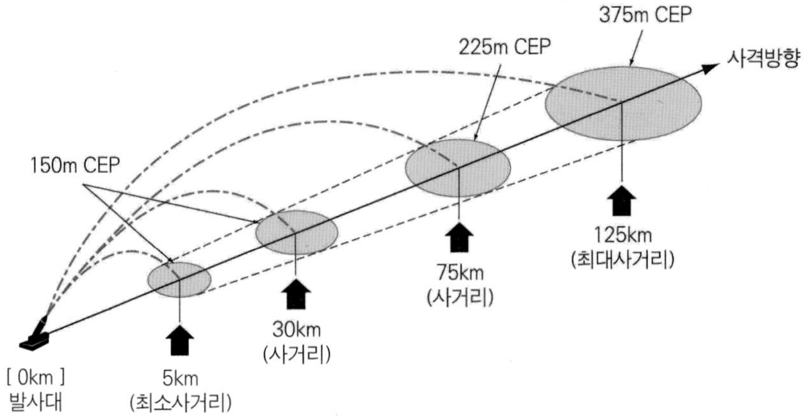

그림 6.30 | 미국의 LANCE 유도탄의 사거리별 CEP

〈그림 6.30〉은 미국의 LANCE 유도탄의 사거리별 CEP를 나타낸 것이다. 이 유도탄은 중 · 단거리 지대지 전술 유도탄이다. 그림에서 보듯이, 사거리가 증가하면 CEP가 증가함을 알 수 있다. 따라서 식 [6-21]에서 보는 바와 같이 사거리가 증가할수록 살상률은 감소하게 된다.[6]

6 Joseph Priest, *Energy(principles, problems, alternatives)*, 4th edition, Addison-Wesley Press, 1991.; Stephen R. Turns, *An introduction to combustion*, McGraw-Hill Inc., 1999.; George P. Sutton, *Rocket Propulsion Elements*, John Wiley & Sons, Inc., 1976.

연 / 습 / 문 / 제 EXERCISE

1 유도무기를 발사지점과 표적의 위치, 표적과 탄두의 운반수단, 사거리, 사용 목적에 따라서 구분하고 그 특징을 간단히 설명하시오.

2 유도탄은 비행 탄도를 제어하는 방법에 따라서 크게 비례항법 탄도, 직선탄도, 관측선 탄도, 순항 탄도, 탄도탄 탄도로 구분할 수 있다. 이들 제어방법의 원리와 그 특징을 간단히 설명하시오.

3 유도무기의 구성 및 작동 개념을 그림을 그려 간단히 설명하시오.

4 대부분 유도탄은 유도방식에 따라서 호밍유도, 지령유도, 항법유도로 구분할 수 있다. 이들 유도방식의 차이점을 설명하시오. 그리고 이들의 장단점을 비교하시오.

5 유도탄의 추력을 정의하고, 추력과 연소율과의 관계를 간단히 설명하시오. 그리고 고체 추진제의 형상이 추력 변화에 미치는 영향을 설명하시오.

6 고온·고압의 추진가스가 노즐을 통하여 분출될 때 노즐의 벽면에 가열하는 열유속(heat flux)은 아래 그림과 같이 위치에 따라서 다르다. 그 이유를 설명하시오.

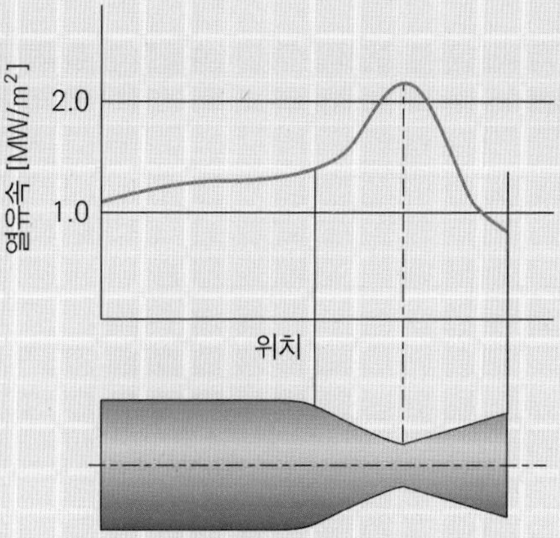

추진로켓의 연소실과 노즐

7 극초음속 유도탄에 적용하는 스크램제트 엔진과 램제트 엔진의 구조와 작동원리 그리고 이들 엔진의 장단점을 설명하시오.

8 로켓의 추진기관으로 가장 많이 사용하고 있는 방법 중 하나가 아래 그림과 같은 터보제트 엔진이다. 이 엔진의 작동 시에 작동 유체의 상태변화를 열역학적으로 설명하시오.

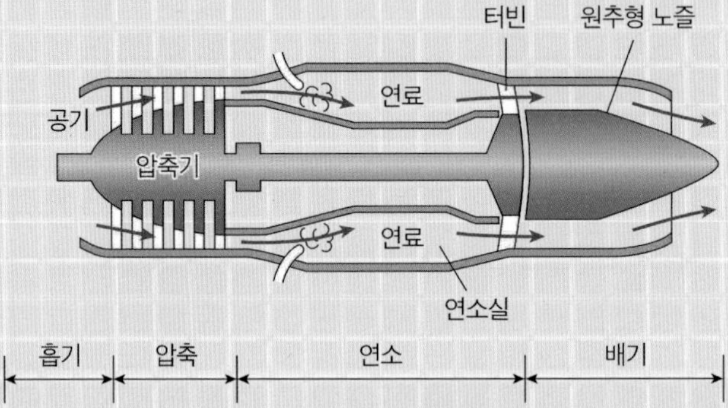

9 각종 추진기관의 비행속도에 따른 비추력의 관계를 설명하시오. 그리고 이들 기관의 장단점을 비교하시오.

10 탄도유도탄과 순항유도탄의 유도방식의 차이점과 장단점을 설명하시오.

11 유도탄이나 화포의 정확도와 정밀도의 개념을 예를 들어 설명하시오. 그리고 유도탄의 반복오차에 미치는 영향요소에는 무엇이 있는가?

12 고체추진제와 액체추진제를 사용하는 유도탄의 장단점을 비교하시오.

제7장 핵무기

제1절 핵무기의 정의[1]

핵무기nuclear weapon란 핵분열 또는 핵융합 반응으로 발생하는 에너지를 이용하여 파괴 또는 살상의 목적으로 이용하는 무기를 총칭하며, 원자병기 또는 핵병기라고도 한다. 그리고 운반수단유도탄, 포탄 등과 핵탄두가 분리되지 않을 경우, 운반수단도 포함하여 핵무기라 한다. 그러나 핵반응 에너지를 동력으로 이용하는 핵잠수함 등은 핵무기가 아니며, 핵의 반응형식에 따라 핵분열 무기와 핵융합 무기로 분류할 수 있다.

핵무기는 사용 목적에 따라서 전술핵무기와 전략핵무기로 분류하며, TNTTri-Nitro Toluene 폭약의 질량으로 환산하여 그 위력을 표시한다. 예를 들어 1kt급 핵무기는 1,000톤의 TNT 폭약을 폭발시켰을 경우의 폭발력과 같다.

제2절 핵분열 무기

1. 핵분열의 원리

핵분열 무기nuclear fission weapon는 일명 원자폭탄이라고 하며, 무거운 원자핵이 분열할 때 생기는 대량의 에너지를 이용하여 목표를 파괴한다. 이때 발생되는 에너지의 양은 매우 커서 같은 질량의 화학물질이 반응 시에 발생하는 에너지에 비해 약 100만 배 정도 더 크다.[2]

핵분열 반응에서는 중성자neutron가 무거운 원자핵에 흡수되면, 원자핵이 작은 조각으로 분리된다. 매 핵분열 반응할 때마다 2~3개의 중성자가 나와서 또 다른 무거운 원자핵에 흡수되어 분열반응이 짧은 시간5~10m 내에 연속적으로 발

1 Hershberg James., James B., *Conant. Harvard to Hiroshima and the Making of the Nuclear Age*, New York: Alfred A. Knoph, 1993.

2 Hoddeson, Lillian, *Critical Assembly: A Technical History of Los Alamos during the Oppenheimer Years (1943-1945)*, New York: Cambridge University Press, 1993.

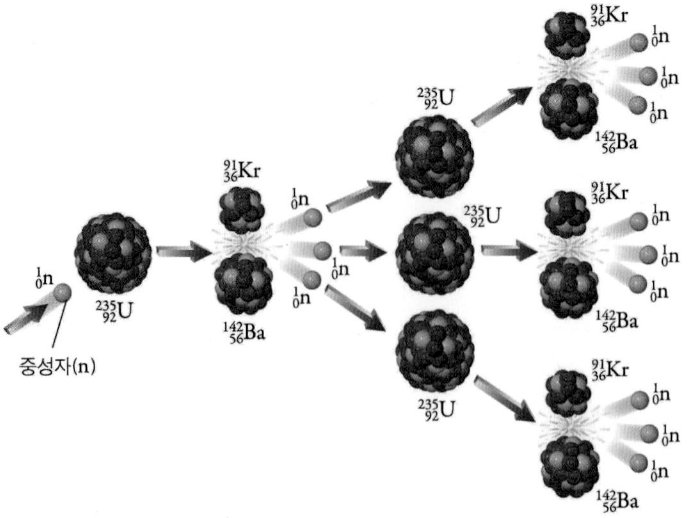

그림 7.1 | 핵분열 연쇄반응의 개념도

생한다. 이것을 연쇄반응chain reaction이라고 하며, 그 개념도는 〈그림 7.1〉에서 보는 바와 같다.[3]

우라늄 235와 플루토늄 239 그리고 우라늄 233의 원자핵은 중성자를 흡수하면 핵분열 반응을 일으키기 쉬운 물질로서 핵분열성 물질이라고 한다. 이 물질들은 핵분열 시에 많은 에너지가 방출되면서 새로운 중성자가 튀어나온다. 이 때문에 임계량이라 부르고 있는 일정량의 핵분열성 물질을 한곳에 모으면 핵분열 연쇄반응이 일어난다. 원자폭탄은 이러한 핵분열성 물질을 임계량 이하로 몇 개 부분으로 나누어 놓고 급격하게 합체combination시켜서 임계초과상태로 만들어 짧은 시간 안에 대량의 에너지를 방출시키는 무기이다. 여기서 임계 질량critical mass이란 정상적인 연쇄반응이 일어날 수 있는 질량이며, 핵 물질의 질량이 적어서 감소 연쇄반응을 일으킬 정도이면 아亞임계 질량subcritical mass이라 한다. 그리고 연쇄반응이 발산 연쇄반응을 일으킬 정도의 질량이 있으면 초임계 질량supercritical mass이라 한다.

3 Rhodes, Richard, *The Making of the Atomic Bomb*, New York: Simon & Schuster, 1986.; Rhodes, Richard, *Dark Sun: The Making of the Hydrogen Bomb*, New York: Simon & Schuster, 1995.

2. 핵분열 무기의 종류 및 특성[4]

(1) 포신식 원자폭탄

분리된 2개의 아임계 질량이 초임계 질량이 되도록 합쳐진다. 이 방법은 핵분열 물질의 양을 증가시키는 것이다. 활성 물질인 두 임계질량이 충분히 떨어져 있어서 연쇄반응을 일으키지 않으므로 폭발이 일어나지 않는다. 그러나 필요한 순간에 두 임계질량을 되도록 빠르게 합쳐 초임계 질량을 만든다. 그 결과 폭발이 일어난다. 또 다른 방법은 적당한 물질로 목표 질량을 둘러쌓음으로써 중성자들이 반사되어 활성 물질 속으로 되돌아가게 함으로써 반응을 증가시키는 것이다. 활성 물질과 함께 조금 더 오랫동안 잡혀 있어서 거대한 압력이 생겨 폭발 효과를 높인다. 1945년 일본의 히로시마에 투하된 원자폭탄은 우라늄 235 물질 약 60kg을 2개로 나누어 놓고, 한쪽을 폭약으로 하여 다른 쪽을 타격하는 포신형 방식gun type이었다. 효율이 낮아 약 1%가 핵분열 연쇄반응을 일으켰을 뿐이었으나, 그것만으로도 약 15kt 위력이 있었다. 오늘날에는 이러한 방식은 거의 사용하지 않는다.

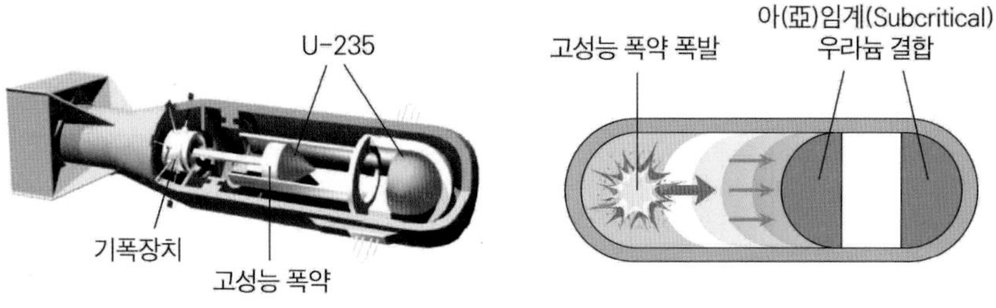

❶ 구조 ❷ 폭발과정

그림 7.2 | 포신식 원자폭탄의 구조 및 폭발과정

4 해군사관학교 기계공학과, 《무기체계공학》, 연경문화사, 1996.

(2) 내폭형 원자폭탄

내폭형implosion type 원자폭탄은 아亞임계 질량의 우라늄 또는 플루토늄을 고성능 폭약의 폭발압력으로 압축시켜 핵연료의 밀도를 증가시킴으로써 초임계 상태에 도달시켜 핵폭발을 일으키는 방식이다.

〈그림 7.3〉 ❶은 내폭형 원자폭탄의 구조를 나타낸 것이다. 탄의 중심부에는 기폭약인 폴로늄과 베릴륨을 구sphere 형태로 넣고, 플루토늄과 우라늄 238 그리고 고성능 폭약 순으로 기폭약을 감싸게 장입되어 있다. 그리고 이들 물질을 구면체의 고강도 탄체 속에 넣은 후, 고성능 폭약을 기폭시킬 기폭장치의 구면체 전면에 일정한 각도로 배열되어 있다. 이 구면체의 탄체는 핵폭탄이 공기 중을 비행할 때 안정성을 높이고 공기저항을 줄이기 위하여 〈그림 7.3〉 ❶에서 보는 바와 같이 유선형 탄체 속에 넣어서 사용한다.

이 폭탄의 폭발과정을 살펴보면, 크게 3단계로 구분할 수 있다.

① 구면체의 핵물질을 감싸고 있는 기폭장치가 신관에 의해 작동되면 가장 바깥쪽에 있는 고성능 폭발물이 폭발하게 된다. 이때 폭발파는 〈그림 7.3〉 ❷에서 보는 바와 같이 구의 중심부로 집중된다. 그 결과 폭탄의 중심에는 순간적으로 초고온·초고압 상태가 된다.

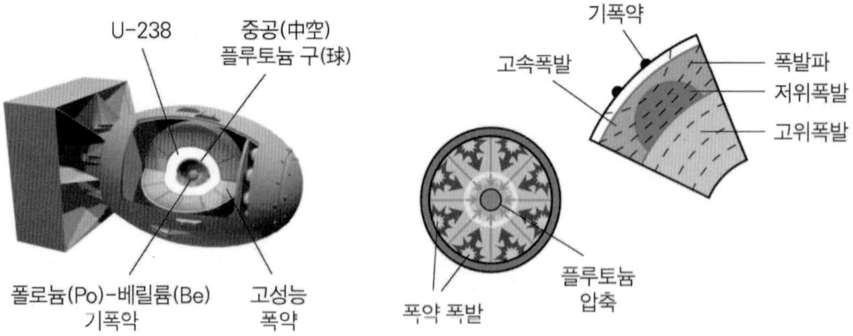

❶ 구조 ❷ 폭발과정

그림 7.3 | 내폭형 원자폭탄의 구조 및 폭발과정

② 집중된 폭발파에 의해 구의 중심부에 있는 플루토늄을 압축시킨다. 동시에 내부 기폭약을 폭발시켜 우라늄 238을 초임계 상태가 되도록 한다.

③ 초임계 상태에 도달한 우라늄 238이 핵분열을 일으켜 엄청난 에너지를 발생시킨다.

참고로 이 방식은 1945년 미국이 일본의 나가사키에 투하시킨 원자폭탄에 처음 적용하였다. 이 폭탄은 플루토늄 239를 약 8kg 정도 넣은 폭탄이었으며, 포신식에 비해 효율이 더 높았다. 이 폭탄은 TNT의 폭발에너지로 환산하면 22kt 정도였다. 현재 약 15kg의 우라늄 235와 약 4kg의 플루토늄 239만 있으면 한 발의 핵분열 무기를 만들 수 있는 것으로 알려져 있다.

3. 방출에너지와 폭발 현상

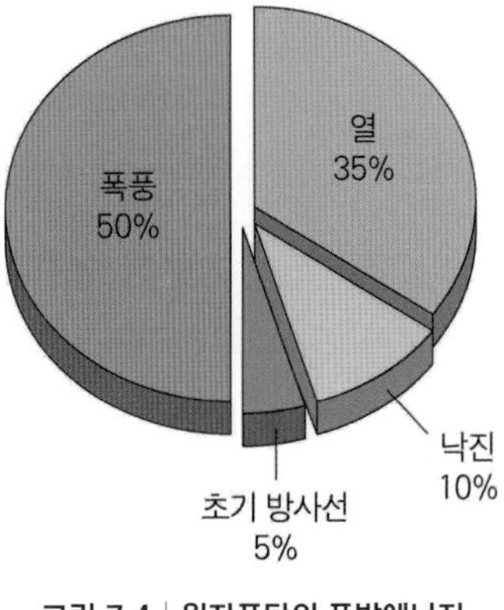

그림 7.4 | 원자폭탄의 폭발에너지

핵폭탄이 폭발하면, 〈그림 7.4〉에서 보는 바와 같이 막대한 양의 열과 방사능이 대기 중으로 방출된다. 예를 들어, 공중폭발 시에 초기에는 총 에너지의 약 85%가 열에너지로 방출되면서 열[35%]이나 폭풍[충격파, 50%]을 발생시키고, 남은 일부 에너지는 가시광선에 의해 방출된다. 그리고 약 5%는 방사선[α선, β선, γ선, 중성자 등]으로 방출되며, 이를 초기 방사선이라 한다. 그 밖에 핵분열 반응 시에 생성되는 많은 방사성 동위원소는 장기간에 걸쳐서 붕괴하게 되는 잔류 핵 방사능 에너지[낙진, 10% 미만]가 있다. 그리고 강한 전자기파가 발생하여 전자장비 등을 파괴할 수 있는 1% 미만의 에너지를 방출하며, 이를 전자기 펄스[electro magnetic pulse]라고 말하고 있다.

한편 실제 핵무기에서 발생하는 에너지의 비율은 공중[고도 30km 이하], 지상, 수중, 지하, 고공[고도 30km 이상] 폭발 등과 같은 폭발조건에 따라 차이가 난다.

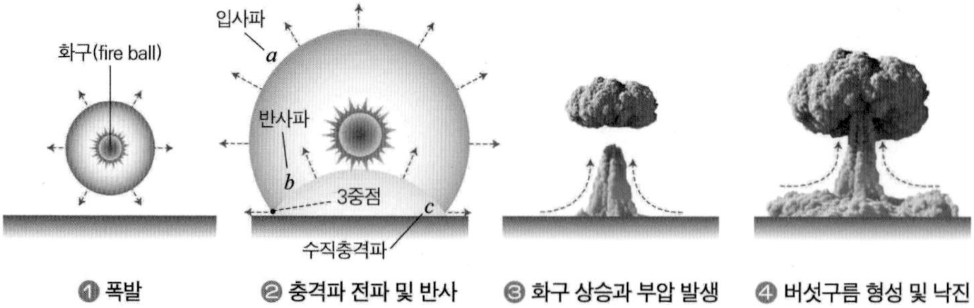

그림 7.5 | 핵폭탄의 단계별 폭발과정

〈그림 7.5〉는 핵폭탄을 공중에서 폭발시켰을 경우, 시간이 지남에 따라 나타나는 현상을 나타낸 것이다. 이들 작동과정을 크게 네 단계로 구분할 수 있으며 그 특성은 다음과 같다.

① 핵폭탄이 공중에서 폭발하면 시력을 상실하게 만드는 청백색 섬광과 자외선 광선이 발생한다. 그리고 주위의 공기 온도가 107℃에 도달하고 공 모양의 화구fireball가 발생한다. 이 화구는 빛의 속도로 복사열이 방사하며, 〈그림 7.5〉 ❶에 표시된 화살표 방향으로 팽창하면서 폭풍과 충격파를 발생시킨다. 이 충격파를 입사파incident wave라고 하며, 그 형태는 화구처럼 공sphere 모양이다.

② 고온 · 고압의 화구로부터 팽창된 입사파는 〈그림 7.5〉 ❷에서 보는 바와 같이 그 일부가 지면에 부딪혀서 다시 반사된다. 이때 발생하는 충격파를 반사파reflection wave라고 한다. 반사파는 지면보다 밀도가 낮은 공기 중에서 전파하는 입사파에 비해 그 전파속도가 빠르다. 그 결과 어느 정도 시간이 경과하면 입사파와 반사파가 중첩되어 더 강력한 충격파가 발생하며, 입사파보다 약 2배 정도 과압over pressure이 더 높다. 그리고 이 충격파는 입사파와 반사파의 곡률 반지름이 커서 거의 지면과 수직 방향으로 충격파가 발생하며, 이를 수직충격파vertical shockwave 또는 마하파Mach wave라고 부른다.

수직충격파는 핵무기뿐만 아니라 강력한 폭발물이 공중에서 폭발하는

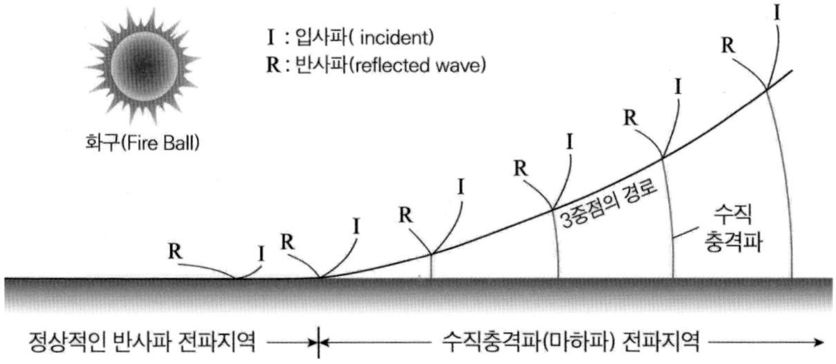

그림 7.6 | 수직충격파와 3중점의 경로

경우에 발생한다. 그리고 이 충격파는 〈그림 7.6〉에서 보는 바와 같이 폭발지점으로부터 수평 방향으로 전파된다. 이때 입사파와 반사파 그리고 수직충격파가 교차하는 지점을 3중점이라 하며, 시간이 지남에 따라 3중점의 높이는 급격히 상승한다.

③ 화구에서 발생된 폭풍파에 의한 과압은 약 1,100km/h의 속도로 팽창하면서 주위에 있는 시설 등을 파괴할 수 있다. 그 후 폭풍파가 주위의 압력에 의해 더 팽창하지 못하게 된다. 이 순간 화구는 진공상태에 도달하게 된다. 그 결과 오히려 주위 공기보다 화구의 압력이 낮아져서 주위에 있던 공기가 화구를 향해 빨려 들어가게 된다. 이와 동시에 주위 공기보다 화구의 밀도는 매우 낮아서 부력이 발생한다. 그 결과 화구는 〈그림 7.5〉 ❸과 〈그림 7.6〉에서 보는 바와 같이 상승하는 현상이 나타난다.

④ 만일 화구가 지면에 접촉하였다면, 화구에 먼지나 작은 물체 등이 빨려 들어가면서 화구가 상승하게 된다. 그 결과 〈그림 7.5〉 ❹에서 같이 버섯구름이 발생한다. 이 버섯구름에 포함된 먼지 등은 방사능에 오염된 물질이며, 무거운 물체부터 지면에 낙하한다. 그리고 방사능에 오염된 이 낙하물체가 낙진인데 생물체에 치명적인 피해를 줄 수 있다.

4. 핵폭발의 효과

(1) 폭풍

1 폭풍파의 전파과정

핵폭발 시에 발생된 폭풍파, 즉 충격파는 〈그림 7.7〉과 같이 물속에 있는 물방울이 수면으로 상승할 때 팽창하듯이 전파한다. 그리고 이 충격파의 진폭은 시간 t_1에서 t_5로 경과함에 따라서 감소한다. 그러나 t_5 이후에는 충격파 전면wave front이 대기압보다 더 낮아진다. 그 결과 주위에 있는 공기를 빨아들이게 된다.

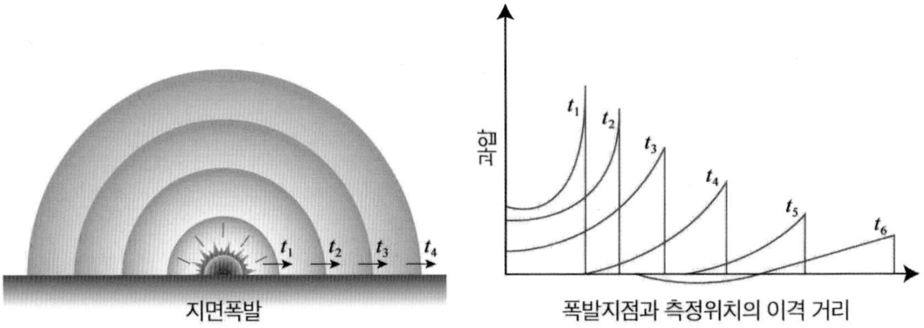

① 입사파와 반사파의 전파 과정 ② 시간에 따른 과압 발생 현상

그림 7.7 | 폭풍파와 과압의 관계

핵폭발로 인해 공기압력은 〈그림 7.8〉에서 보는 바와 같이 급격히 상승하고, 이것이 충격파의 펄스로서 공기분자의 이동을 수반하면서 전파하는 폭풍이다. 이때 압력은 대기압을 상승시키며, 이 압력을 과압overpressure이라 한다. 과압은 폭풍이 도달한 직후에 최대압력에 도달한 후, 지수 함수적으로 감소하면서 영zero, 음수, 다시 영 순으로 변하게 된다. 양陽의 과압은 충격 면에서 강하게 전방으로 공기가 밀려서 이동하면서 나타난다. 이때 양압 부의 과압을 시간으로 적분한 값을 양 임펄스라고 하고, 폭발 시 충격의 척도가 된다. 음陰의 과압은 압력이 대기압 이하가 되어 폭풍이 역방향으로 흐르는 것을 나타내며, 폭원 위치에서 어느 정도 떨어진 거리에서 나타나는 현상이다.

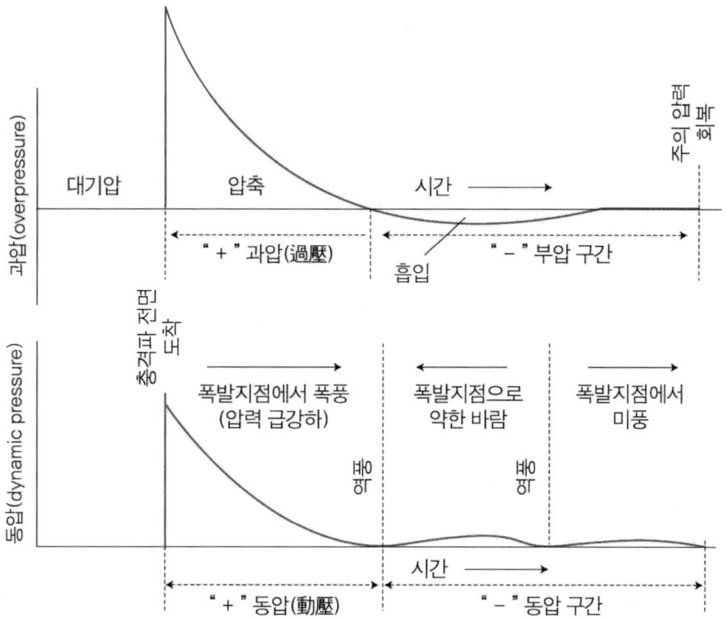

그림 7.8 | 어떤 고정위치에서 시간에 따른 과압과 동압의 변화

폭풍이 수직을 이룬 벽에 충돌하여 반사할 때에는 벽면상의 순간 압력이 강화되어 충격압력보다 세지는 것이 보통이고, 반사파의 최대과압은 입사파의 2~8배가 될 수 있다. 최대 과압 ΔP, 폭발물 무게 W, 폭발지점으로부터의 거리 R 사이에는 홉킨슨의 세제곱근의 법칙을 적용할 수 있다.

$$\Delta P = A\left(\frac{R}{W^{1/3}}\right)^{-\alpha} \quad \text{[7-1]}$$

여기서 A는 폭발물질에 의한 상수, α는 폭발 종류에 무관한 상수통상적으로 1.6에 가까운 값을 취한다이다. $(R/W^{1/3})$는 산정 거리라고 한다. 여기에서 같은 물질로 이루어진, 크기가 다른 2개의 폭발물이 똑같은 조건에서 폭발할 때 산정 거리가 같으면, 폭풍의 영향도 흡사하다는 법칙이 유도된다. 따라서 폭발지점으로부터의 거리가 10배로 되는 경우 폭발물의 양을 1/1,000로 하는 경우와 같은 효과가 나타난다는 사실을 알 수 있다. 가연성 기체나 증기가 폭발할 때의 위력은 TNT의 질량으로 환산하여 표현할 수 있다.

2 폭풍효과의 산정법

만일 질량 W_o인 폭발물을 폭발시켰을 경우, 폭발지점으로부터 거리 d_o에 따른 폭풍의 과압과 피해에 대한 데이터를 얻었다고 가정해보자. 각기 세기가 다른 2개의 폭발파는 상사성similarity을 갖고 있다. 따라서 질량 W인 폭발물의 폭발 시에 d_o와 같은 조건이 되는 거리 d를 대략 구할 수 있으며, 이러한 방법을 산정법scaling law이라 한다.

따라서 폭발물의 질량과 거리 d의 관계는 $W_o \sim d_o^3$의 관계가 성립되며, 식 [7-2], [7-3]과 같이 표시할 수 있다.

$$\frac{W}{W_o} = \frac{(4\pi d^3/3)}{(4\pi d_o^3/3)} = (\frac{d}{d_o})^3 \quad \cdots\cdots [7\text{-}2]$$

$$\therefore \ d = d_o \cdot (\frac{W}{W_o})^{1/3} \quad \cdots\cdots [7\text{-}3]$$

〈그림 7.9〉는 1kt과 1Mt급 핵무기를 공중에서 각각 폭발시켰을 경우, 거리와 고도에 따른 피해지역과 등等과압iso-over pressure 분포를 나타낸 것이다.

1kt급 핵무기를 지면으로부터 1,288m 높이에서 폭발시키면, 〈그림 7.9〉 ❶에서 보는 바와 같이 폭발지점으로부터 멀어질수록 과압의 세기가 급격히 감소한다. 이때 폭발지점으로부터 약 480m 이내의 지상 및 공중에 있는 견고한 시설을 제외하고 완전히 파괴되며, 과압은 20~30psi 이상이다. 따라서 〈표 7.1〉에서 보는 바와 같이 폭풍은 최소 418m/s 이상이다.

폭발지점에서 약 1km에서 3.9km까지의 공간 내에는 과압이 5~20psi 정도 형성된다. 이 공간 내에 있는 상업용 빌딩 및 각종 장치에 심각한 피해를 줄 수 있다. 그리고 3.9km에서 6.9km 정도 떨어진 공간 내에는 지상에 있는 많은 인원 및 시설물이 화재로 소실될 것이다. 따라서 이 지역 내에는 화재 발생이 많으며, 다량의 연기가 발생할 수 있다. 끝으로 6.9km에서 10.5km의 공간 내에는 상

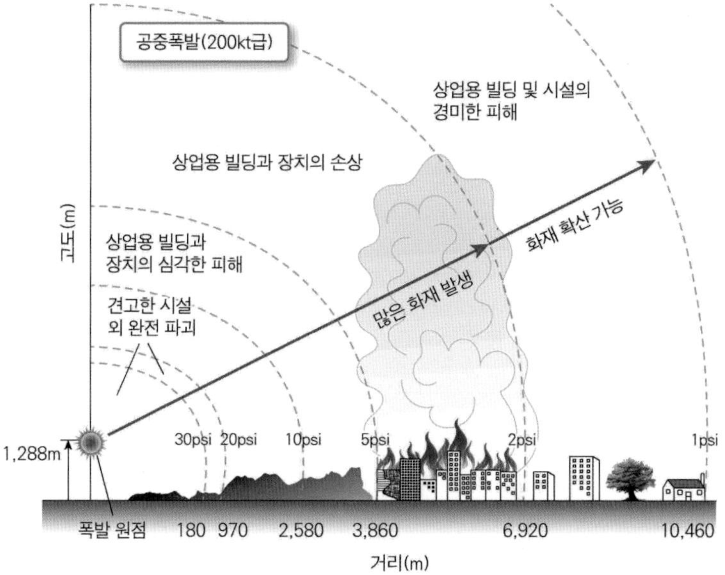

❶ 200kt급 핵무기

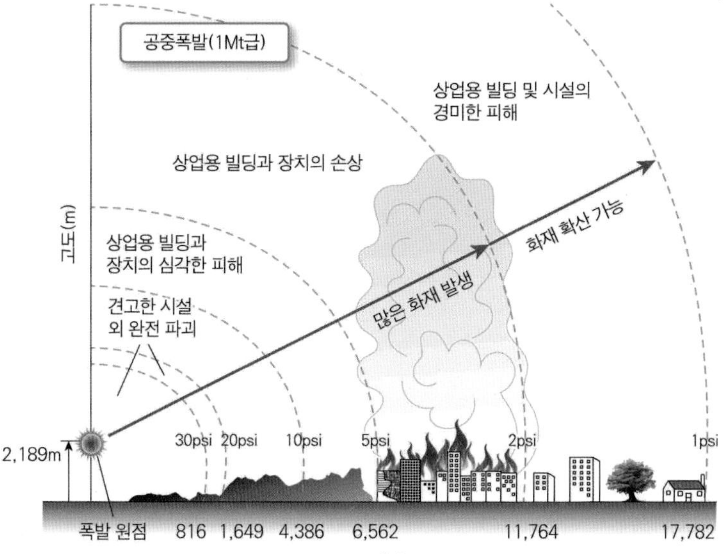

❷ 1Mt급 핵무기

그림 7.9 | 핵무기의 공중폭발 시 거리별 영향

표 7.1 | **과압과 폭풍 속도의 관계**

과압(over pressure) (psi)	풍속(wind velocity) (m/s)
200	928
100	794
72	633
30	490
20	418
10	131
5	73
2	31

업용 빌딩 및 시설에 화재가 발생할 가능성이 있다.

참고로 폭발지점으로부터 약 6.9km 떨어진 곳에서 과압은 약 2psi 정도가 될 것이다. 이때 풍속은 〈표 7.1〉에서 보는 바와 같이 최소 31m/s의 폭풍이 불게 되며 이는 허리케인이 지나갈 때의 속도와 맞먹는 엄청난 폭풍이다.

만일 200kt급 대신에 1Mt급 원자폭탄을 폭발시켰다면, 그 피해지역은 어떻게 될 것인가? 이는 산정법으로 쉽게 예측할 수 있다. 예를 들어 200kt급 원자폭탄의 완전 파괴한계 거리가 〈그림 7.9〉 ❶에서 보는 바와 같이 970m이다. 따라서 산정법을 적용하면, 1Mt급 원자폭탄의 완전 파괴 거리는 다음과 같이 구할 수 있다.

식 [7-2]에 d_o=970m, W_o=200kt, W=1Mt=1,000kt을 대입시키면,

$$d = d_o(\frac{W}{W_o})^{1/3} = d_o \cdot (\frac{1,000}{200})^{1/3} = 1.7 \cdot d_o = 1.7 \times 970 = 1,649m \quad \cdots \text{[7-4]}$$

이 된다.

1Mt급 원자폭탄을 폭발하였다면, 1,649m 이내는 견고한 시설을 제외하고는 완전히 파괴될 것이다. 그리고 이러한 계산과정을 반복하면 〈그림 7.9〉 ❷와 같은 피해지역의 분포를 나타낼 수 있다.

7.1 exercise

신형 200kt급 원자폭탄을 지표면에서 1,288m 높이의 공중에서 폭발시킨 결과 거리에 따라서 〈그림 7.9〉 ❶과 같은 피해지역을 구분할 수 있었다. 그럼 이 그림에서 1Mt급 원자폭탄을 터뜨렸을 경우에는 최초의 폭발 고도는 몇 m인가?

풀이 기준 폭발물의 질량 W_o와 폭발 고도 h_o의 관계는 $W_o \sim h_o^3$의 관계가 되므로 어떤 폭발물의 폭발 고도 h는 산정법을 적용하면 다음과 같이 계산할 수 있다.

$$\therefore\ h = h_o \cdot \left(\frac{W}{W_o}\right)^{1/3} = 1{,}288 \times \left(\frac{1{,}000}{200}\right)^{1/3} = 2{,}189\text{m}$$

200kt급 폭탄에 대한 산정법을 사용한 1,000kt급과 500kt급 핵무기에 대한 피해 비교는 식 [7-5]와 같다.

$$d = d_o\left(\frac{W}{W_o}\right)^{1/3} = d_o \cdot \left(\frac{500}{200}\right)^{1/3} = 1.35 \cdot d_o \qquad [7\text{-}5]$$

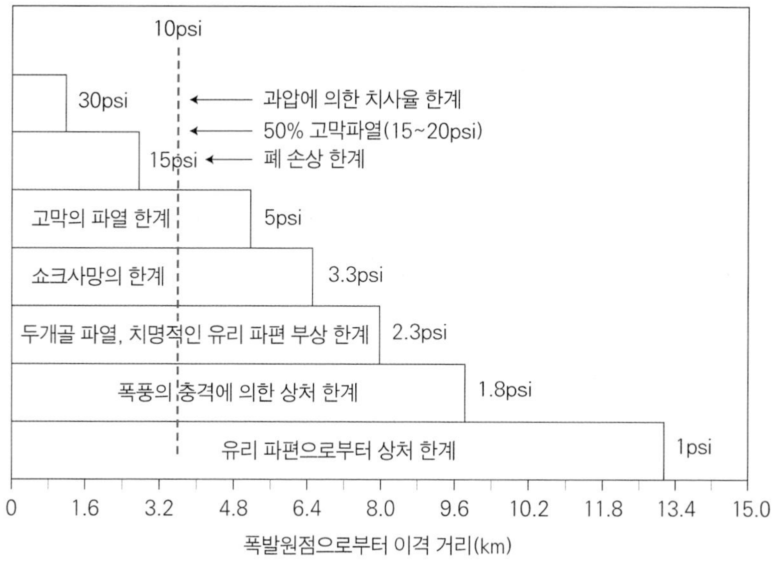

그림 7.10 | 500kt급 원자폭탄의 거리별 과압의 피해효과

〈그림 7.10〉은 500kt급 원자폭탄의 공중폭발에 의한 거리별 과압에 의한 피해효과를 나타낸 것이다. 그림에서 보는 바와 같이, 과압이 1psi 이상인 지점에서 유리 파편 등이 발생한다. 따라서 이 지점에 있는 사람은 상처를 입을 수 있다. 또한, 과압이 1.8psi 이상이면 폭풍의 충격 때문에 직접적인 상처를 입을 수 있으며, 2.3psi 이상이면 두개골이 파열될 수 있다. 그리고 3.3psi 이상이면 쇼크에 의해 사망할 수 있으며, 5psi 이상이면 고막이 파열한다.

(2) 열폭풍[5]

1 열폭풍의 효과

원자폭탄의 폭발에너지의 35%는 강력한 열폭풍 효과thermal blast effects가 나타난다. 열폭풍 효과는 팽창반지름 내에 있는 모든 것을 태워버리고 강력한 폭풍을 발생시킨다. 복사열은 건물의 외벽에 있는 가연성 물질이나 나무 등 가연성 재료를 순식간에 태워버릴 수 있을 정도로 강력하다. 물론 강력한 폭풍으로 건물이나 시설 등을 파괴할 수 있다. 또 열복사선은 유리창과 같은 투명체를 투과하여 건물 내에 있는 침대와 같은 가연성 물질을 발화시킬 수 있다.

2 복사열의 계산

반지름이 r인 화구fireball의 표면의 면적 $S = 4\pi \cdot r^2$이며, 화구의 표면에서 방사되는 열유속heat flux q[cal/cm2s]는 슈테판-볼츠만Stefan-Boltzmann 법칙으로부터 식 [7-6]과 같이 쓸 수 있다.

$$q = \sigma \cdot (T_{fireball}^4 - T_{air}^4) \quad \cdots\cdots [7\text{-}6]$$

여기서 $\sigma = 1.36 \times 10^{12}\ cal/cm^2 s K^4$이다.

식 [7-6]에서 $T_{fireball} \gg T_{air}$이므로 대략 식 [7-7]과 같이 쓸 수 있다.

5 Michael F. Modest, *Radiative Heat Transfer*, McGraw-Hill Inc., 1993.; Holman, *Heat Transfer*, McGraw-Hill Inc., 1995.; Michel A. Saad, *Compressible Fluid Flow*, Prentice Hall, 1993.

$$q = \sigma \cdot T^4_{fireball} \quad \cdots\cdots [7\text{-}7]$$

따라서 화구로부터 발생하는 총합 복사열 에너지 $E_{thermal}$[cal/s]는 식 [7-8]과 같다.

$$E_{thermal} = q \cdot S = 4\pi\sigma T^4 r^2 = (1.71 \times 10^{-7}) T^4_{fireball} \ r^2 \quad \cdots\cdots [7\text{-}8]$$

7.2 exercise

어떤 소형 핵폭탄이 공중에서 폭발하여 형성된 화구(fireball)의 온도는 6,000℃이고 지름은 50m였다. 만일 주위 대기 온도가 23℃이었다면, 화구로부터 방사되는 복사열 유속은 얼마인가? 그리고 총합 복사열 에너지는 얼마인가? 단, 슈테판-볼츠만 상수 σ는 $1.36 \times 10^{12} cal/cm^2 sK^4$이다.

풀이 1) 식 [7-6]으로부터 열유속 q는 다음과 같이 구할 수 있다.

$$\begin{aligned} q &= \sigma \cdot (T^4_{fireball} - T^4_{air}) \\ &= (1.36 \times 10^{12}) \cdot [(6{,}000 + 273)^4 - (23 + 273)^4)] \\ &= 2.11 \times 10^{24} kcal/cm^2 \end{aligned}$$

2) 식 [7-7]로부터 총합 복사열 에너지 $E_{thermal}$는 다음과 같이 구할 수 있다.

$$\begin{aligned} E_{thermal} &= q \cdot S = 2.11 \times 10^{24} \times 4 \times (\frac{5000}{2})^2 \\ &= 5.275 \times 10^{31} kcal/s \end{aligned}$$

5. 방사능의 효과

핵무기가 폭발하면 폭풍과 열 복사선에 의하여 건물이 파괴되거나 인명이 살상되는 등 직접적인 피해를 받을 수 있다. 또한, 핵방사선에 의하여 간접적인 피해도 받는다.

핵방사선은 높은 에너지를 갖는 전자파 또는 입자선의 총칭이다. 이러한 핵방사선에는 알파선$^{\alpha}$, 베타선$^{\beta}$, 감마선$^{\gamma}$이 있다. α선은 빠른 속도로 운동하는 헬륨 원자핵의 흐름이고, β선은 전자의 흐름이다. 그리고 γ선은 파장이 짧은 전자

표 7.2 | 핵무기의 위력에 따른 초기 방사선량 비교

방사선량 / 핵무기 위력	폭발지점으로부터 이격거리		
	1.6km	3.2km	4.8km
10kt	90RAD	114mRAD	0.342mRAD
20kt	180RAD	228mRAD	0.684mRAD
50kt	500RAD	627mRAD	1.824mRAD
100kt	1,140RAD	1.4RAD	4.2mRAD
200kt	2,730RAD	3.4RAD	10.25mRAD
1Mt	19,150RAD	24RAD	71.8mRAD

기파로서 X선과 같이 물질을 투과하기 때문에 이것을 차폐시키기 위해서는 두꺼운 콘크리트 벽이나 납판 등을 이용해야 한다. 그리고 핵무기의 위력에 따라서 방사선의 세기는 〈표 7.2〉에서 보는 바와 같이 각각 다르다.

핵폭발 시에 발생하는 방사선량은 폭발지점으로부터 이격거리에 따라서 급격히 감소하며, 핵무기의 위력이 증가하면 방사선량도 증가한다. 이때 핵폭발 시에 발생하는 방사선에 의해 주위에 있는 물체의 흡수된 양을 흡수선량이라 한다. 흡수선량은 RAD^Radiation Absorbed Dose^로 표시하며, 생물학적 작용을 나타낼 수 있는 양이다. 이때 1RAD는 방사선의 흡수선량의 단위로서 물질 1g당 100erg의 에너지를 갖는 방사선량이다.

핵방사선의 공통된 특징은 이것들이 물질에 조사될 경우, 물질에 높은 에너지가 가해지고, 그 결과 물질을 구성하고 있는 원자가 이온화된다는 것이다. 이온화란 원자 주위에 있는 전자가 떨어져 나가면서 원자가 양$^{+}$전하를 가진 이온이 되는 것을 말한다. 그 결과 방사선의 노출에 따라서 〈표 7.3〉에서 보는 바와 같이, 다양한 임상적 증세가 나타나게 된다.

인체 내에서는 수없이 많은 물질이 관계하는 복잡한 화학반응이 서로 균형을 이루며 일어나고 있다. 유전자가 복제되고, 음식물이 소화되고, 산소와 적혈구가 결합하는 등 인체의 생명 유지에 필요한 모든 반응은 결국 화학반응에 의해 이루어진다. 그런데 인체에 방사선을 쬐면 몸 안에 있는 물질들이 갑자기 이

표 7.3 | 방사선 노출에 따른 인체의 영향

방사선 노출량 (RAD)	임상적 증세	무능력	사망률	회복기간
0~25	• 영향 없음	–		
100	• 약간의 현기증과 구토 증세 • 혈액에는 특별한 변화 없음	최대 25%		7일
200	• 혈액세포 손상, 설사, 구토, 탈모증, 출혈, 검푸른 피부 반점 • 심장마비 가능성이 큼	최대 100%	약 25% (30~60일)	최대 40일
400	• 위 증세로 인하여 치사율이 50% 정도 됨	100%	최대 50% (30~60일)	수 주~ 수 개월
600	• 위 증세로 매우 급격히 증세가 나타남 • 급격히 사망함	100%	약 75% (20~35일)	수 개월~ 수 년
800	• 위 증세가 나타나고 신경계와 순환계 계통이 급격히 마비되면서 사망	100%	약 99% (1일 이내)	수 년
1,000 이상	• 증세가 매우 빠르게 나타나며 사망함	100%	100% (수 시간 이내)	

온화되어 평상시 나타나지 않던 화학반응이 나타나게 된다. 그 결과 정상적 경우에는 생기지 않던 물질이 생성되기도 한다. 즉, 방사선의 작용으로 몸 안에 유지되고 있던 화학반응들 사이에 균형이 깨지게 되는 것이다.

예를 들어 이런 현상이 DNA에 일어나면 인체에 꼭 필요한 효소나 단백질이 생기지 않고 쓸모없는 효소나 단백질을 만들어낼 수 있다. 이렇게 되면 세포들이 죽거나 돌연변이를 일으키고 정상적인 세포분열이 일어나지 않게 된다. 이것이 탈모증, 암, 궤양 그리고 유전병으로 나타나게 된다. 물론 〈표 7.3〉에서 보는 바와 같이, 아주 적은 양의 방사선을 쬐면 이상이 없지만 1,000RAD 이상의 방사선에 노출되면 수 시간 이내에 100% 사망하게 되는 것으로 알려져 있다.

제3절 핵융합 무기

1. 수소폭탄

핵융합 무기nuclear fusion weapon란 가벼운 원소 사이의 핵반응에 의해서 무거운 원소가 형성되는 반응을 이용하며, 일명 수소폭탄이라고 한다.

핵융합 반응은 〈그림 7.11〉에서 보는 바와 같이 핵융합 연료인 중重수소Deuterium와 삼중수소Tritium gas, 3H gas와 같이 가벼운 원자핵을 융합시켜 헬륨과 중성자를 만들면서 엄청난 에너지가 발생된다. 이때 핵융합연료 1g을 핵융합 반응시켰을 때 석유 8톤의 발열량에 해당하는 엄청난 에너지가 발생한다. 그러나 우라늄U-235 1g의 핵분열 반응 시에는 핵융합의 생성에너지에 비해 1/4 정도이다. 따라서 핵융합을 이용한 수소폭탄은 원자폭탄보다 훨씬 더 큰 폭발에너지를 갖는다.

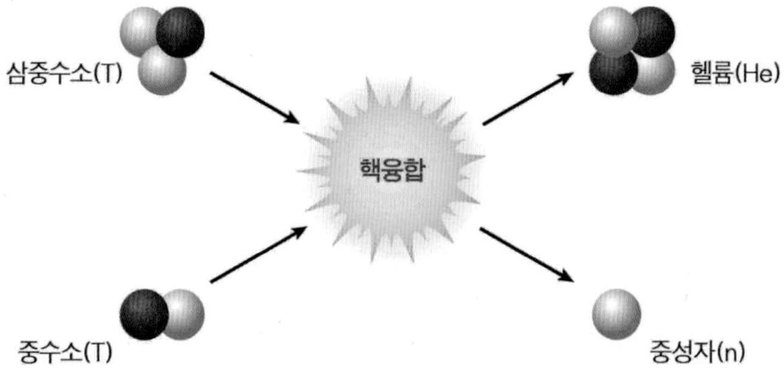

그림 7.11 | 핵융합 반응의 개념도

여기서 중수소란 수소의 동위원소를 말하며 1H, 2H, 3H의 세 가지가 있다. 이들 원소 중에서 2H, 3H가 모두 1H보다 무거우므로 넓은 의미에서는 중수소이며, 통상 2H를 중수소라 한다. 중수소의 원자핵은 양성자 1개와 중성자 1개로 이루어져 있다. 따라서 중수소의 무게는 경輕수소의 약 2배이며, 핵융합 반응의 주된 연료이다.

핵융합을 이용한 수소폭탄의 구조와 폭발과정을 표시하면, 〈그림 7.12〉와

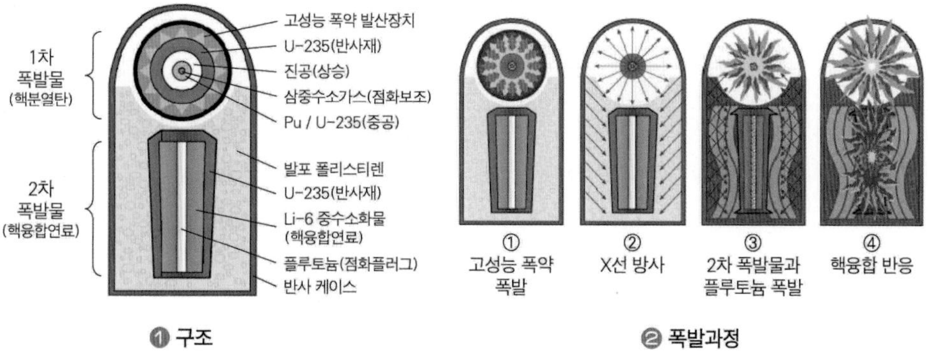

그림 7.12 | 수소폭탄의 구조 및 폭발과정

같다. 〈그림 7.12〉 ❶에서 보는 바와 같이, 수소폭탄은 핵분열에 의한 기폭장치가 있는 1차 폭발물과 핵융합 연료가 들어 있는 2차 폭발물로 구성되어 있다.

1차 폭발물은 고성능의 폭약 발산장치high-explosive lenses와 반사재 기능을 하는 우라늄 235, 점화 보조용 삼중수소 그리고 중공hollow core 형태의 플루토늄과 우라늄 235가 진공 속에 들어 있다. 2차 폭발물은 반사 케이스 속에 발포 폴리스틸렌polystyrene foam 속에 반사재 기능을 하는 우라늄 235, 핵융합 연료인 리튬 6 중수소화물Li-6 deuterium 그리고 점화플러그 기능을 하는 플루토늄으로 구성되어 있다.

이처럼 비교적 단순한 구조인 수소폭탄은 〈그림 7.12〉 ❷에서 보는 바와 같이 크게 4단계에 걸쳐서 핵폭발이 이루어진다. 이 과정을 요약하면 다음과 같다.

① 1차 폭발물 속에 있는 신관을 작동시켜 TNT, RDX 등과 같은 고성능 폭약을 폭발시킨다. 이 폭발로 순간적으로 다량의 가스와 열이 생성되어 중심부에 있는 플루토늄을 압축시키게 된다. 그 결과 플루토늄과 우라늄이 초임계super-criticality 상태에 도달하여 핵분열 반응이 발생한다.

② 핵분열 반응 시에 강력한 X선X-rays이 반사 케이스에 반사되면서 발포 폴리스티렌을 투사하게 된다. 그리고 발포 폴리스티렌이 초고온 상태에 도달하여 플라스마 상태가 된다.

③ 2차 폭발물에 있는 점화플러그 속에 있는 플루토늄이 플라스마에 의해 핵분열 반응이 일어난다.

④ 플루토늄의 핵분열 시에 발생하는 에너지에 의해서 2차 폭발물 속에 있는 핵융합 연료인 리튬 6 중수소화물이 핵융합 반응이 일어나게 된다. 그 결과 핵융합 반응으로 수소폭탄의 화구fireball가 형성된다. 이때 발생한 중성자 유속neutron flux은 핵융합을 위한 반사재 기능을 한다.

2. 중성자폭탄

핵융합 반응에서는 대량의 중성자가 발생하는데, 이 중성자로 다시 핵분열 반응을 일으킬 수 있다. 수소폭탄 폭발에너지 중 핵분열 반응과 핵융합 반응에서 발생하는 중성자의 비율은 여러 가지로 바꿀 수가 있다. 핵의 분열 · 융합 · 분열의 3단계 반응으로 위력을 크게 만든 것을 3Ffission-fusion-fission 폭탄이라고 하며, 핵분열에 의한 "죽음의 재"라 일컫는 잔류 방사성 생성물이 많아지므로 "더러운 수소폭탄"이라고도 한다.

최초의 핵분열을 되도록 적게 하여 위력과 잔류 방사능의 양을 작게 만들어 놓고 핵융합 비율을 늘리면 순간적으로 중성자가 대량 발생한다. 이것으로 인명을 살상하려는 무기가 중성자폭탄이다. 이 폭탄은 폭풍과 열 복사선의 효과를 감소시켜 건물 등은 파괴하지 않는다는 이유로 깨끗한 폭탄clean bomb이라고도 부르고 있다.

제4절 핵무기의 투발 방법

핵무기의 투발 수단은 항공기, 화포, 유도탄 등에 의한 방법이 있다. 이들 방법 중에서 화포를 이용한 방법은 핵무기의 위력이 작은 전술용 핵무기에 적용하고 있다.

일반적으로 핵무기는 그 위력이 매우 커서 원거리에서 발사시켜야 아군의 피해를 최소화할 수 있다. 이 때문에 핵탄두는 대부분이 유도탄을 이용하여 발사시키며, 통상 핵 유도탄 또는 핵무기라 부른다. 전술핵무기는 지상 전투에서

그림 7.13 | 280mm 곡사포에 의한 전술핵무기 투발 장면

단거리 유도탄, 포병 포탄, 그리고 지뢰 등에 탑재하여 적의 부대나 밀집된 장갑차를 파괴하는 데 중요한 역할을 담당하고 있다. 〈그림 7.13〉은 1953년 미국에서 280mm 곡사포에 의한 15kt급 전술핵무기 시험사격을 나타낸 것이다.

반면에 전략핵무기는 주요 도시 또는 대규모 시설 등의 전략적인 표적을 공격할 때 사용한다. 유도탄의 사거리는 통상 수백에서 수천 km 이상이다. 이 때문에 전략핵무기를 탑재한 유도탄은 대기권을 이탈하여 비행한 후 목표지점에서 대기권으로 재진입하게 된다. 그리고 핵탄두가 표적을 타격한다.

이때 유도탄의 타격방법은 〈그림 7.14〉와 같이 네 가지로 구분할 수 있다.

① 〈그림 7.14〉 ❶에서 보는 바와 같이 발사 후 자체의 추진 로켓에 의해 추진력을 얻어 1개의 탄두가 표적을 타격하는 SV Single Vehicle 방식이다. 이 방

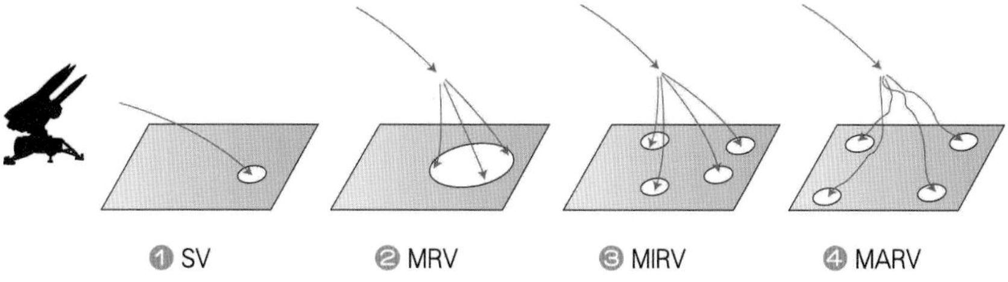

그림 7.14 | 핵폭탄 탄두의 종류

식은 정밀유도기술이 부족하였던 1950년대와 1960년대에 많이 사용했던 방식이다. 그 결과 대형 탄두를 유도탄에 탑재시켜 위력을 증가시켜 이를 보완하였다. 그러나 오늘날에는 더 작은 탄두를 탑재함으로써 보다 정확하게 표적을 명중시킬 수 있어서 여러 개의 탄두를 탑재하는 추세이다.

② MRV(Multiple Reentry Vehicle) 방식은 여러 개의 자탄을 탑재하여 1개의 대형 표적을 공격하기 위한 전략핵무기에 많이 사용하고 있다. 〈그림 7.14〉 ❷에서 보는 바와 같이 대기권 밖으로 수천 km 이상 비행 후 대기권으로 재진입한 후 여러 개의 자탄이 분산되어 표적을 공격하는 방식이다.

③ MIRV(Multiple Independently-targeted Reentry Vehicle) 방식은 다탄두유도탄과 비슷하지만 분산된 소형 표적을 동시에 공격할 때 적합하다. 즉 〈그림 7.14〉 ❸에서 보는 바와 같이 대기권에 재진입한 후, 자탄이 유도탄에서 분리되어 관성과 중력에 의해 낙하하면서 각각의 다른 표적을 공격하는 방식이다.

④ MARV(Maneuverable Alternative-target Reentry Vehicle) 식은 MIRV와 다르게 각각의 자탄에 추진체와 유도장치가 있어서 분산된 다양한 표적을 공격할 수 있는 방식이다. 이 방식은 〈그림 7.14〉 ❹에서 보는 바와 같이 자탄의 탄도를 각각 표적에 따라서 변경시킬 수 있다.

연 / 습 / 문 / 제 EXERCISE

1 핵분열 무기와 핵융합 무기의 차이점을 설명하시오.

2 핵무기는 폭발방법에 따라서 포신식과 내폭형 핵무기로 구분할 수 있다. 이들 핵무기의 구조 및 작동과정을 그림을 그려서 설명하시오.

3 임계질량과 초임계질량 그리고 아임계질량을 정의하고, 그 차이점을 설명하시오.

4 어떤 핵무기가 폭발할 때 폭발지점으로부터 1.5km 떨어진 곳에서 과압을 측정하였더니 9psi이었다. 이곳의 풍속은 몇 m/s인가? 그리고 이 바람에 의해 어떠한 피해가 예상되는가?

5 핵폭발 시에 입사파와 반사파 그리고 수직충격파의 전파과정을 그림을 그려 설명하시오. 그리고 이들 충격파 중에서 주위의 건물이나 시설 등에 가장 피해를 주는 충격파는 무엇인가? 그리고 그 이유는 무엇인가?

6 200kt급 원자폭탄이 폭발 시에 폭발지점으로부터 6.9km 떨어진 곳에서 과압을 측정하였더니 2psi이었다. 만일 200kt급 원자폭탄을 폭발하였다면, 폭발지점으로부터 얼마나 떨어진 곳에서 2psi가 되겠는가?

7 수소폭탄의 구조와 그 폭발과정을 설명하시오.

8 핵폭발 시에 발생하는 방사선의 종류와 인체에 미치는 영향을 설명하시오. 그리고 각각 10kt급 핵무기가 폭발하였을 경우와 폭발지점으로부터 2km 떨어진 위치에서 온몸에 방사선으로부터 노출이 되었을 경우, 인체의 임상적인 증세는 어떻게 되겠는가?

9 전략핵무기와 전술핵무기의 차이점과 전략핵무기의 투발 방법에 대해 간단히 설명하시오.

10 핵무기의 투발 방법 중에서 유도탄과 항공기에 의한 방법을 설명하시오. 그리고 이들 방식의 장단점을 비교하시오.

참고문헌

국방과학연구소. "제9회 지상무기발전 세미나논문집". 국방과학연구소, 2001.

국방부. "국방획득관리규정". 국방부 훈령 제727호, 2003. 2.

권재상. "세계의 첨단무기 시리즈(총포)". 《국방일보》 2002년 6월 25일.

김광렬 · 노수영. 《연소공학》. 도서출판 동화기술, 1995.

김동환. "총기폭발물 감정". 《물리학과 첨단기술》 제15권 4호(2006. 4), pp. 30-38.

김진우 외. 《무기체계공학》. 북스힐, 2003.

김철환. 《무기체계관리: 이론과 실제》. 국방대학원, 1990.

김철환 · 육춘택. 《전쟁 그리고 무기의 발달》. 양서각, 1997.

김희재. 《방탄공학》. 청문각, 2004.

김희재 · 육종일. "장갑재료 방탄성능 측정방법에 관한 연구". 《육사논문집》 제38집, 1990, pp. 237-246.

미 국방부, "미 군사용어사전(JP 1-02)". 2000.

배달형. 《미래전의 요체 정보작전》. 한국국방연구원, 2005.

서영길. 《네트워 중심적 작전(번역판)》. 21세기군사연구소, 2000.

오병완 외. "M16 소총 사격음의 음향학적 특성 분석 및 청력 감소 방지책". 화랑대연구소 연구보고서, 1992. 3.

오선. 《열역학》. 양서각, 2006.

육군본부 전력개발단. 《지상무기체계 원리》. 육군본부 전력개발단, 2002.

육군종합군수학교 출판부. 《탄약구조》. 육군종합군수학교, 2005.

______. 《화포학》 제2판. 육군종합군수학교, 2005.

이제선. 《고속 카메라 가시화 장치》. 1999.

이진호. "무인전투장비가 전장환경에 미치는 영향". 충성대연구소 세미나논문집, 2002. 8.

______. 《미래전쟁》. 북코리아, 2012.

______. "차기대공포 관련 연구보고서". 충성대연구소, 2007.

______. "K7 소음총의 폭발음 특성에 대한 실험적 연구". 《한국군사과학기술학회 논문집》 제7권 4호(통권 제19호), 2004. 12.

이진호 외. 《군사과학기술》. 양서각, 2003.
______. 《무기체계》. 공학사, 2007.
______. 《무기체계》 제4판. 북코리아, 2019.
이평수. 《방호공학》. 청문각, 2000.
이홍주. 《총과 탄도학》. 청문각, 2001.
이희각 외. 《신편 병기공학》. 청문각, 2001.
정영우 외. 《무기체계》. 학습자료 3-3, 국방대학교, 2005.
해군사관학교 기계공학과. 《무기체계공학》. 연경문화사, 1996.

Allsop D. F. *Cannons*. Brassey's(UK) Ltd., 1995.

Asher H. Sharoni & Lawrence D. Bacon. *The future combat system(FCS)*. ARMOR, 1997.

Barnette D. & Hodge J. "The Effects of Spacing and Velocity on the Performance of Multiple Tungsten Rod Segments Impacting Steel Targets". Warheads & Ballistics Classified Symposium, 2005.

Bless, S., & Brar, N. S. "Failure Waves and Their Effects on Penetration Mechanics in Glass and Ceramics". High Pressure Shock Compression of Solids, Spring Verlag, 2006.

Brad Goodell. "Electrothermal-Chemical(ETC) Technology Weaponization Issues". 37th Gun & Ammunition Symposium, United Defense, 2002. 4.

Cengel, Y. A."Thermodynamics and Engineering Approach". McGraw-Hill, 2002.

Charles T. Myers. "Guided Missiles". Dept. of the air force, 1995.

Chuck Nourrcier. "Light Infantry Weapon Fire Control System". 36th Annual Gun & Ammunition Symposium & Exhibition, 2001. 4.

Commander, Naval Ordinance Systems Command. "Weapons Systems Fundamentals". *NAVORD OP 3000*, Vol. 2, 1st Rev., Washington, D.C.: GPO, 1971.

Corner, J. *Theory of the Interior Ballistics of Guns*. John Wiley & Sons, New York, 1950.

Courtney-Green, P, R. *Ammunition for the Land Battle*. Brassey's Publication, 1990.

Cranze & Becher. "Handbook of Ballistics". His Mahesty's Stationary Office, Vol. 1, London, 1921.

Currie, I. G. *Fundamental Mechanics of Fluids*, 2nd ed. McGraw-Hill, New York, 1993.

David Alexander. *Tomorrows's Solider*. New York: Avon Books, 1999.

David H. Rose. "Army Materials Research(Transforming Land Combat Through New Technology)". *The Advanced Materials and Processes Technology Information*

Analysis Center, Vol. 8, 2004.

David Harding. *weapons*. New York: St. Martin's Press, 1990.

Davis, T. L. *The Chemistry of Power and Explosives*. John wiley and Sons, Inc., 1941.

Departments of the Army and Air Force. *Military Explosives*. Washington, D.C.: GPO, 1967.

Donald E. et al. "Ballistics". CRC Press, 2014.

Dumond, J., et al. "A determination of the wave forms and law of propagation and dissipation of ballistic shock waves". *JASA*, Vol 18, No. 1, July 1946.

Edwards J. A. *Military History of Swarming*. National Ground Intelligence Center, 2003.

Exterior and Terminal Ballistics, Dept. of Engineering. *USMA*. New York: West Point, 1970.

F. Trieb etc. "AUtofrettage-Basic Information And Practical Application On Components For Water Jet Cutting". JTA American Water jet Conference, 2005. 8.

George P. Sutton. *Rocket Propulsion Elements*. John Wiley & Sons, Inc., 1976.

Grant Moule & Susan Franciscus. "OICW Fire Control System". 34th Annual Gun and Ammunitions Symposium and Exhibition, 1999. 4.

Gurney, R. W. "The Initial Velocities of Fragments from Bomb, Shell and Grenades". Eichelberger, R, J., Journ. Appl. Phys. 27(1956). S. 63. Zukas, J. A., et al., *Impact Dyanmics*, John Wiley and Sons, 1982.

Harold W. Lord. *Noise control for engineers*. McGraw-Hill, 1980.

Hershberg James & James B. *Conant. Harvard to Hiroshima and the Making of the Nuclear Age*. New York: Alfred A. Knoph, 1993.

Hoddeson, Lillian. *Critical Assembly: A Technical History of Los Alamos during the Oppenheimer Years (1943-1945)*. New York: Cambridge University Press, 1993.

Hodge, J. L., Littlefield, D. L., Short, A., Bless, S., & Pedersen B. "Novel Kinetic Energy Penetrators for Electromagnetic Guns". 24th Army Science Conf, Orlando, FL, November 29 - December 1, 2004.

Holman. *Heat Transfer*. McGraw-Hill, 1995.

Jane's Defense Data. 2006.

Jane's Defense Review. 2000~2006.

Jane's International Defense Review. 2001. 1, pp. 34-40.

Jane's International Defense Review. 2009.

John Middleton, Bobbie Russell, & Ronald Elbe. "Small Caliber Ammunition Journey to

Excellence". Small Arms Symposium, 2000. 8.

John Sigler & Ralph Mazeski. "Air Bursting Systems". 34th Annual Gun and Ammunitions Symposium and Exhibition, 1999. 4.

Joseph Priest. *Energy: principles, problems, alternatives*, 4th edition. Addison-Wesley Press, 1991.

Kenneth Macksey. *Tank versus Tank*. Grub Street Inc., 1999.

Laible, R. C. *Ballistic Materials and Penetration Mechanics*. Elsevier Scientific Pub., 1980.

Leeming D. W. "The Application of an Innovative Grenade Warhead to Defeat Combat Body Armour". NDIA International Infantry & Small Arms Section Symposium, 1999.

Little Rock. "MEMS Safety and Arming Device for OICW". NDIA Small Arms Conference, 2001. 8.

Littlefield, D., Hodge, J., Short, A., Bless, S., & Pedersen B. "Penetration Mechanisms of Rod-Tube Projectiles". 2005 Warheads & Ballistics Classified Symp., August 15-18, 2005.

Michael F. Modest. *Radiative Heat Transfer*. McGraw-Hill, 1993.

Michel A. Saad. *Compressible Fluid Flow*. Prentice Hall, 1993.

Panton, R. L. *Incompressible Flow*, 2nd ed. John Wiley & Sons, New York, 1995.

Per G. Arvidsson. "Soldier Lethality and Wound Ballistics Soldier Lethality and Wound Ballistics from a Swedish from a Swedish Perspective". NDIA 51st Joint Services Small Arms Symposium, 2005. 5.

Peter Mahoney, et al. "Ballistic impacts on an anatomically correct synthetic skull with a surrogate skin/soft tissue layer". *International Journal of Legal Medicine* Vol 132, 2018.

Pierre. H. Freymond. "30mm Air bursting munition ABM". 35th Annual Gun & Ammunition Symposium & Exhibition, 2000. 4.

Radar. *Brassey's V9*. P. S. Hall, 1991.

Raymond A. Serway & Jerry S. Faughn. *College Physics 5/E*, Harcourt Brace & Company, 1999.

Rhodes, Richard. *Dark Sun: The Making of the Hydrogen Bomb*. New York: Simon & Schuster, 1995.

______. *The Making of the Atomic Bomb*. New York: Simon & Schuster, 1986.

Robbins, F. *Interior Ballistics Course Notes*. Self Published, Aberdeen, MD, 2002.

Robert L. Street. *Elementary fluid mechanics*. John Wiley & Sons., 1976.

Safety, Reliability & Performance of the Ahead(ABM) Programmable Fuze System NDIA 39th Annual Gun & Ammunition Baltimore, MD Apr, 13-16, 2004.

Stephen R. Turns. *An introduction to combustion*. McGraw-Hill Co., 1999.

Wark, K. "Thermodynamics". McGraw-Hill, 1988.

Weapons and Systems Engineering Department. *Weapons systems Engineering*, Third Edition. Annapolis, Md., U. S. Naval Academy, 1975.

Wehr and Richards. *Physics of Atom*. Addison-Wesley Publishing Co., 1960.

"An Engineering Approach to Blast-Resistant Design". American Society of Civil Engineers, Transactions Vol. 121, 1956.

"AOT Gun Advanced Modular Gun(Large-Caliber High Velocity Launcher)". Ordnance Technology 39th NDIA Guns & Ammunition Conference., Baltimore, 2004. 4.

"The Report of Theoretical Lethality". Washington. D.C.: HERO(Historical Evaluation and Research Organization), 1964.

"Weapons(an international encyclopedia from 5000 BC to 2000 AD)". New York: The Diagram Group, St. Martin's Press, 1991.

http://guns.connect.fi

http://www.anothercoilgunsite.com

http://www.ar15.com

http://www.coilgun.com

http://www.dtic.mil/ndia

http://www.globalsecurity.org/military

http://www.howstuffworks.com

http://www.powerlabs.com

http://www.rmcs.cranfield.ac.uk

http://www.soundmoderators.co.uk

https://link.springer.com

https://osssuppressors.com

https://www.globalsecurity.org/military/library/policy/army/fm/3-22-9/c05.htm#fig5_2

찾아보기

ㅅ

ㅇ

ㅈ